高等职业院校教学改革创新示范教材·软件开发系列

SQL Server 2014数据库应用、管理与设计

陈承欢　赵志茹　肖素华　编著

電子工業出版社
Publishing House of Electronics Industry
北京·BEIJING

内 容 简 介

本教材在认真分析职业岗位需求和学生能力现状的基础上全面规划和重构教材内容，合理安排教学单元的顺序，划分为8个单元：体验数据库应用与试用SQL Server 2014→创建与操作SQL Server数据库→创建与维护数据表→检索与操作数据表数据→以SQL语句方式操作SQL Server数据库及其对象→以程序方式处理数据表中的数据→维护SQL Server数据库安全→分析与设计数据库。

本教材以真实工作任务为载体组织教学内容，强化技能训练，提升动手能力；围绕“图书管理”数据库和60项操作任务展开，采用“任务驱动、案例教学、精讲多练、理论实践一体化”的教学方法，全方向促进数据库应用、管理与设计技能的提升；充分考虑教学实施需求，面向教学全过程科学设置5个必要的教学环节，即教学导航→操作准备→知识导读→操作实战→单元习题。引导学生主动学习、高效学习、快乐学习。

本教材可以作为普通高等院校、高等或中等职业院校和高等专科院校各专业SQL Server 2014的教材，也可以作为SQL Server 2014的培训教材及自学参考书。

图书在版编目（CIP）数据

SQL Server 2014 数据库应用、管理与设计/陈承欢，赵志茹，肖素华编著. —北京：电子工业出版社，2016.7
ISBN 978-7-121-28990-3

Ⅰ. ①S… Ⅱ. ①陈… ②赵… ③肖… Ⅲ. ①关系数据库系统－高等学校－教材 Ⅳ. ①TP311.138

中国版本图书馆CIP数据核字（2016）第125939号

策划编辑：程超群
责任编辑：程超群　　特约编辑：张燕虹
印　　刷：北京七彩京通数码快印有限公司
装　　订：北京七彩京通数码快印有限公司
出版发行：电子工业出版社
　　　　　北京市海淀区万寿路 173 信箱　邮编 100036
开　　本：787×1 092　1/16　印张：17.25　字数：441 千字
版　　次：2016 年 7月第 1 版
印　　次：2021 年 7月第 5 次印刷
定　　价：39.00 元

凡所购买电子工业出版社图书有缺损问题，请向购买书店调换。若书店售缺，请与本社发行部联系，联系及邮购电话：（010）88254888，88258888。

质量投诉请发邮件至 zlts@phei.com.cn，盗版侵权举报请发邮件至 dbqq@phei.com.cn。

本书咨询联系方式：（010）88254577，ccq@phei.com.cn。

数据库技术是信息处理的核心技术之一，广泛应用于各类信息系统，在社会的各个领域发挥着重要作用。数据库技术是目前计算机领域发展最快、应用最广泛的技术之一，数据库技术的应用已遍及各行各业，例如企业的ERP系统、电子商务系统、银行业务系统、火车票订票系统、超市POS系统、学校的教务管理系统、图书馆的图书管理系统等，这些系统都是数据库应用的具体实例，这些系统所处理的数据一般都存储在数据库中，数据库的安全性、可靠性和使用效率越来越受到重视。SQL Server以其优秀的性能和强大的功能广泛应用于各行各业，深受广大使用者的好评，SQL Server 2014是一个可信任的、高效的、高智能的数据平台，旨在满足目前和将来管理和使用数据的需求，具有许多新特性，例如具有更高的安全性、加强了可支持性、简单的数据加密、增加了数据审核和策略管理等等，有利于提高开发与管理应用程序的效率，降低软件系统的开发与管理成本。

本教材具有以下特色和创新：

（1）认真分析职业岗位需求和学生能力现状，全面规划和重构教材内容，合理安排教学单元的顺序。站在软件开发人员和数据库管理员的角度理解数据库的应用、管理和设计需求，而不是从数据库理论和Transact-SQL语言本身取舍教材内容。遵循学生的认知规律和技能的成长规律，按照应用数据库→创建与管理数据库→分析与设计数据库的顺序对教材内容进行重构，其中创建与管理数据库按照图形界面方式→单一SQL语句方式→多条SQL语句的程序方式对教材内容进行序化，教材分为8个教学单元：体验数据库应用与试用SQL Server 2014→创建与操作SQL Server数据库→创建与维护数据表→检索与操作数据表数据→以SQL语句方式操作SQL Server数据库及其对象→以程序方式处理数据表中的数据→维护SQL Server数据库安全→分析与设计数据库。

（2）以真实工作任务为载体组织教学内容，强化技能训练，提升动手能力。教材围绕“图书管理”数据库和60项操作任务展开，采用“任务驱动、案例教学、精讲多练、理论实践一体化”的教学方法，全方向促进数据库应用、管理与设计技能的提升，引导学生在上机操作过程认识数据库知识本身存在的规律，让感性认识升华为理性思维，达到举一反三之效果，满足就业岗位的需求。

（3）充分考虑教学实施需求、科学设置教学环节，有利于提高教学效率和教学效果。面向教学全过程科学设置5个必要的教学环节，即教学导航→操作准备→知识导读→操作实战

→单元习题。“知识导读”环节主要归纳各单元必要的知识要点，使读者较系统地掌握数据库的理论知识。学习数据库知识的主要目的是为了应用所学知识解决实际问题，在完成各项操作任务的过程中，在实际需求的驱动下学习知识、领悟知识和构建知识结构，最终熟练掌握知识、固化为能力。

（4）数据库的理论知识以“必需够用”为度，并与技能训练相分离，独立设置“知识导读”环节。数据库的理论知识变化不大，而知识的应用却灵活多样，学习数据库课程的重点不是记住了多少理论知识，而是学会应用数据库的理论知识，利用 SQL Server 2014 的优势解决实际问题。

（5）引导学生主动学习、高效学习、快乐学习。课程教学的主要任务固然是训练技能、掌握知识，更重要的是要教会学生怎样学习，掌握科学的学习方法有利于提高学习效率。本教材合理取舍教学内容、精心设置教学环节、科学优化教学方法，让学生体会学习的乐趣和成功的喜悦，在完成各项操作任务和考核任务过程中提升技能、增长知识、学以致用，同时也学会学习、养成良好的习惯，让每一位学生终生受益。

本教材由湖南铁道职业技术学院陈承欢教授、包头轻工职业技术学院赵志茹老师、湖南铁道职业技术学院肖素华老师编著（其中陈承欢教授编写了单元 6～单元 8，约 200 千字；赵志茹老师编写了单元 1 和单元 2，约 81.6 千字；肖素华老师编写了单元 3 和单元 4，约 140.8 千字）。湖南铁道职业技术学院的颜谦和、郭外萍、冯向科、林保康、张丽芳，长沙职业技术学院的殷正坤和艾娟，包头轻工职业技术学院的张尼奇，广东科学技术职业学院的陈华政，湖南工业职业技术学院的刘曼春，汕尾职业技术学院的谢志明，长沙环保职业技术学院的杨茜，四川交通职业技术学院的刘洋，山东城市建设职业学院的贾芳等老师参与了部分章节的编写工作与教学案例的设计。

由于编者水平有限，书中难免存在疏漏之处，敬请各位专家和读者批评指正，作者的 QQ 号为 1574819688。

编 著 者

CONTENTS 目录

单元 1

体验数据库应用与试用 SQL Server 2014

SQL Server 是 Microsoft 公司推出的关系型数据库管理系统，具有使用方便、可伸缩性好与相关软件集成程度高等优点。Microsoft SQL Server 使用集成的商业智能（BI）工具提供了企业级的数据管理。Microsoft SQL Server 数据库引擎为关系型数据和结构化数据提供了更安全、可靠的存储功能，可以构建和管理用于业务的高可用和高性能的数据应用程序。

Microsoft SQL Server 2014 是 Microsoft 公司最新发布的新一代数据平台产品，它提供一个可靠的、高效的、安全的、智能化的数据管理平台，旨在满足目前和将来管理与使用数据的需求，推出了许多新的特性。SQL Server 2014 不仅延续现有数据平台的强大能力，全面支持云技术与平台，并且能够快速构建相应的解决方案实现私有云与公有云之间数据的扩展与应用的迁移。SQL Server 2014 带来了突破性的性能和全新的 in-memory 增强技术，以帮助客户加速业务和向全新的应用环境进行切换。Microsoft Azure 公有云也提供了优异的伸缩性和灾难恢复性能。

教学目标	（1）学会启动“SQL Server 2014 Management Studio”，并成功连接到 SQL Server 2014 服务器实例 （2）学会使用 SQL Server 2014 的“对象资源管理” （3）熟练显示与关闭 SQL Server 2014 常用管理工具，并能熟练调整管理工具的位置 （4）学会查看 SQL Server 2014 的系统数据库和 master 的系统表 （5）学会查看 SQL Server 2014 的登录名和服务器角色 （6）熟练使用“SQL Server 配置管理器”启动与停止 SQL Server 2014 的服务 （7）学会打开“SQL 编辑器” （8）了解新建服务器注册的方法 （9）了解数据库系统的基本组成、数据库的概念、数据库管理系统的功能
教学方法	任务驱动法、分组讨论法、理论实践一体化
课时建议	6 课时

在实战演练之前，必须先启动图形化管理界面 SQL Server 2014 Management Studio（缩写为 SSMS），并成功连接到服务器。这里以操作系统 Windows 8 为例，说明 SQL Server 2014 Management Studio（SSMS）的启动步骤。

（1）在 Windows 操作系统的桌面双击【SQL Server 2014 Management Studio】快捷方式，开始启动 SSMS，出现如图 1-1 所示的界面，同时自动弹出【连接到服务器】对话框。

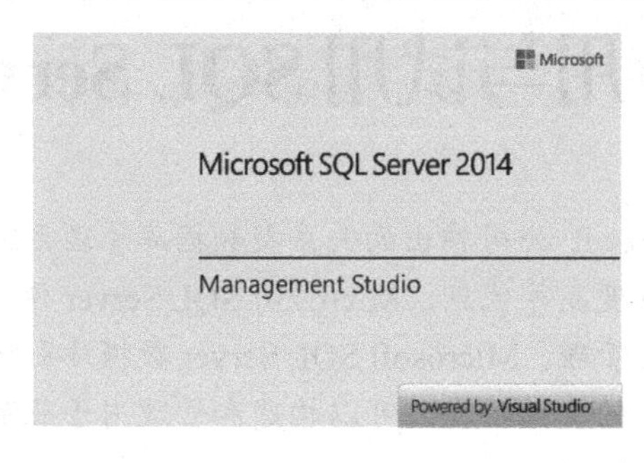

图 1-1　启动 SQL Server 2014 Management Studio 出现的初始界面

（2）在【连接到服务器】对话框中，服务器类型使用默认值“数据库引擎”，“服务器名称”输入本地计算机名称，这里作者输入“BETTER”，身份验证选择“Windows 身份验证”方式，如图 1-2 所示。然后单击【连接】按钮，连接成功后，打开【Microsoft SQL Server Management Studio】窗口，如图 1-3 所示，SSMS 环境内会自动打开【对象资源管理器】，其他实用工具处于隐藏状态。

图 1-2　【连接到服务器】对话框

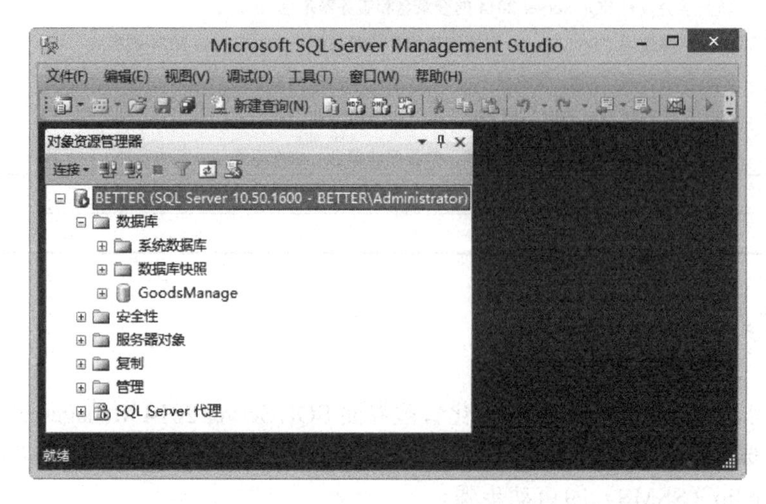

图 1-3　【Microsoft SQL Server Management Studio】窗口的初始界面

1. SQL Server 2014 简介

如今，伴随数据量爆发式增长的有硬件的计算能力、不断增强的 CPU 计算能力和单位 GB 内存价格的不断下降，更好地利用这些强大的资源是大势所趋。微软 SQL Server 2014 提供了众多激动人心的新功能，但其中最让人期待的特性之一就是代号为“Hekaton”的内存数据库了，内存数据库特性并不是 SQL Server 的替代，而是适应时代的补充，现在 SQL Server 具备了将数据表完整存入内存的功能。相比较于 Oracle 的 TimesTen 和 IBM 的 SolidDB，Hekaton 是完全集成于数据库引擎并且不需要额外付费的功能。

SQL Server 2014 作为世界上部署最广泛的数据库，该最新版本内建的 in-memory 技术可带来实时的性能改进；而 Microsoft Azure 公有云，也提供了优异的伸缩性和灾难恢复性能。Microsoft Azure“智能系统服务”的“有限公共预览”是一项新的 Azure 服务，旨在帮助客户迎接物联网的到来，安全地连接、管理和收集来自传感器与设备的“机器生成数据”，而不管其采用了哪种操作系统。分析平台系统（Analytics Platform System，APS）以低成本的方式结合了微软最佳的 SQL Server 数据库以及 Hadoop 技术，提供了完备的大数据解决方案（big data in a box）。

SQL Server 2014 引入的 in-memory 功能，带来了在处理各种数据时的性能突破、吞吐量提升，以及延时的改善。该技术能够飞速处理数以百万条计的记录，甚至通过 SQL Server 分析服务，轻松扩展至数以几十亿条计的分析能力。

SQL Server 2014 具有以下新功能或新特性。

（1）内存技术改进

SQL Server 2014 中最吸引人关注的特性就是内存在线事务处理（OLTP）引擎，项目代号为“Hekaton”。内存 OLTP 整合到 SQL Server 的核心数据库管理组件中，它不需要特殊的硬件或软件，就能够无缝整合现有的事务过程。一旦将表声明为内存最优化，那么内存 OLTP 引擎就将在内存中管理表和保存数据。当它们需要其他表数据时，它们就可以使用查询访问数据。

SQL Server 2014 增强内存相关功能的另一个方面是允许将 SQL Server 内存缓冲池扩展到固态硬盘（SSD）或 SSD 阵列上。扩展缓冲池能够实现更快的分页速度，但是又降低了数据风险，因为只有整理过的页才会存储在 SSD 上。这一点对于支持繁重读负载的 OLTP 操作特别有好处。

在 SQL Server 2014 中，列存储索引功能也得到更新。列存储索引最初是在 SQL Server 2012 引入的，目的是支持高度聚合数据仓库查询。基于 xVelocity 存储技术，这些索引以列的格式存储数据，同时又利用 xVelocity 的内存管理功能和高级压缩算法。然而，SQL Server 2012 的列存储索引不能使用集群，也不能更新。SQL Server 2014 引入了另一种列存储索引，它既支持集群也支持更新。此外，它还支持更高效的数据压缩，允许将更多的数据保存到内存中，以减少昂贵的 I/O 操作。

（2）云整合

微软一直将 SQL Server 2014 定位为混合云平台，这意味着 SQL Server 数据库更容易整合

Windows Azure。例如，从 SQL Server 2012 Cumulative Update 2 开始，就能够将数据库备份到 Windows Azure BLOB 存储服务上。SQL Server 2014 引入了智能备份（Smart Backups）概念，其中 SQL Server 将自动决定要执行完全备份还是差异备份，以及何时执行备份。SQL Server 2014 还允许将本地数据库的数据和日志文件存储到 Azure 存储上。此外，SQL Server Management Studio 提供了一个部署向导，它可以轻松地将现有本地数据库迁移到 Azure 虚拟机上。

跨越客户端和云端，Microsoft SQL Server 2014 为企业提供了云备份以及云灾难恢复等混合云应用场景，无缝迁移关键数据至 Microsoft Azure。企业可以通过一套熟悉的工具，跨越整个应用的生命周期，扩建、部署并管理混合云解决方案，实现企业内部系统与云端的自由切换。

（3）允许将 Azure 虚拟机作为一个 Always On 可用性组副本

可用性组（Availability Groups）特性最初在 SQL Server 2012 引入，提供了支持高可用性数据库的故障恢复服务。它由 1 个主副本和 1～4 个次副本（SQL Server 2014 增加到 8 个）构成。主副本可以运行一个或多个数据库，次副本则包含多个数据库副本。Windows Azure 基础架构服务支持在运行 SQL Server 的 Azure 虚拟机中使用可用性组。这意味着用一个虚拟机作为次副本，然后支持自动故障恢复。

（4）备份和还原功能增强

SQL Server 2014 包含针对 SQL Server 备份和还原的以下增强功能。

① SQL Server 备份到 URL

在 SQL Server 2014 中，可以使用 SQL Server Management Studio 备份到 Windows Azure Blob 存储服务或从中还原。“备份”任务和维护计划都可使用该新选项。

② SQL Server 托管备份到 Windows Azure

SQL Server 托管备份到 Windows Azure 是基于 SQL Server 备份到 URL 这一功能构建的服务，SQL Server 提供这种服务来管理和安排数据库和日志的备份。SQL Serve 托管备份到 Windows Azure 可在数据库和实例级别同时进行配置，从而既能实现在数据库级别的精细控制，又能实现实例级别的自动化。SQL Server 托管备份到 Windows Azure 既可在本地运行的 SQL Server 实例上配置，也可在 Windows Azure 虚拟机上运行的 SQL Server 实例上配置。

③ 备份加密

可以选择在备份过程中对备份文件进行加密。目前支持的加密算法包括 AES 128、AES 192、AES 256 和 Triple DES。要在备份过程中执行加密，必须使用证书或非对称密钥。

2．数据库系统的基本组成

一个完整的数据库系统由数据库、数据库管理系统、数据库应用程序、用户和硬件组成，这里只分析前 4 个组成部分，不介绍硬件内容。

（1）数据库

数据库（Database，DB）就是一个有结构的、集成的、可共享的、统一管理的数据集合。数据库是一个有结构的数据集合，也就是说，数据是按一定的数据模型来组成的，数据模型可用数据结构来描述。数据模型不同，数据的组织结构以及操纵数据的方法也就不同。现在的数据库大多数是以关系模型来组织数据的，可以简单地把关系模型的数据结构即关系理解成为 1 张二维表。以关系模型组织起来的数据库称为关系数据库。在关系数据库中，不仅存放着各种用户数据，如与图书有关的数据、与借阅者有关的数据、与借阅图书有关的数据等，而且还存放着与各个表结构定义有关的数据，这些数据通常称为元数据。

数据库是一个集成的数据集合，也就是说，数据库中集中存放着各种各样的数据。数据库是一个可共享的数据集合，也就是说，数据库中的数据可以被不同的用户使用，每个用户可以按自己的需求访问相同的数据库。数据库是一个统一管理的数据集合，也就是说，数据库由 DBMS 统一管理，任何数据访问都是通过 DBMS 来完成的。

（2）数据库管理系统

数据库管理系统（Database Management System，DBMS）是一种用来管理数据库的商品化软件。所有访问数据库的请求都是通过 DBMS 来完成的。DBMS 提供了对数据库操作的许多命令，这些命令所组成的语言中最常用的就是 SQL 语言。

DBMS 主要提供以下功能：

① 数据定义

DBMS 提供了数据定义语言（Data Definition Language，DDL）。通过 DDL 可以方便地定义数据库中的各种对象。例如，可以使用 DDL 定义图书借阅数据库中的图书信息数据表、借阅者数据表、图书借阅数据表的表结构。

② 数据操纵

DBMS 提供了数据操纵语言（Data Manipulation Language，DML）。通过 DML 可以实现数据库中数据的基本操作，例如向数据表中插入一行数据、修改数据表的数据、删除数据表中的行、查询数据表中的数据等。

③ 安全控制和并发控制

DBMS 提供了数据控制语言（Data Control Language，DCL）。通过 DCL 可以控制什么情况下谁可以执行什么样的数据操作。另外，由于数据库是共享的，多个用户可以同时访问数据库（并发操作），这可能会引起访问冲突，从而导致数据的不一致。DBMS 还提供了并发控制的功能，以避免并发操作时可能带来的数据不一致问题。

④ 数据库备份与恢复

DBMS 提供了备份数据库和恢复数据库的功能。

说 明

“DBMS”这一术语通常指的是某个特定厂商的特定数据库产品，例如 Microsoft SQL Server 2014、Microsoft SQL Server 2012、Microsoft Access 2013、Oracle 等。但是，有时人们使用“数据库”这术语来代替 DBMS，这种用法是不恰当的。甚至还有人用“数据库”这一术语来代替数据库系统，这种用法就更不恰当了。所以对于数据库、数据库管理系统、数据库应用程序、数据库系统等术语要弄清楚，合理使用这些术语。

（3）数据库应用程序

数据库应用程序是利用某种程序语言，为实现某些特定功能面编写的程序，例如查询程序、报表程序等。这些程序为最终用户提供方便使用的可视化界面，最终用户通过界面输入必要的数据，应用程序接收最终用户输入的数据，经过加工处理，并转换成 DBMS 能够识别的 SQL 语句，然后再传给 DBMS，由 DBMS 执行该语句，负责从数据库若干个数据表中找到符合查询条件的数据，再将查询结果返回给应用程序，应用程序将得到的结果显示出来。由此可见，应用程序为最终用户访问数据库提供了有效途径和简便方法。

（4）用户

用户是使用数据库的人员，数据库系统中的用户一般有以下 3 类。

① 应用程序员

应用程序员负责编写数据库应用程序，他们使用某种程序设计语言（例如 C#、Java 等）来编写应用程序。这些应用程序通过向 DBMS 发出 SQL 语句，请求访问数据库。这些应用程序既可以是批处理程序，也可以是联机应用程序，其作用是允许最终用户通过客户端、屏幕终端或浏览器访问数据库。

② 数据库管理员

数据库管理员（Database Administrator，DBA）是一类特殊的数据库用户，负责全面管理和控制数据库。数据是企业最有价值的信息资源，而对数据拥有核心控制权限的人就是数据管理员（Data Administrator，DA）。数据管理员的职责是：决定什么数据存储在数据库中，并针对存储的数据建立相应的安全控制机制。注意，数据管理员是管理者而不一定是技术人员，而负责执行数据管理员决定的技术人员就是数据库管理员（DBA）。数据库管理员的任务是创建实际的数据库以及执行数据管理员需要实施的各种安全控制措施，确保数据库的安全，并且提供各种技术支持服务。

③ 最终用户

最终用户也称终端用户或一般用户，他们通过客户端、屏幕终端或浏览器与应用程序交互来访问数据库，或者通过数据库产品提供的接口程序访问数据库。

提 示

对于数据库而言，应用程序就是用户，因为应用程序通过 DBMS 来访问数据库。现在的 DBMS 产品，除了 DBMS 本身的程序外，一般还包含一些应用程序（通常称为工具），例如 SQL Server 2014 提供的管理工具主要有 SQL Server Management Studio、SQL Server 配置管理器、sqlcmd 命令提示实用工具等。应用程序员、数据库管理员和最终用户都可以使用这些工具，输入并执行 SQL 命令，由 DBMS 操作数据表获取结果。因此，用户的分类没有严格的界限。

3. 打开【SQL 编辑器】并在该窗口中输入 SQL 语句打开 master 数据库

首先打开【Microsoft SQL Server Management Studio】，然后可以通过以下几种途径打开【SQL 编辑器】窗口：

（1）如果【标准】工具栏可见，直接单击该工具栏中的【新建查询】按钮 新建查询(N) 即可打开。

（2）在【对象资源管理器】窗口中，右键单击“服务器实例名称”，在弹出的快捷菜单中选择【新建查询】命令即可。

（3）在【对象资源管理器】窗口中，右键单击已有的数据库名称，在弹出的快捷菜单中选择【新建查询】命令即可。

（4）选择【文件】菜单中的【新建】→【使用当前连接的查询】命令即可。

【SQL 编辑器】窗口打开后，主菜单中会自动出现【查询】菜单，同时【SQL 编辑器】工具栏也会自动出现。

打开【SQL 编辑器】窗口后，在该窗口输入命令：Use master。

然后单击【SQL 编辑器】工具栏中的【执行】按钮 ! 执行(X) 或者选择菜单命令【查询】→【执行】或者直接按 F5 键，执行上述 SQL 语句，如图 1-4 所示。

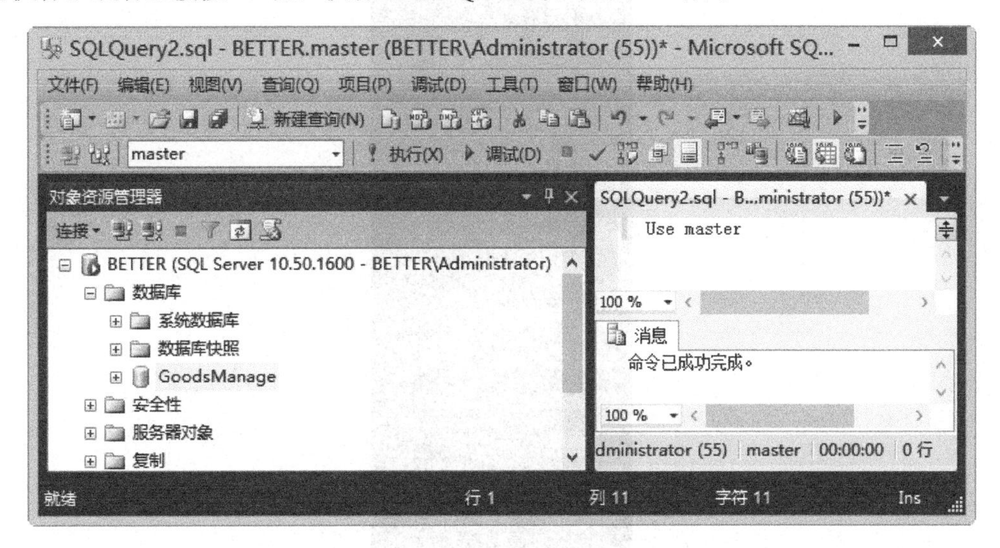

图 1-4　输入 SQL 语句打开 master 数据库

1.1 数据库应用体验

【任务 1-1】 体验数据库应用与初识数据库

【任务描述】

首先我们通过京东网上商城实例体验数据库的应用，对数据库应用系统、数据库管理系统、数据库和数据表有一个直观认识，这些数据库应用的相关内容如表 1-1 所示，这些数据库事先都已设计完成，然后通过应用程序对数据库中的数据进行存取操作。

表 1-1　体验京东网上商城数据库应用涉及的相关项

数据库应用系统	开发模式	数据库	主要数据表	典型用户	典型操作
京东网上商城	B/S	购物数据库	商品类型、商品信息、供应商、客户、支付方式、提货方式、购物车、订单等	客户、职员	商品查询、商品选购、下订单、订单查询、用户注册、用户登录、密码修改等

【任务实施】

1. 查询商品与浏览商品列表

启动浏览器，在地址栏中输入“京东网上商城”的网址 www.jd.com，按回车键显示“京东网上商城”的首页，首页的左上角显示了京东网上商城的“全部商品分类”，如图 1-5 所示。

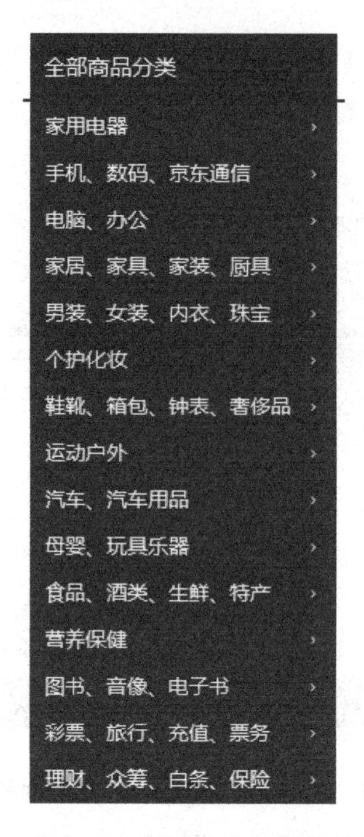

图 1-5　京东网上商城的“全部商品分类”

这些商品分类数据源自后台数据库的“商品类型”数据表，其部分参考数据如表 1-2 所示。

表 1-2　商品分类数据

类型编号	类型名称	父类编号	显示名称	类型编号	类型名称	父类编号	显示名称
01	家电产品	0	家用电器	030302	硬盘	0303	硬盘
0101	电视机	01	电视机	030303	内存	0303	内存
0102	洗衣机	01	洗衣机	030304	主板	0303	主板
0103	空调	01	空调	030305	显示器	0303	显示器
0104	冰箱	01	冰箱	0304	外设产品	03	外设产品
02	数码产品	0	数码	030401	键盘	0304	键盘
0201	通信产品	02	通信	030402	鼠标	0304	鼠标
020101	手机	0201	手机	030403	移动硬盘	0304	移动硬盘
020102	对讲机	0201	对讲机	030404	音箱	0304	音箱
020103	固定电话	0201	固定电话	04	图书音像	0	图书音像
0202	摄影机	02	摄影机	0401	图书	04	图书
0203	摄像机	02	摄像机	0402	音像	04	音像
03	电脑产品	0	电脑	05	办公用品	0	办公用品
0301	笔记本电脑	03	笔记本电脑	06	服饰鞋帽	0	服饰鞋帽
0302	电脑整机	03	整机	07	食品饮料	0	食品饮料
0303	电脑配件	03	电脑配件	08	皮具箱包	0	皮具箱包
030301	CPU	0303	CPU	09	化妆洗护	0	化妆洗护

在京东网上商城的首页的“搜索”框中输入“手机”，按回车键，显示的部分手机信息如图 1-6 所示，这些商品信息源自后台数据库的“商品信息”数据表，其部分参考数据如表 1-3 所示。

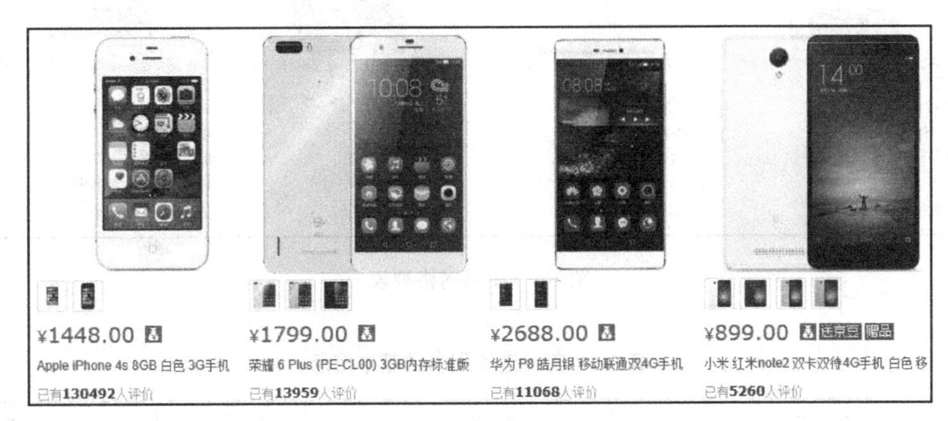

图 1-6　手机列表

表 1-3　部分查询商品的基本信息

序号	商品编码	商品名称	商品类型	价格	品牌
1	1509659	华为 P8	数码产品	2,588.00	华为
2	1157957	三星 S5	数码产品	2,358.00	三星
3	1217499	Apple iPhone 6	数码产品	4,288.00	Apple
4	1822034	HTC M9w	数码产品	2,999.00	HTC
5	1256865	中兴 V5 Max	数码产品	688.00	中兴
6	1490773	佳能 IXUS 275	数码产品	1,1920.00	佳能
7	1119116	尼康 COOLPIX S9600	数码产品	1,099.00	尼康
8	1777837	海信 LED55EC520UA	家电产品	4,599.00	海信
9	1588189	创维 50M5	家电产品	2,499.00	创维
10	1468155	长虹 50N1	家电产品	2,799.00	长虹
11	1309456	ThinkPad E450C	电脑产品	3,998.00	ThinkPad
12	1261903	惠普 g14-a003TX	电脑产品	2,999.00	惠普
13	1466274	华硕 FX50JX	电脑产品	4,799.00	华硕

在京东网上商城首页的“全部商品分类”列表中单击【图书】超链接，切换到“图书”页面，然后在“搜索”框中输入图书作者姓名“陈承欢”，按回车键显示的部分图片信息如图 1-7 所示，这些图书信息源自后台数据库的“图书信息”数据表，其部分参考数据如表 1-4 所示。

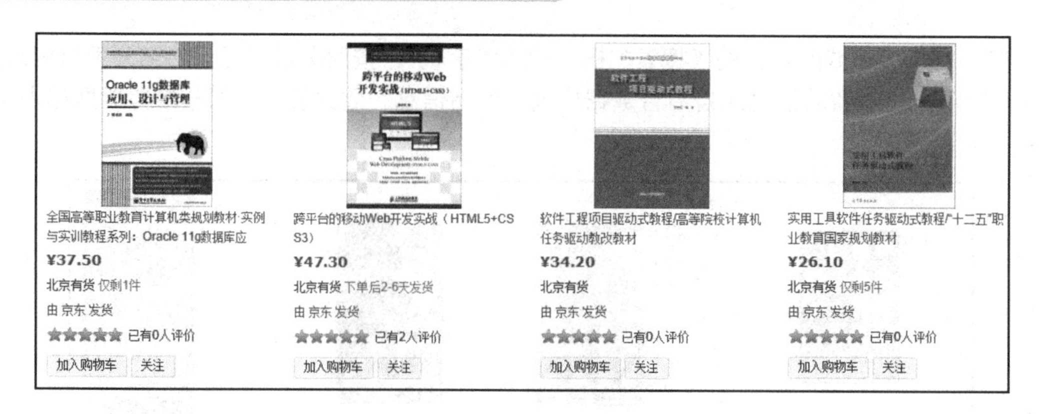

图 1-7　图书网格列表

表 1-4　部分查询图书的基本信息

序号	商品编码	商品名称	商品类型	价格	作者
1	11253419	Oracle 11g 数据库应用、设计与管理	图书	37.50	陈承欢
2	10278824	数据库应用基础实例教程	图书	29	陈承欢
3	11721263	数据结构分析与应用实用教程	图书	36.20	陈承欢
4	11640811	软件工程项目驱动式教程	图书	34.20	陈承欢
5	11702941	跨平台的移动 Web 开发实战	图书	47.30	陈承欢
6	11537993	实用工具软件任务驱动式教程	图书	26.10	陈承欢
序号	出版社	ISBN	版次	页数	开本
1	电子工业出版社	9787121201478	1	348	16 开
2	电子工业出版社	9787121052347	1	321	16 开
3	清华大学出版社	9787302393221	1	350	16 开
4	清华大学出版社	9787302383178	1	316	16 开
5	人民邮电出版社	9787115374035	2	319	16 开
6	高等教育出版社	9787040393293	1	272	16 开

**【思考】**：这里查询的商品列表数据是如何从后台数据库获取的？

2．查看商品详情

在京东网上商场查看商品详情有多种方式可供选择。

（1）快速浏览商品信息

在图书浏览页面的“网格”浏览状态下，将鼠标指针指向图书的图片，会自动显示该图书的相关信息，如图 1-8 所示。

（2）切换到列表显示方式查询商品信息

在图书信息显示区域的右上角单击【列表】按钮 列表，切换至“列表”显示方式，显示每本图书的更多信息内容。《Oracle 11g 数据库应用、设计与管理》一书的详细信息如图 1-9 所示。

（3）切换至商品详情页面浏览商品信息

在图书浏览页面，单击图书图片或名称，切换到图书详情浏览页面，显示的图书的主要参数如图 1-10 所示。

作　　者：陈承欢 著
出 版 社：电子工业出版社
出版时间：2013-04-01
版　　次：1
页　　数：348
开　　本：16开
纸　　张：胶版纸
印　　数：1
I S B N：9787121200878

图 1-8　快速查看图书信息

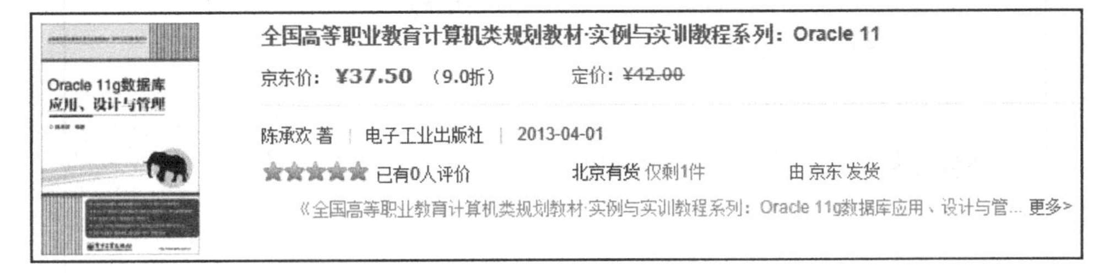

图 1-9　图书详细信息列表

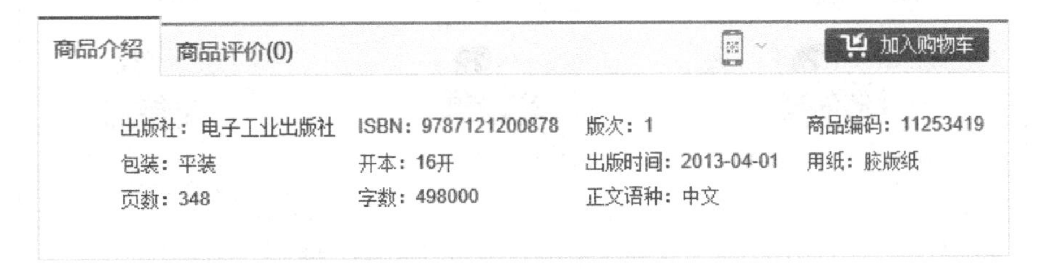

图 1-10　图书的主要参数

这三种商品详情查看方式所显示的图书信息基本相同，源自相同的数据源，即后台数据库的“图书信息”数据表。

【思考】：这里查询的商品详细数据是如何从后台数据库获取的？

3．通过“高级搜索”方式搜索所需商品

在京东网上商城首页的“全部商品分类”列表中单击【图书】超链接，切换到“图书”

页面，然后单击【高级搜索】超链接，打开“高级搜索”页面，在中部的“书名”输入框中输入“Oracle 11g 数据库应用、设计与管理”，在“作者”输入框中输入“陈承欢”，在“出版社”输入框中输入“电子工业出版社”，搜索条件设置的结果如图 1-11 所示。

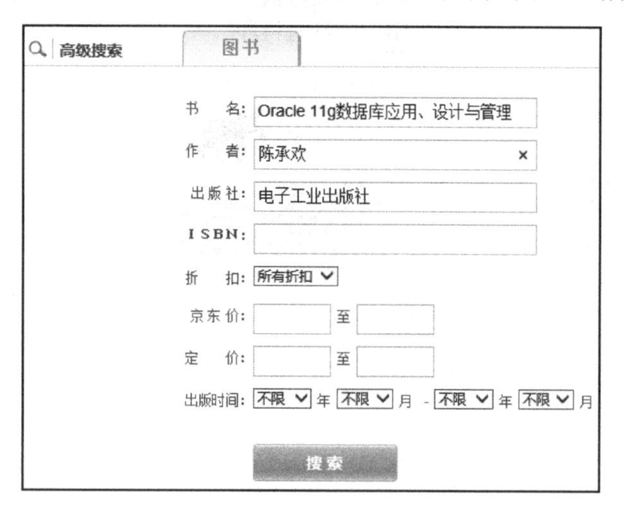

图 1-11　设置高级搜索的查询条件

然后单击【搜索】按钮，搜索的结果如图 1-12 所示。

图 1-12　高级搜索的结果

这里，所看到的查询条件输入页面（如图 1-11 所示）和查询结果页面（如图 1-12 所示）等都属性 B/S 模式的数据库应用程序的一部分。购物网站为用户提供了友好界面，为用户搜索所需图书提供了方便。从图 1-12 可知，查询结果中包含了书名、价格、经销商等信息，该网页显示出来的这些数据到底是来自哪里呢？又是如何得到的呢？应用程序实际上只是一个数据处理者，它所处理的数据必然是从某个数据源中取得的，这个数据源就是数据库（Database，DB）。数据库好像是一个数据仓库，保存着数据库应用程序相关数据，例如每本图书的 ISBN、书名、出版社、价格等，这些数据以数据表的形式存储。这里查询结果的数据源也源自后台数据库的图书信息数据表。

【思考】：这里高级搜索的图书数据是如何从后台数据库获取的？

4. 实现用户注册

在京东网上商城首页顶部单击【免费注册】超链接，打开“用户注册”页面，切换到“个人用户”选项卡，分别在“用户名”、“请设置密码”、“请确认密码”、“验证手机”、“短信验证码”和“验证码”输入框中输入合适的内容，如图 1-13 所示。

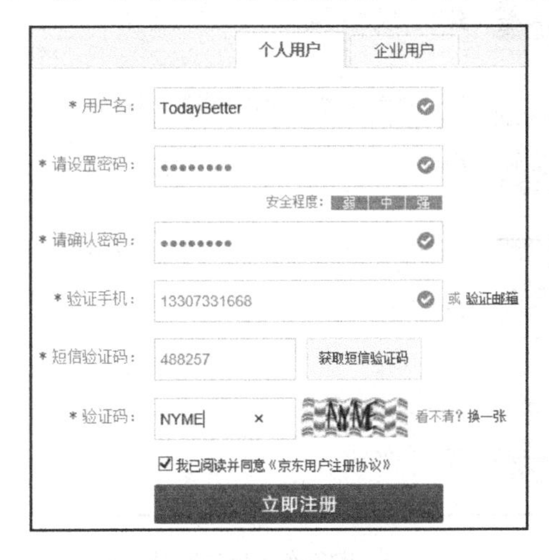

图 1-13　用户注册

然后，单击【立即注册】按钮，显示注册成功页面，这样便在后台数据库的“用户”数据表中新增一条用户记录。

【思考】：这里注册新用户在后台数据库是如何实现的？

5. 实现用户登录

在京东网上商城首页顶部单击【请登录】超链接，打开“用户登录”页面，分别在“用户名”和“密码”输入框中输入已成功注册的用户名和密码，如图 1-14 所示。然后单击【登录】按钮，登录成功后，会在网页顶部显示用户名。

图 1-14　用户登录

【思考】：这里的用户登录，对后台数据库中的“用户”数据表是如何操作的？

6．选购商品

在商品浏览页面，选中中意的商品后，单击【加入购物车】按钮，将所选商品添加到购物车中，已选购5本图书的购物车商品列表如图1-15所示。

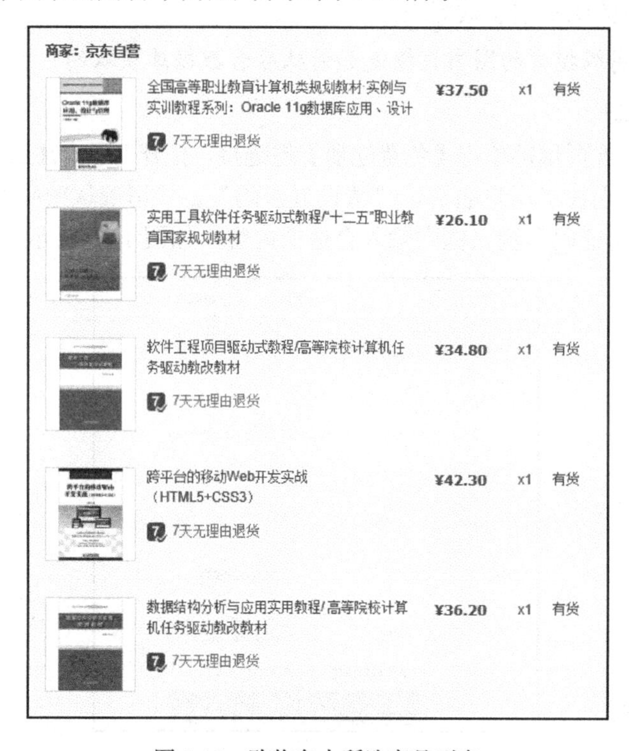

图1-15　购物车中所选商品列表

【思考】：这些选购的图书信息如何从后台“图书信息”数据表中获取，又如何添加到“购物车”数据表中？

7．查看订单中所订购的商品信息

进入京东网上商城的“订单”页面，可以查看订单中全部订购商品的相关信息，如图1-16所示，并且是以规范的列表方式显示订购的商品信息。

商品清单

商品编号	商品图片	商品名称	京东价	京豆数量	商品数量	库存状态
11253419		全国高等职业教育计算机类规划教材·实例与实训教程系列：Oracle 11g数据库应用、设计与管理	¥37.50	0	1	有货
11537993		实用工具软件任务驱动式教程/"十二五"职业教育国家规划教材	¥26.10	0	1	有货
11640811		软件工程项目驱动式教程/高等院校计算机任务驱动教改教材	¥34.80	0	1	有货
11702941		跨平台的移动Web开发实战（HTML5+CSS3）	¥42.30	0	1	有货
11721263		数据结构分析与应用实用教程/高等院校计算机任务驱动教改教材	¥36.20	0	1	有货

图1-16　订单中全部订购商品清单

【思考】：订单中订购商品的相关信息源自哪里？

8. 查看订单信息

进入京东网上商城的“订单”页面，可以查看订单信息，如图 1-17 所示。

订单信息	
订单编号	10182483130
支付方式	在线支付
配送方式	普通快递
下单时间	2015-09-28 07:39:22
取消时间	2015-09-28 07:43:45
取消原因	主动取消订单

图 1-17　订单信息

【思考】：这些订单信息源自哪里？

由此可见，数据库不仅存放单个实体的信息，例如商品类型、商品信息、图书、用户等，而且还存放着它们之间的联系数据，例如订单中的数据。我们可以先通俗地给出一个数据库的定义，即数据库由若干个相互有联系的数据表组成，例如任务 1-1 的购物管理数据库。对数据表可以从不同的角度进行观察，从横向来看，表由表头和若干行组成，表中的行也称为记录，表头确定表的结构。从纵向来看，表由若干列组成，每列有唯一的列名，例如如表 1-3 所示的商品信息数据表包含多列，列名分别为序号、商品编码、商品名称、商品类型、价格和品牌，列也可以称为字段或属性。每 1 列有一定的取值范围，也称之为域，例如商品类型 1 列，其取值只能是商品类型的名称，例如数码产品、家电产品、电脑产品等，假设有 10 种商品类型，那么商品类型的每个取值只能是这 10 种商品类型名称之一。这里浅显地解释了与数据库有关的术语，有了数据库，即有了相互关联的若干个数据表，就可以将数据存入这些数据表中，以后数据库应用程序就能找到所需的数据了。

数据库应用程序如何从数据库中取出所需的数据呢？数据库应用程序是通过 1 个名为数据库管理系统（Database Management System，DBMS）的软件来取出数据的。DBMS 是一个商品化的软件，它管理着数据库，使得数据以记录的形式存放在计算机中。例如图书馆利用 DBMS 保存藏书信息，并提供按图书名称、出版社、作者、出版日期等多种查询方式。网上购物系统利用 DBMS 管理商品数据、订单数据等，这些数据组成购物数据库。可见，DBMS 的主要任务是管理数据库，并负责处理用户的各种请求。下面以我们熟悉的图书馆的图书借阅为例加以说明，在图书借阅过程中，图书管理员使用条形码读取器对所借阅的图书进行扫描时，图书管理系统将查询条件转换为 DBMS 能够接收的查询命令，将查询命令传递给 DBMS 后，DBMS 负责从借阅数据库中找到对应的图书数据，将数据返回给图书管理系统，并在屏幕上显示出来。当图书管理员找到需要借阅的所有图书数据后，输入相关的借阅信息，并单击借阅界面中的【保存】按钮后，图书管理系统将要保存的数据转换为插入命令，该命令传递给 DBMS 后，DBMS 负责执行命令，将借阅数据保存到借阅数据表中。

通过以上分析，我们对数据库应用系统和数据库管理系统的工作过程有了初步认识，其基本工作过程如下：用户通过数据库应用系统从数据库取出数据时，首先输入所需的查询条件，应用程序将查询条件转换为查询命令，然后将该命令发给DBMS，DBMS根据收到的查询命令从数据库中取出数据返给应用程序，再由应用程序以直观易懂的格式显示出查询结果。用户通过数据库应用系统向数据库存储数据时，首先在应用程序的数据输入界面输入相应的数据，所需数据输入完毕，用户向应用程序发出存储数据的命令，应用程序将该命令发给DBMS，DBMS执行存储数据命令且将数据存储到数据库中。该工作过程可用图1-18表示。

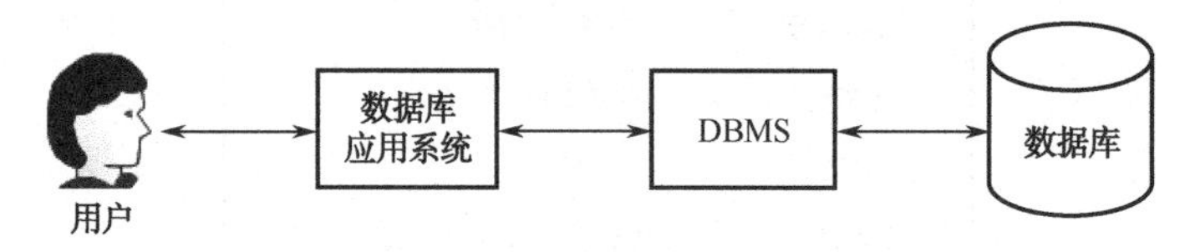

图1-18　数据库应用系统工作过程示意图

通常，一个完整的数据库系统由数据库（DB）、数据库管理系统（DBMS）、数据库应用程序、用户和硬件组成。用户与数据库应用程序交互，数据库应用程序与DBMS交互，DBMS访问数据库中的数据。一个完整的数据库系统还应包括硬件，数据库存放在计算机的外存中，DBMS、数据库应用程序等软件都需要在计算机上运行，因此，数据库系统中必然会包含硬件，但本教材不涉及硬件方面的内容。

数据库系统中只有DBMS才能直接访问数据库，SQL Server 2014就是一个可信任、高效的和智能的DBMS，作为Microsoft公司新一代的数据库管理产品，本教材将利用SQL Server 2014有效管理数据库。

1.2 试用 SQL Server 2014

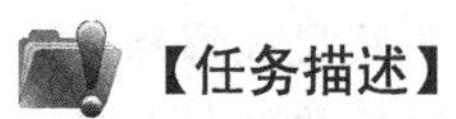 【任务1-2】初识 SQL Server 2014 Management Studio（SSMS）

【任务描述】

（1）启动图形化管理界面SSMS与连接到服务器。

（2）使用对象资源管理器。

（3）显示与关闭SQL Server 2014的常用管理工具。

（4）调整SQL Server 2014常用管理工具的位置。

【任务实施】

1. 使用对象资源管理器

SQL Server Management Studio的【对象资源管理器】组件是一种集成工具，可以查看和管理服务器中的所有对象，提供了管理这些对象的用户界面，其功能根据服务器类型稍有不同。默认情况下，SQL Server Management Studio成功启动后，【对象资源管理器】是可见的。如果被隐藏，可以单击菜单命令【视图】→【对象资源管理器】，打开【对象资源管理器】。

（1）将【对象资源管理器】连接到服务器

如果要使用【对象资源管理器】，必须先将其连接到服务器。在【对象资源管理器】中，不仅可以管理数据引擎的对象，也可以管理不同的SQL Server服务，主要包括Analysis Services、Integration Services、Reporting Services和Azure存储系统。

在【对象资源管理器】窗口的工具栏中，单击【连接】按钮，在弹出的下拉表列表中选择要连接的服务器类型，如图 1-19 所示。然后在打开的【连接到服务器】对话框中设置连接信息。

（2）设置可选的连接属性

连接到服务器时，可以在【连接到服务器】对话框中设置连接属性，【连接到服务器】对话框将保留最近使用的设置。

在【连接到服务器】对话框中，单击【选项】按钮，然后切换到“连接属性”选项卡，在该选项卡中可以选择要连接的数据库，设置网络协议、网络数据包大小、连接超时值、执行超时值等属性，如图 1-20 所示。

图 1-19 【连接】的服务器类型列表

图 1-20 【连接到服务器】对话框中的“连接属性”选项卡

（3）在【对象资源管理器】窗口中查看服务器实例的相关属性设置

在【对象资源管理器】窗口中，右键单击 SQL Server 服务器的名称，例如“BETTER”，在弹出的快捷菜单中选择【属性】命令。

打开【服务器属性】对话框，在该对话框中可以查看常规、内存、处理器、安全性、连接、数据库设置、高级和权限，其中“常规”界面显示 SQL Server 的版本、操作系统的版本、语言、内存、处理器、根目录、服务器排序规则等相关信息，如图 1-21 所示。

“安全性”界面主要设置服务器身份验证方式、登录审核方式和其他选项，如图 1-22 所示。在“服务器身份验证”区域可以切换身份验证模式，选择“Windows 身份验证模式”或者选择“SQL Server 和 Windows 身份验证模式”。

（4）启动与停止 SQL Server 服务器

在【SQL Server Management Studio】窗口中，右键单击 SQL Server 服务器的名称，例如“BETTER”，在弹出的快捷菜单中选择【停止】命令则可以停止 SQL Server 服务器，单击【重新启动】命令则可以重新启动 SQL Server 服务器。当 SQL Server 服务器处于停止状态时，选择【启动】命令则可以启动 SQL Server 服务器。

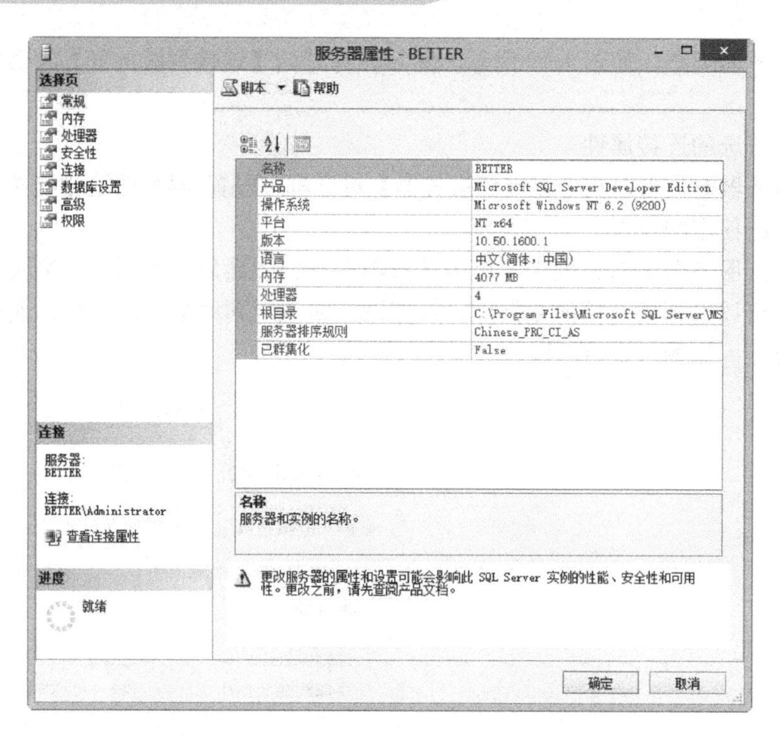

图 1-21　在【服务器属性】对话框中查看常规设置

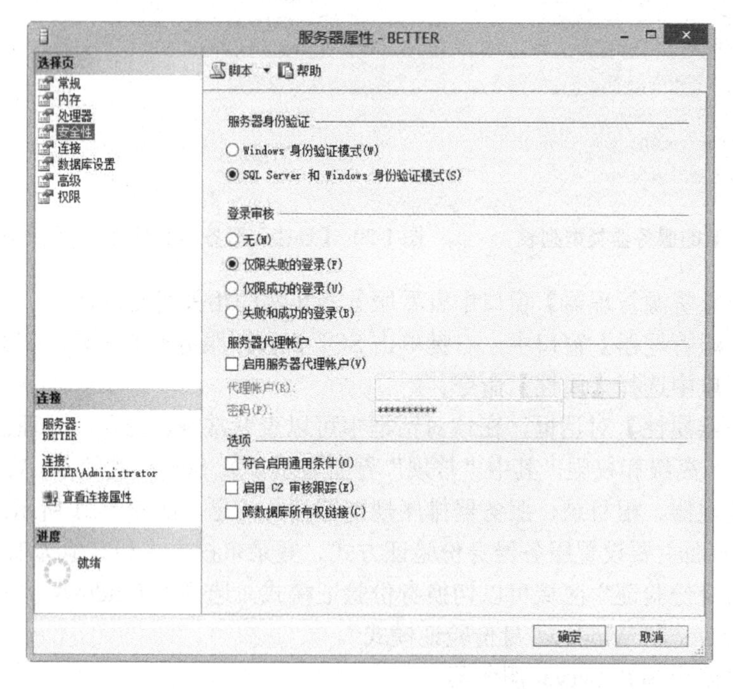

图 1-22 【服务器属性】对话框中安全性属性设置

（5）配置对象资源管理器选项

在【SQL Server Management Studio】窗口，选择菜单命令【工具】→【选项】，打开【选项】对话框，其“常规”界面如图 1-23 所示，在该界面中可以设置【窗口】菜单中的显示项、“最近使用的文件”列表中显示的项、是否显示状态栏等。

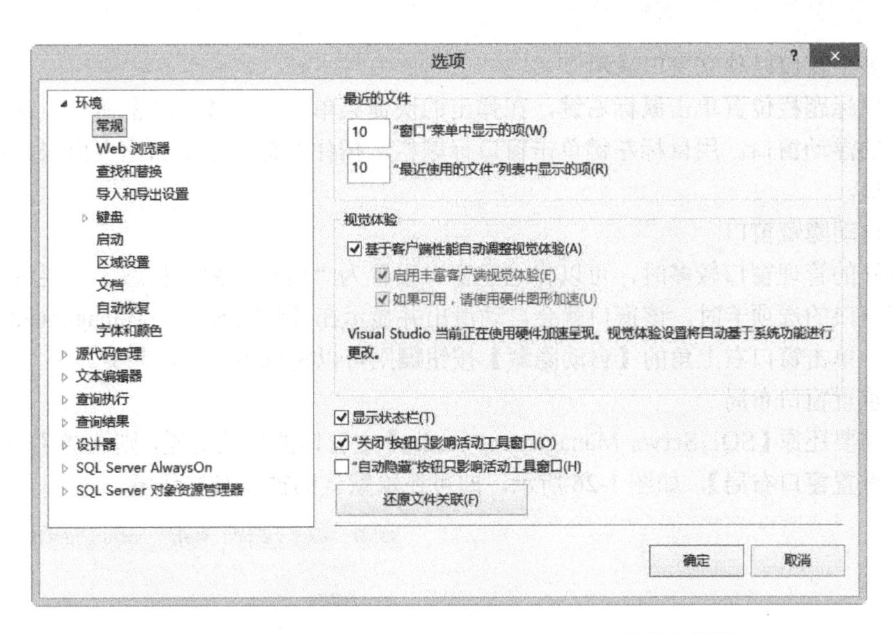

图 1-23　查看 SQL Server Management Studio 的常规设置

在【选项】对话框左侧单击"SQL Server 对象资源管理器"选项，右侧将显示"SQL Server 对象资源管理器"相关属性，如图 1-24 所示，根据需要可以对表和视图选项、常规脚本选项和对象脚本选项等属性进行设置。

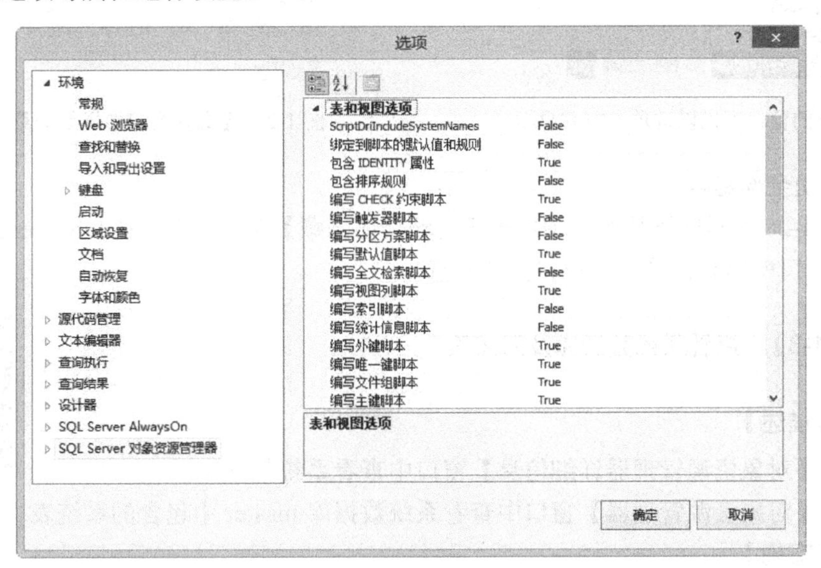

图 1-24　设置"SQL Server 对象资源管理器"的属性

2. 调整 SQL Server 2014 常用管理工具的位置

（1）多个窗口以选项卡方式显示

在【SQL Server Management Studio】窗口中，打开的窗口可以以选项卡方式显示，如图 1-25 中的【模板浏览器】窗口和【解决方案资源管理器】窗口位于同一个窗口，可通过选项卡进行切换。利用鼠标左键拖曳选项卡名称可以调整选项卡的顺序，例如将【解决方案资源管理器】选项卡移到【模板浏览器】选项卡的右侧。

（2）多个窗口以独立窗口显示

在窗口标题栏位置单击鼠标右键，在弹出的快捷菜单中单击【浮动】命令，该窗口即可成为独立的浮动窗口。用鼠标左键单击窗口标题栏，按住左键将该窗口拖曳出来，也会变成独立的窗口。

（3）自动隐藏窗口

当打开的管理窗口较多时，可以将这些窗口设置为“自动隐藏”状态，只要将鼠标移到自动隐藏窗口的选项卡时，该窗口就会自动滑出并显示在【SQL Server Management Studio】主窗口中。单击窗口右上角的【自动隐藏】按钮则可以将该窗口自动隐藏。

（4）重置窗口布局

如果需要还原【SQL Server Management Studio】主窗口的默认配置，则选择菜单命令【窗口】→【重置窗口布局】，如图1-26所示，即可还原默认的窗口布局环境。

图1-25　打开的窗口可以以选项卡方式显示

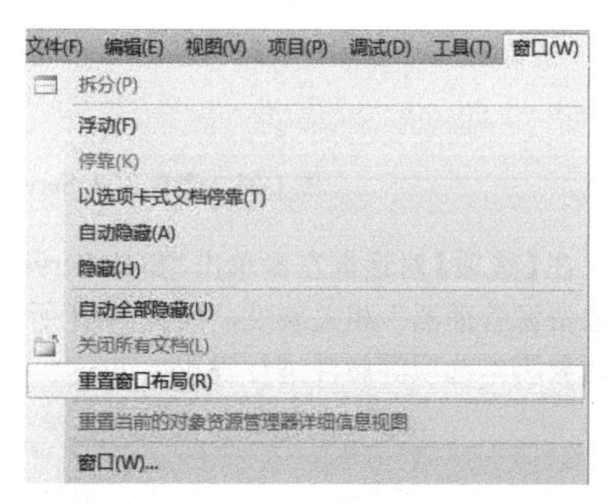

图1-26　【重置窗口布局】的菜单命令

（5）自动全部隐藏

在如图1-26所示的下拉菜单中单击【自动全部隐藏】命令，则【SQL Server Management Studio】主窗口中所有打开的窗口将自动隐藏。

【任务1-3】查看系统数据库及系统表

【任务描述】

（1）在【对象资源管理器详细信息】窗口中查看系统数据库。

（2）在【对象资源管理器】窗口中查看系统数据库master中包含的系统表。

【任务实施】

【SQL Server Management Studio】主窗口的【对象资源管理器】窗口中使用树状结构将各种数据库对象分组到各个文件夹中，单击文件夹左侧的加号（+）或双击文件夹，可以展开折叠的文件夹。右键单击文件夹或者数据库对象则会弹出快捷菜单，根据需要执行操作任务。

在【对象资源管理器】中，一次只能选择一个对象，而在【对象资源管理器详细信息】窗口中则可以一次选择多项，如图1-27所示同时选择了“备份设备”和“链接服务器”。

1．在【对象资源管理器详细信息】窗口中查看SQL Server 2014的系统数据库

按快捷键F7打开【对象资源管理器详细信息】窗口，在【对象资源管理器】窗口中单击

“数据库”文件夹左侧的加号（+）或双击“数据库”文件夹，展示“数据库”文件夹，在左侧单击选择“系统数据库”文件夹，右侧的【对象资源管理器详细信息】窗口则会列出 SQL Server 2014 的系统数据库，如图 1-28 所示。

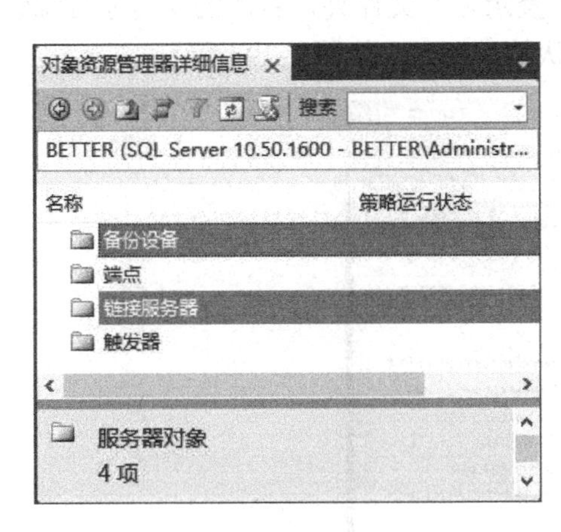

图 1-27 【对象资源管理器详细信息】窗口

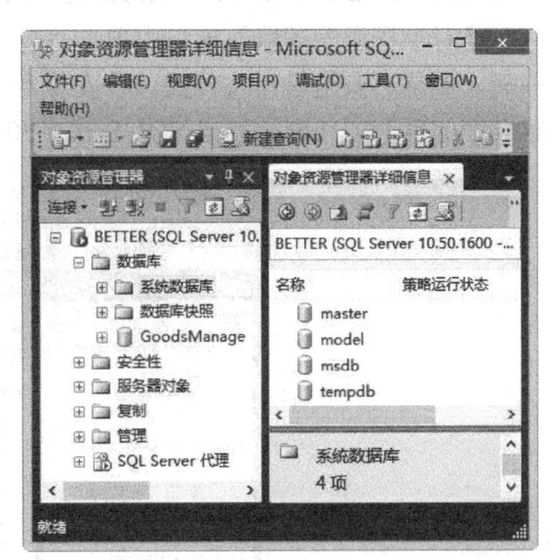

图 1-28　查看 SQL Server 2014 的系统数据库

SQL Server 2014 成功安装后，会自动创建和配置多个系统数据库，常用的系统数据库包括 master、model、msdb 和 tempdb。

系统数据库 master 是最重要的系统数据库，记录 SQL Server 实例的所有系统级别的信息，例如 SQL Server 服务器配置、用户登录账号、用户数据库位置、端口配置等。如果 master 数据库被损坏，SQL Server 便无法正常工作。

系统数据库 model 用来作为 SQL Server 实例上创建用户自定义数据库的模板，创建用户数据库时，SQL Server 都会复制一份 model 数据库的配置，作为新建数据库的基础。

系统数据库 msdb 是 SQL Server 辅助存储各种服务信息的地方，可以说是各种衍生服务（例如 SQL Server Agent 服务、SQL Server Integration Services、Log Shipping、Database Mail 等）的专用数据库。只要在 SQL Server 2014 设置任何自动化工作，其配置信息都将存放在 msdb 数据库中。如果 msdb 数据库被损坏，SQL Server 还不至于不能工作，但是，原先设置的自动化工作以及上述的各种服务就无法正常执行。

系统数据库 tempdb 是一个“临时性”数据库，用于保存临时对象或者中间结果集。每当 SQL Server 实例重新启动时，就会重新创建此数据库。换句话说，SQL Server 重新启动后，tempdb 数据库先前的任何数据都会被永久删除。

2．查看系统数据库 master 中包含的系统表

在【对象资源管理器】窗口中，依次展示“master”→“表”→“系统表”，可以发现 master 数据库包含多个数据表。

【任务 1-4】 查看 SQL Server 2014 的登录名和服务器角色

【任务描述】

（1）查看 SQL Server 2014 默认的登录名。

（2）查看 SQL Server 2014 默认的服务器角色。

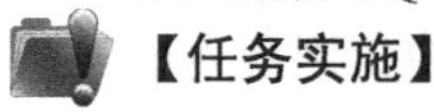

【任务实施】

1．查看 SQL Server 2014 默认的登录名

在【对象资源管理器】窗口中单击“安全性”文件夹左侧的加号（+）或双击“安全性”文件夹，展示“安全性”文件夹，在左侧单击选择“登录名”文件夹，右侧的【对象资源管理器详细信息】窗口则会列出 SQL Server 2014 的默认的登录名，如图 1-29 所示。

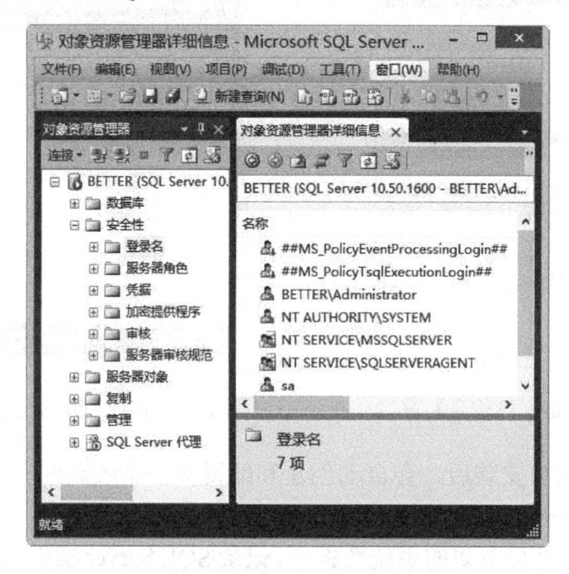

图 1-29　SQL Server 2014 默认的登录名

2．查看 SQL Server 2014 默认的服务器角色

在【对象资源管理器】窗口左侧单击选择“服务器角色”文件夹，右侧的【对象资源管理器详细信息】窗口则会列出 SQL Server 2014 的默认的服务器角色，如图 1-30 所示。

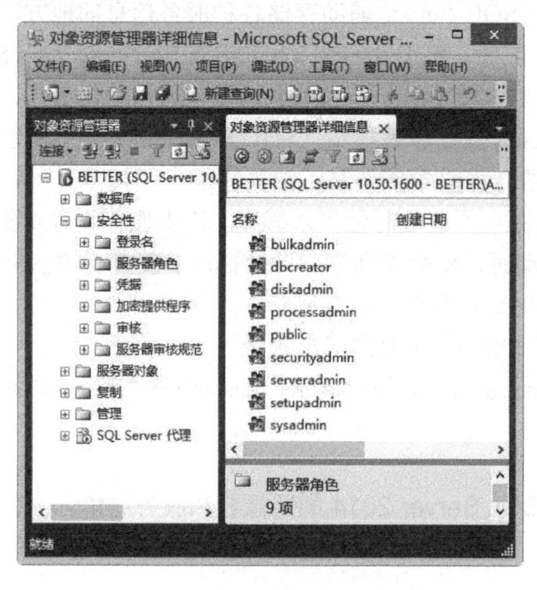

图 1-30　SQL Server 2014 默认的服务器角色

【任务 1-5】 启动与停止 SQL Server 2014 的服务

“SQL Server 配置管理器”是 SQL Server 2014 的一种实用工具，主要用于管理与 SQL Server 相关联的服务，配置 SQL Server 使用的协议，以及管理网络连接配置等。使用“SQL Server 配置管理器”可以启动、停止、重新启动、继续或暂停服务，还可以查看或更改服务属性、管理服务器和客户端网络协议。

【任务描述】

（1）启动 SQL Server 的默认实例。

（2）管理服务器和客户端的网络协议。

【任务实施】

1. 查看 SQL Server 默认实例的属性

在 Windows 操作系统的【开始】菜单中，选择菜单命令【程序】→【Microsoft SQL Server 2014】→【配置工具】→【SQL Server 2014 配置管理器】，打开【SQL Server Configuration Manager】窗口，在该窗口的左窗格中单击“SQL Server 服务”节点，在右窗格中右键单击“SQL Server(MSSQLSERVER2014)”，在弹出的快捷菜单中选择【属性】命令，打开【SQL Server（MSSQLSERVER2014）属性】对话框，如图 1-31 所示。在该对话框中可以设置登录身份、服务状态、启动参数等。然后单击【确定】按钮关闭该对话框即可。

图 1-31 【SQL Server（MSSQLSERVER 2014）属性】对话框

2. 启动 SQL Server 的默认实例

在打开的【SQL Server Configuration Manager】窗口的左窗格中单击“SQL Server 服务”

节点，在右窗格中显示对应的服务及其状态，如图 1-32 所示。右键单击右侧窗格中的“SQL Server（MSSQLSERVER2014）”，在弹出的快捷菜单中选择【启动】命令，如果服务器名称左侧出现绿色箭头图标，则表示服务器已成功启动。

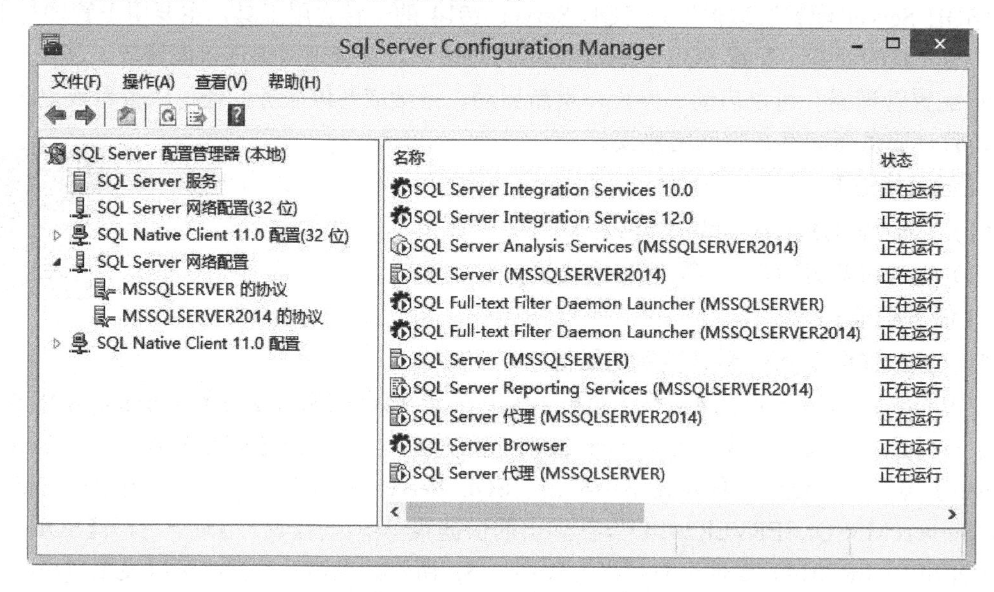

图 1-32　SQL Server 服务及其状态

> **提 示**
>
> 启动成功后，如果需要停止“SQL Server(MSSQLSERVER2014)”，在快捷菜单中选择【停止】命令即可。

3. 管理服务器和客户端的网络协议

在【SQL Server Configuration Manager】窗口中，展开“SQL Server 网络配置”节点，在左窗格选中“MSSQLSERVER 的协议”节点，在右窗格显示 SQL Server 支持的网络协议：Shared Memory 协议、Named Pipes 协议和 TCP/IP 协议，如图 1-33 所示。

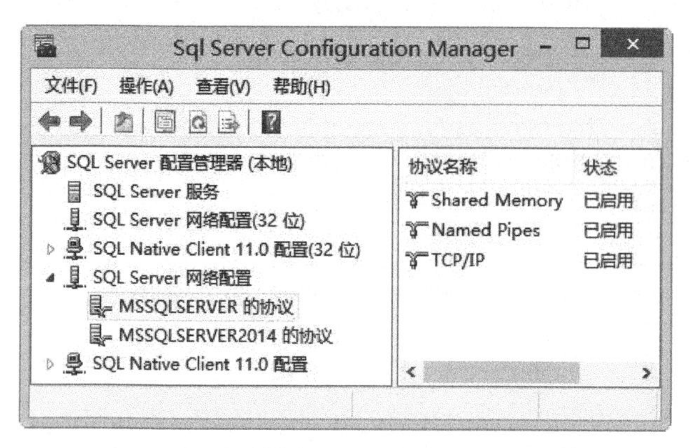

图 1-33　查看 MSSQLSERVER 的协议

右键单击协议名称，例如“TCP/IP”，在弹出的快捷菜单中选择【启用】命令则可以启用该协议，如果选择【禁用】命令则禁用该协议，如果选择【属性】命令则会打开该协议的【属性】对话框。【TCP/IP 属性】对话框的“IP 地址”选项卡如图 1-34 所示，在该对话框中可以进行相关设置。

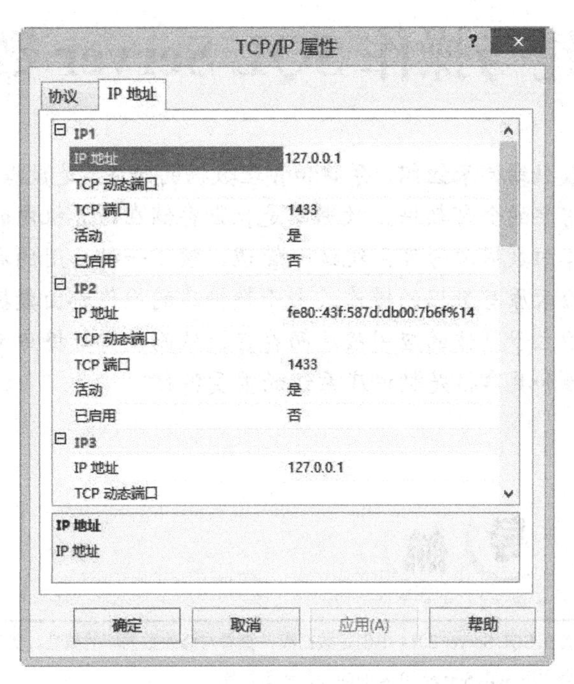

图 1-34 【TCP/IP 属性】对话框的“IP 地址”选项卡

（1）SQL Server 2014 成功安装后，会自动创建和配置多个系统数据库，常用的系统数据库包括________、________、msdb 和 tempdb。

（2）系统数据库________用来作为 SQL Server 实例上创建用户自定义数据库的模板，创建用户数据库时，SQL Server 都会复制一份________数据库的配置信息，作为新建数据库的基础。

（3）________是 SQL Server 2014 的一种实用工具，主要用于管理与 SQL Server 相关联的服务，配置 SQL Server 使用的协议，以及管理网络连接配置等。

（4）通常，一个完整的数据库系统由数据库（DB）、数据库管理系统（DBMS）、数据库应用程序、用户和硬件组成。用户与数据库应用程序交互，数据库应用程序与________交互，DBMS 访问________中的数据。

（5）SQL Server Management Studio 的________组件是一种集成工具，可以查看和管理服务器中的所有对象，提供了管理这些对象的用户界面。

（6）一个完整的数据库系统由________、________、数据库应用程序、用户和硬件组成。

单元 2

创建与操作 SQL Server 数据库

数据库是按照数据结构来组织、存储和管理数据的仓库，是数据库管理系统的核心，包含了系统运行所需要的全部数据。数据库是长期存储在计算机内的、有组织、可共享的数据集合。数据库由数据库管理系统统一管理，按照一种公用的和控制的方法完成插入新数据、修改和检索原有数据的操作。由于数据库的操作都由数据库管理系统完成，因此数据库就可以独立于具体的应用程序而存在，从而使得数据库又可以为多个用户所共享。数据的独立性和共享性是数据库系统的重要特征。

教学目标	（1）学会在 SQL Server 2014 中创建数据库，查看与修改数据库的属性，更改数据库名称 （2）学会利用 SQL Server 2014 的向导复制数据库 （3）学会利用 SQL Server 2014 的向导备份与还原数据库 （4）学会利用 SQL Server 2014 的向导分离和附加数据库 （5）学会利用 SQL Server 2014 的向导实现数据库的联机与脱机 （6）学会在 SQL Server 2014 中删除数据库 （7）理解 SQL Server 2014 数据库的文件类型 （8）理解备份与恢复数据库的作用、数据备份的类型 （9）了解 SQL Server 数据库的备份策略
教学方法	任务驱动法、分组讨论法、理论实践一体化
课时建议	6 课时

在操作实战之前，将配套资源的“起点文件”文件夹中的“02”子文件夹及相关文件复制到本地硬盘中，然后在文件夹“02”中创建 3 个子文件夹“SQL 文件”、“数据备份”和“数据库备份”，并且准备 1 个 Excel 文件 book02.xls，该文件中包含 1 个工作表“图书类型表”。

1. SQL Server 2014 数据库的文件类型

SQL Server 2014 数据库一般包括以下三种类型的文件。

（1）主要数据文件

主要数据文件包含数据库的启动信息，并指向数据库中的其他文件。主要数据文件的文件扩展名为.mdf，每个数据库必定有 1 个主要数据文件。

（2）次要数据文件

次要数据文件是可选的，由用户定义并存储用户数据。次要数据文件的扩展名为.ndf。将每个文件存放在不同的磁盘驱动器上，次要数据文件可用于将数据分散到多个磁盘上。另外，如果数据库文件的大小超过了单个 Windows 文件的最大大小，可以使用次要数据文件，这样做可使数据库容量无限制地扩充而不受操作系统文件大小的限制。将主要数据文件和次要数据文件分别存放在不同的硬盘上，可以提高数据处理的效率。

（3）日志文件

日志文件用于记录所有事务以及每个事务对数据库所做的修改，每个数据库必须至少拥有 1 个日志文件，并允许拥有多个事务日志文件，其扩展名为.ldf。当数据库被损坏时，可以使用日志文件恢复数据库。

2．SQL Server 2014 数据库的备份与恢复

在实际应用中，由于各种硬件故障、用户操作失误、自然灾害以及恶意破坏等原因可能导致计算机内数据的破坏、丢失甚至系统崩溃等不良后果。备份与恢复则确保了数据库的完整性和一致性，保证了系统运行的可靠性。经常备份数据库可以有效地防止数据丢失，而恢复则可以将数据库从错误状态还原到正确状态。如果用户采取适当的备份策略，就能够以最短的时间使数据库恢复到最少的数据损失量的状态。

SQL Server 2014 的数据库备份有以下 4 种类型。

（1）完整备份

完整备份是指备份所有数据文件和部分日志文件。完整备份是在某一时间点对数据库进行备份，以这个时间点作为恢复数据库的基点。不管采用何种备份类型或备份策略，在对数据库进行备份之前，必须首先对其进行完整备份。

（2）差异备份

差异备份仅捕获自上次完整备份后发生更改的数据，这称为差异备份的“基准”。差异备份仅包括建立差异基准后更改的数据，在还原差异备份之前，必须先还原其基准备份。用户在备份频繁修改的数据库时，需要最小化备份时间时，应选择差异备份方式。

（3）事务日志备份

事务日志备份中包括了在前一个日志备份中没有备份的所有日志记录。只有在完整恢复模式和大容量日志恢复模式下才会有事务日志备份。如果上一次完整备份数据库后，数据库中的某一行被修改了多次，那么事务日志备份包含该行所有被更改的历史记录，而差异备份只包含该行的最后一组值。

（4）文件或文件组备份

文件或文件组备份可以用来备份和还原数据库中的文件。使用文件备份可以使用户仅还原已损坏的文件，而不必还原数据库的其余部分，从而提高恢复速度，减少恢复时间。

3．SQL Server 2014 数据库的删除

当用户不需要定义数据库，或者已将该数据库移到其他数据库或服务器上时，即可删除该数据库。在 SQL Server 2014 中，除了系统数据库以外，其他的数据库都可以被删除，但是不能删除当前正在使用的数据库。当用户删除数据时，将从当前服务器或实例中永久地、物理地删除该数据库。数据库一旦被删除就不能恢复，因为其相应的数据文件和数据都被物理删除了。因此，删除数据库一定小心谨慎，防止误删除有用的数据库。

在【对象资源管理器】窗口中展开“数据库”文件夹，右键单击用户数据库名称“bookDB02”，在弹出的快捷菜单中选择【删除】命令，打开【删除对象】对话框，在该对话框中默认选中了“删除数据库备份和还原历史记录信息”，表示在删除数据库的同时也删除数据库的备份，选中“关闭现有连接”复选框，然后单击【确定】按钮，删除该数据库。

2.1 创建 SQL Server 数据库

【任务 2-1】 创建数据库

数据库的存储结构分为逻辑存储结构和物理存储结构两种。数据库的逻辑存储结构指的是数据库由哪些性质的信息所组成，SQL Server 数据库由数据表、视图、数据库关系图、存储过程、触发器等各种不同的数据库对象组成。数据库的物理结构是指数据库文件在磁盘上如何存储，数据库在磁盘上是以文件为单位存储的。

一个 SQL Server 数据库至少包含一个数据文件和一个日志文件。数据文件用于存放数据和对象，例如数据表、视图、索引和存储过程等。日志文件用于恢复数据库中的所有事务所需的信息。为了便于分配和管理，可以将数据文件集合起来，放到文件组中。

【任务描述】

利用【SQL Server Management Studio】创建数据库 bookDB02，该数据库的主数据文件逻辑名称为 bookDB02，物理文件名为 bookDB02.mdf，初始大小为 3MB，主文件大小自动增长，增量为 1MB，最大文件大小无限制，即不限制文件增长；数据库的日志文件逻辑名称为 bookDB02_log，物理文件名为 bookDB02.ldf，初始大小为 1MB，日志文件大小自动增长，增量为 10%，最大文件大小无限制，即不限制文件增长。数据库文件的存放位置为文件夹“02”。

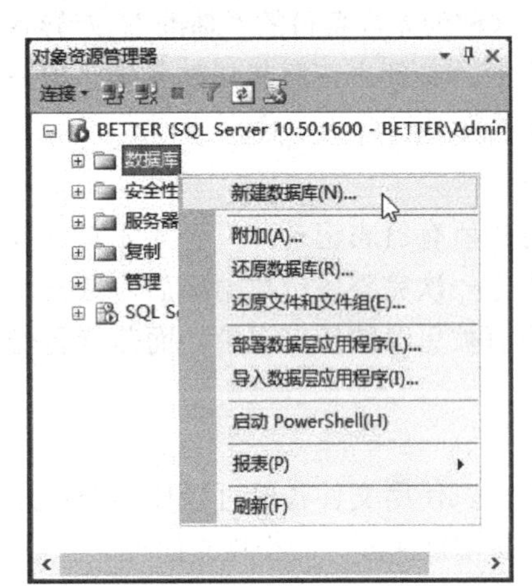

图 2-1 在快捷菜单中单击【新建数据库】选项

【任务实施】

（1）启动【SQL Server Management Studio】，并成功连接到 SQL Server 服务器。

（2）在【对象资源管理器】窗口中右键单击【数据库】选项，在弹出的快捷菜单中单击【新建数据库】选项，如图 2-1 所示，打开【新建数据库】对话框。

（3）数据库的“常规”设置。

在【新建数据库】对话框左侧“选择项”中选择“常规”，在右侧“数据库名称”文本框中输入“bookDB02”，

“数据库文件”区域各项的设置如下。

① 逻辑名称：数据库的主数据文件逻辑名称默认为数据库名称，即“bookDB02”，日志文件逻辑名称默认为数据库名称加“_log”，即“bookDB02_log”。

② 文件类型：指定文件类型是数据文件还是日志文件。

③ 文件组：指定数据库文件所属的文件组。PRIMARY 文件组是默认文件组，包含主数据文件和未放入其他文件组的所有次要数据文件，每个数据库有一个主要文件组。SQL Server 的另一个文件组称为用户定义文件组，用于将数据文件集合起来，便于进行数据管理和数据分配。

④ 初始大小：以 MB 为单位，主数据文件默认的初始大小为 3MB，日志文件默认的初始大小为 1MB。可以根据实际需要调整初始大小。

⑤ 自动增长：设置文件的增长方式。默认情况下，主文件大小自动增长，增量为 1MB，最大文件大小无限制，即不限制文件增长。日志文件大小自动增长，增量为 10%，最大文件大小无限制，即不限制文件增长。单击“自动增长”设置区域的【浏览】按钮 ... ，打开【更改自动增长设置】对话框，数据文件的默认设置如图 2-2 所示，日志文件的默认设置如图 2-3 所示，保留自动增长的默认设置不变。

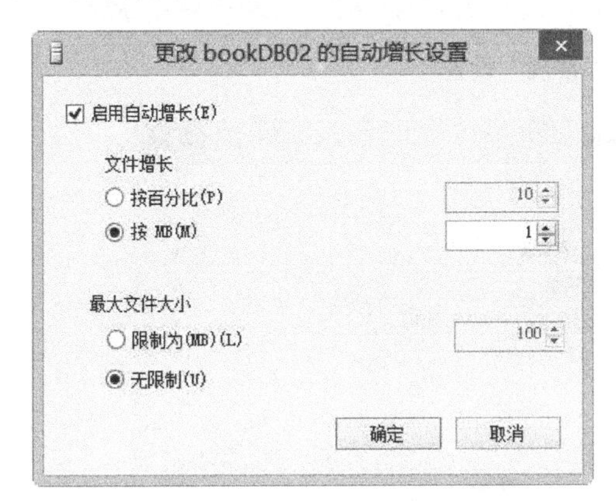

图 2-2 【更改数据文件自动增长设置】对话框

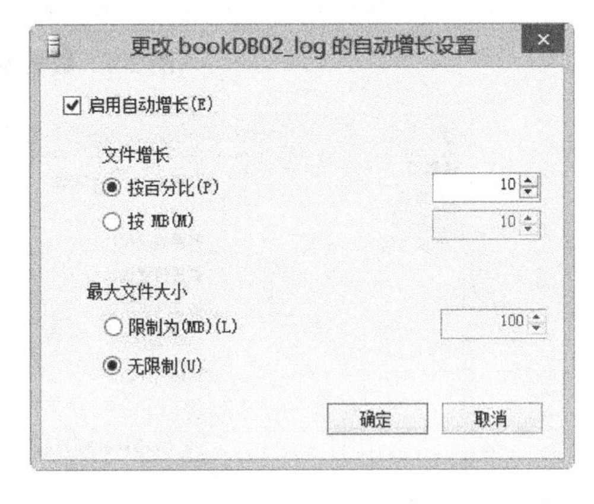

图 2-3 【更改日志文件自动增长设置】对话框

⑥ 路径：存储数据文件和日志文件的物理路径，单击“路径”设置区域的【浏览】按钮 ... ，在弹出的【定位文件夹】对话框中设置数据库文件的存储位置为本机上的“D:\SQL Server 2014 数据库\02”文件夹。

⑦ 文件名：设置数据库文件和日志文件的物理名称，默认情况下，数据库文件和日志文件的物理名称与逻辑名称相同。

提 示

与数据库相关的名称有 3 种，即数据库名称、数据库文件的逻辑名称、数据库文件的物理名称，应注意区分。

数据库的“常规”设置如图 2-4 所示。

（4）查看数据库的选项。

在【新建数据库】对话框中切换到“选项”界面，设置数据库各种选项，包括排序规则、恢复模式、兼容性级别以及其他选项，数据库的默认选项如图 2-5 所示。

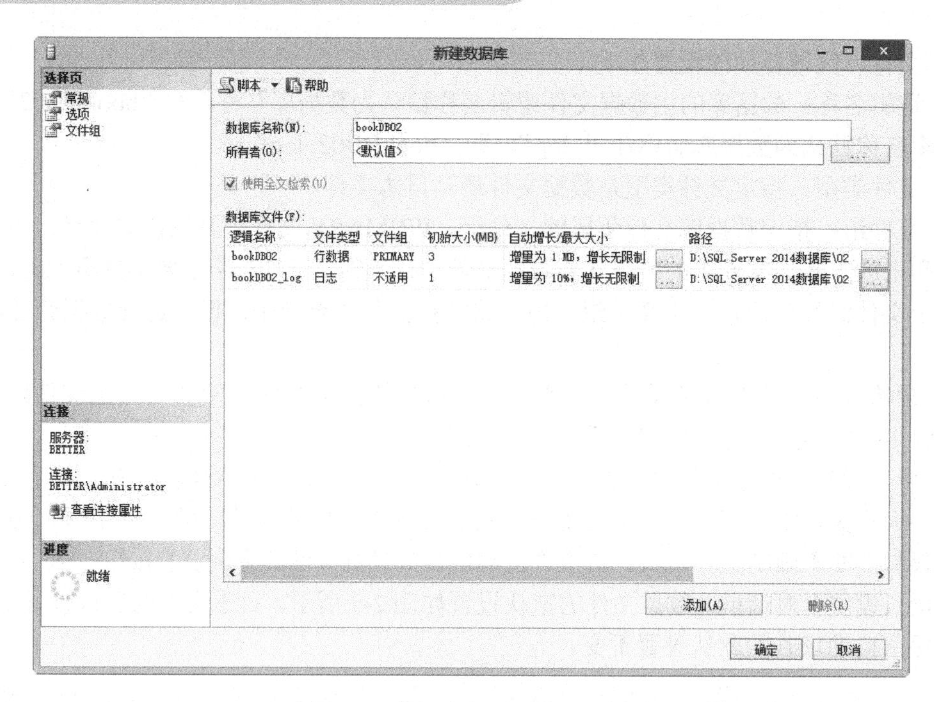

图 2-4 数据库的“常规”设置

图 2-5 数据库的“选项”设置

（5）将操作脚本保存到文件。

在【新建数据库】对话框中单击“脚本”右侧的▾按钮，在下拉菜单中单击命令【将操作脚本保存到文件】，如图 2-6 所示。在弹出的【另存为】对话框中选择保存位置为文件夹“D:\SQL Server 2014 数据库\02\SQL 文件”，脚本文件名称为“createBookDB.sql”，该脚本文件的内容为创建数据库时生成的 T-SQL 脚本。

（6）数据库创建完成。

在【新建数据库】对话框中单击【确定】按钮，完成数据库“bookDB02”的创建。刚才创建的数据库“bookDB02”将显示在【对象资源管理器】窗口的“数据库”文件夹中，如图 2-7 所示。

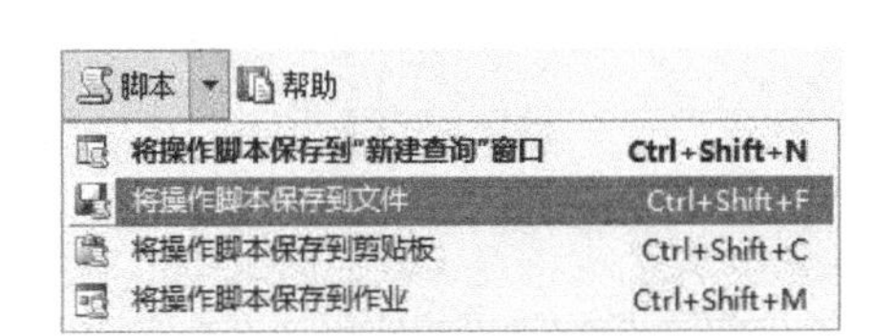

图 2-6　创建脚本文件的下拉菜单

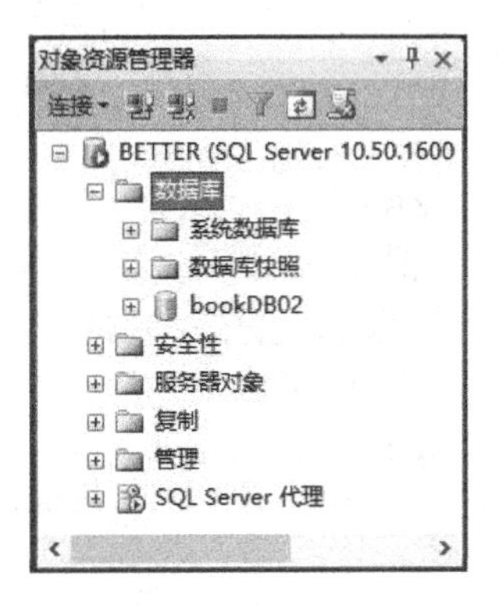

图 2-7　在【新建数据库】对话框中查看数据库 bookDB02

2.2 操作 SQL Server 数据库

【任务 2-2】 操纵数据库

利用【SQL Server Management Studio】图形界面可以查看或修改数据库的属性，也可以复制数据库。

【任务描述】

利用【SQL Server Management Studio】图形界面，完成以下操作。

（1）查看与修改 bookDB02 数据库的属性。

（2）对 bookDB02 数据库进行复制操作，保存在文件夹“D:\SQL Server 2014 数据库\02\数据库备份”中，名称为“bookDB02_new”。

（3）将文件夹“D:\SQL Server 2014 数据库\02\数据库备份”中的数据库 bookDB02_new 的逻辑名称更名为 bookDB0201。

【任务实施】

1. 查看与修改数据库属性

在【SQL Server Management Studio】主窗口的【对象资源管理器】窗口展开“数据库”文件夹，右键单击数据库名称“bookDB02”，在弹出的快捷菜单中选择命令【属性】，打开【数据库属性】窗口。在该窗口中可以查看数据库的各种信息，如图 2-8 所示为数据库的“常规”属性，主要包括数据库状态、所有者、创建日期、排序规则等。可以在【数据库属性】窗口左侧选择其他选项，查看数据库的其他各项属性。

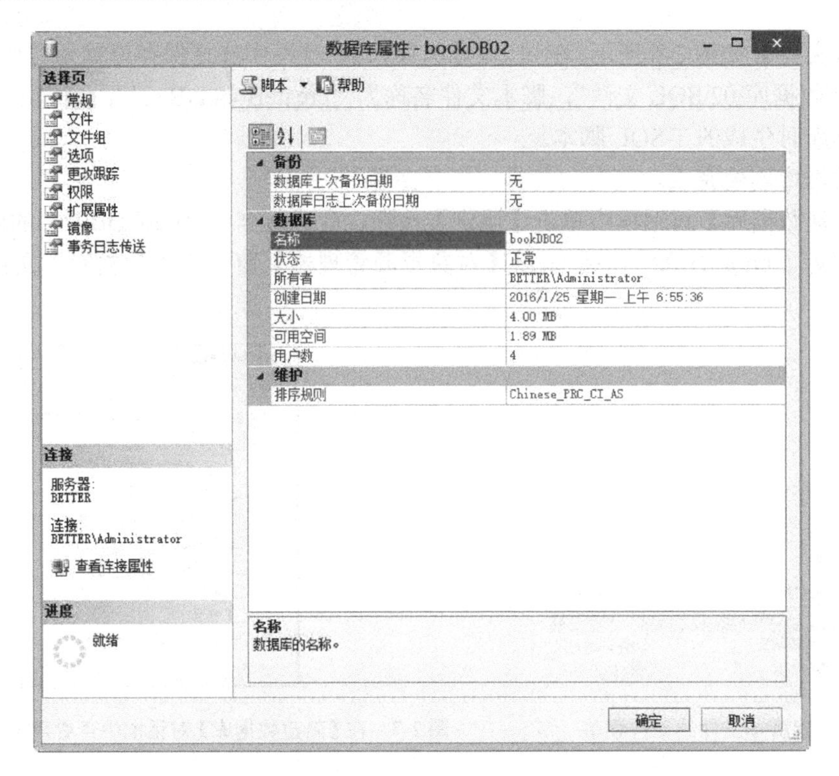

图 2-8 【数据库属性】窗口的“常规”属性

在【数据库属性】窗口切换到不同的界面，可以对数据库的基本信息、文件及文件组的相关属性、数据库用户或角色的权限等进行修改操作。

2. 复制数据库

使用复制数据库向导可以在不同的 SQL Server 服务器之间复制、移动数据库，创建镜像数据库或将数据库用于远程操作。这里是在同一个 SQL Server 服务器的不同存放位置之间复制数据库，其目的是熟悉其操作过程。

（1）启动 SQL Server 代理

复制数据库需要启动【SQL Server 代理】，在【对象资源管理器】窗口中右键单击“SQL Server 代理”，在弹出的快捷菜单中选择【启动】命令。此时，会弹出【是否要启动 SQLSERVERAGENT 服务】的提示信息对话框，单击【是】按钮即可开始启动 SQL Server 代理。启动成功后其左侧的图标变为形状。

（2）启动复制数据库向导

在【对象资源管理器】窗口中展开“数据库”文件夹，右键单击数据库名称“bookDB02”，在弹出的快捷菜单中依次选择【任务】→【复制数据库】命令，如图 2-9 所示，启动【复制数据库向导】，并显示欢迎界面。

（3）完成数据库复制

在【复制数据库向导】欢迎界面中单击【下一步】按钮，进入“选择源服务器”界面，在该界面中选择源服务器“BETTER”，身份验证方式选择“使用 Windows 身份验证”，如图 2-10 所示。

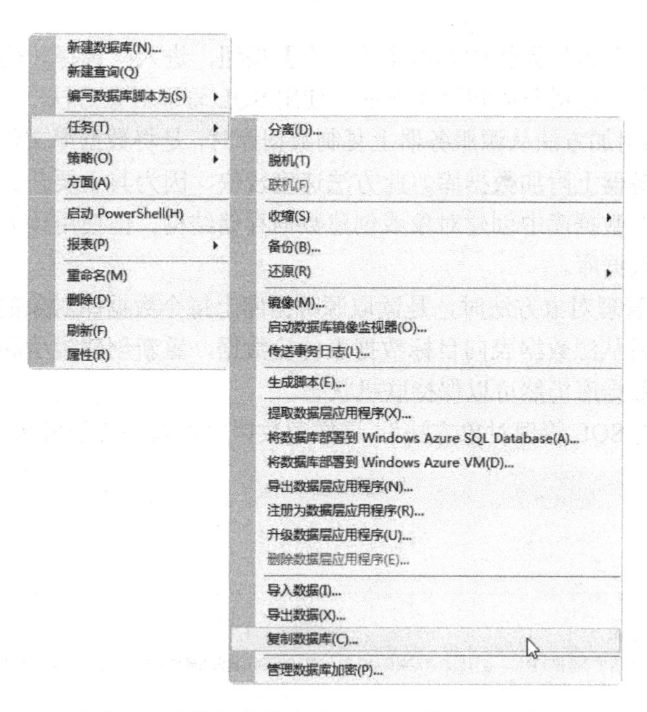

图 2-9　在快捷菜单中选择【复制数据库】命令

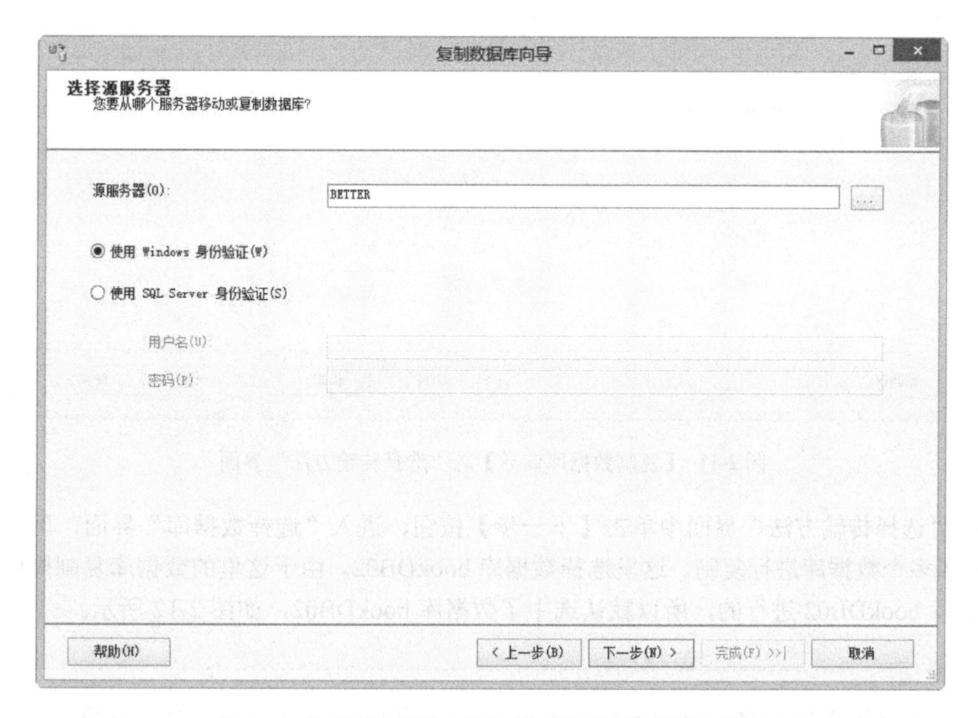

图 2-10 【复制数据库向导】之“选择源服务器”界面

在“选择源服务器”界面中单击【下一步】按钮，进入“选择目标服务器”界面。在该界面中选择目标服务器为本服务器，即选择“BETTER”，身份验证方式也选择“使用 Windows 身份验证”。这里目标服务器和源服务器相同，都为 SQL Server 2014，实际应用中可以是不同的数据库服务器。

在“选择目标服务器”界面中单击【下一步】按钮，进入“选择传输方法”界面，传输数据方法有 2 个选项：使用分离和附加方法、使用 SQL 管理对象方法。

① 使用分离和附加方法从源服务器上复制数据库时，是将数据库文件复制到目标服务器中，然后在目标服务器上附加数据库。此方法速度较快，因为其主要任务是读取源磁盘和写入目标磁盘，不需在数据库中创建对象或创建数据存储结构。但使用该方法，在传输数据过程中将无法使用源数据库。

② 使用 SQL 管理对象方法时，是读取源数据库上每个数据库对象的定义，在目标数据库上创建对象，然后从源数据表向目标数据表传输数据，重新创建索引和元数据。使用该方法传输数据时，源数据库仍然可以保持联机状态。

这里选择“使用 SQL 管理对象方法”，这样源数据库可以保持联机状态，如图 2-11 所示。

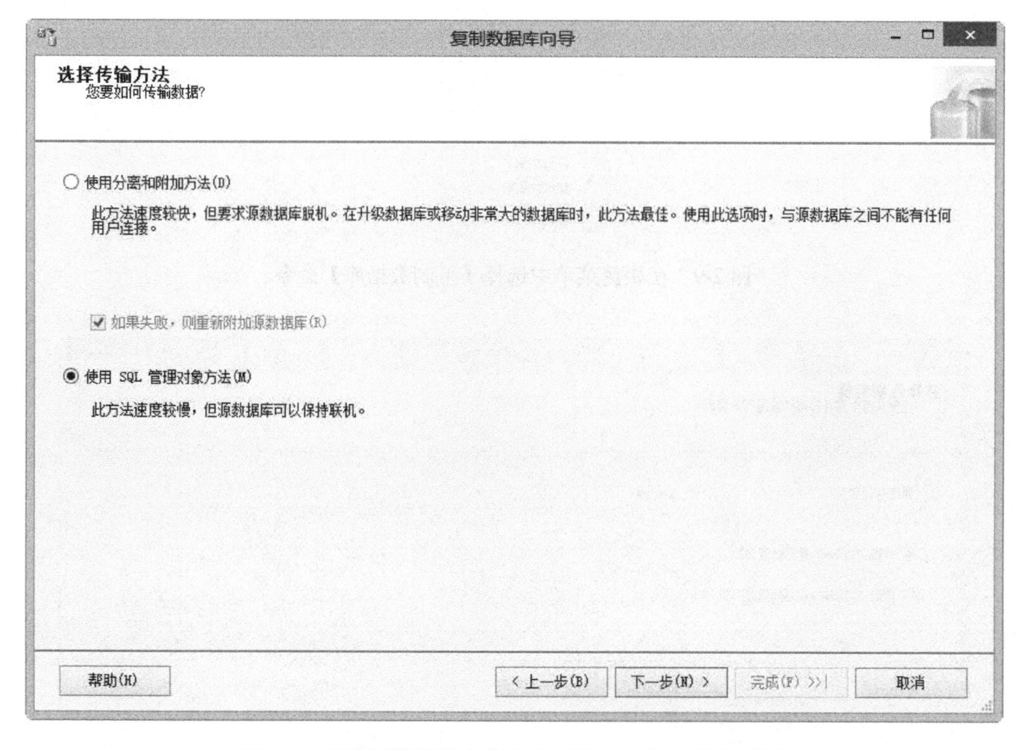

图 2-11 【复制数据库向导】之“选择传输方法”界面

在“选择传输方法”界面中单击【下一步】按钮，进入“选择数据库”界面，可以选择 1 个或者多个数据库进行复制。这里选择数据库 bookDB02，由于这里的数据库复制操作是针对数据库 bookDB02 进行的，所以默认选中了数据库 bookDB02，如图 2-12 所示。

提 示

如果在图 2-12 中选中“移动”下方的复选框，则可以实现数据库的移动操作。

在“选择数据库”界面单击【下一步】按钮，进入“配置目标数据库”界面，在该界面输入目标数据库的名称“bookDB02_new”，设置目标文件夹为“D:\SQL Server 2014 数据库\02\数据库备份”，选择单选按钮“如果目标上已存在同名的数据库或文件则停止传输”，如图 2-13 所示。

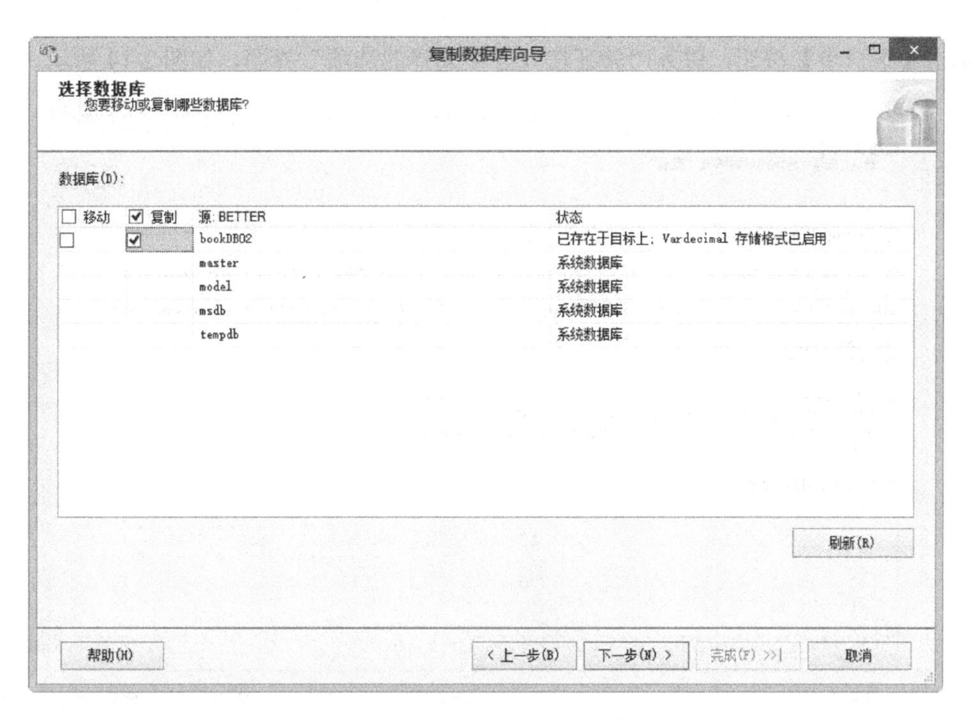

图 2-12 【复制数据库向导】之“选择数据库”界面

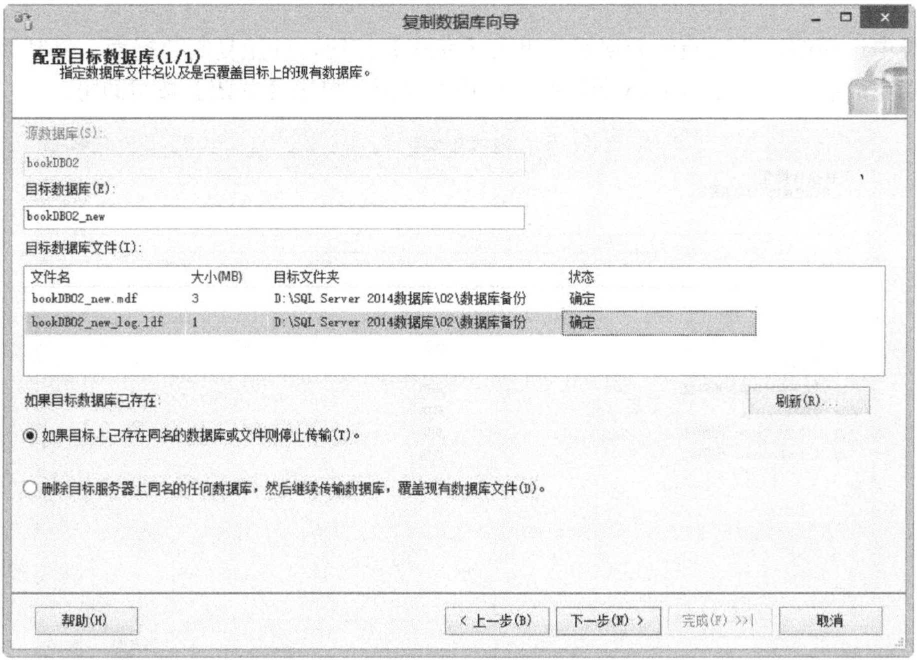

图 2-13 【复制数据库向导】之“配置目标数据库”界面

在“配置目标数据库”界面中单击【下一步】按钮，进入“配置包”界面，这里保持默认设计，复制数据库向导将创建 SSIS 包以传输数据库。

在“配置包”界面中单击【下一步】按钮，进入“安排运行包”界面，在该界面中选择“立即运行”单选按钮，“Integration Services 代理账户”选择“SQL Server 代理服务账户”。

然后单击【下一步】按钮，进入“验证在向导中选择的选项”界面，如图 2-14 所示。

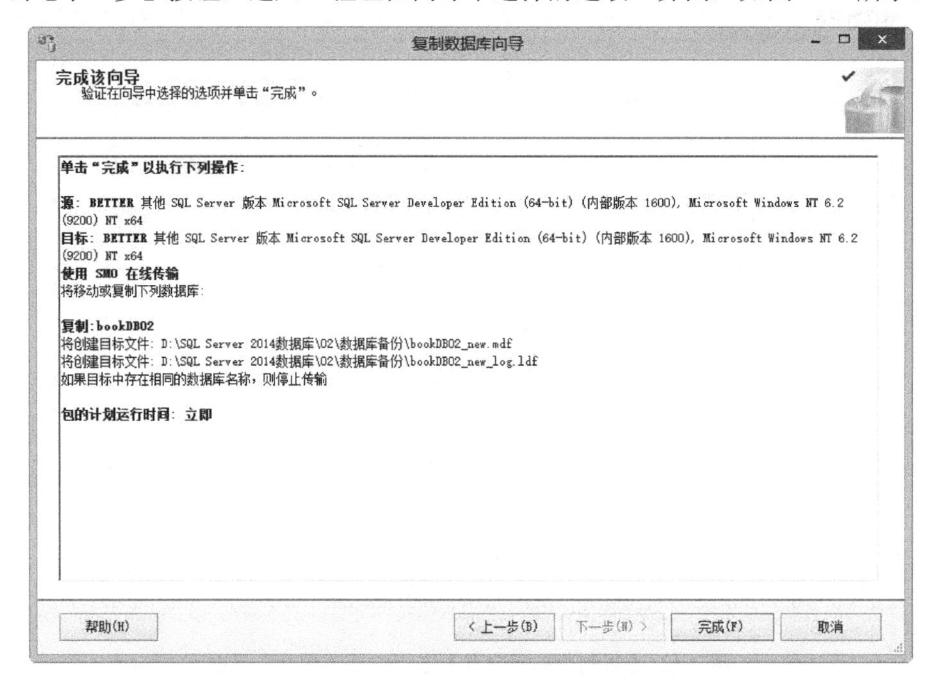

图 2-14 【复制数据库向导】之“验证在向导中选择的选项”界面

向导中选择的选项经验证无误后，单击【完成】按钮，开始复制数据库，复制数据库的操作成功完成后，出现如图 2-15 所示的“成功”界面，单击【关闭】按钮即可。

复制数据库向导
正在执行操作
单击“停止”以取消操作。
成功　5 总计　0 错误
5 成功　0 警告
详细信息(D):

操作	状态	消息
添加包日志	成功	
添加任务以传输数据库对象	成功	
创建包	成功	
启动 SQL Server 代理作业	成功	
执行 SQL Server 代理作业	成功	

停止(S)　报告(R)
关闭

图 2-15　数据库复制的操作及状态

数据库复制完成后，在【对象资源管理器】窗口中右键单击【数据库】，在弹出的菜单中单击【刷新】命令，可以看到成功复制的数据库 bookDB02_new，如图 2-16 所示。

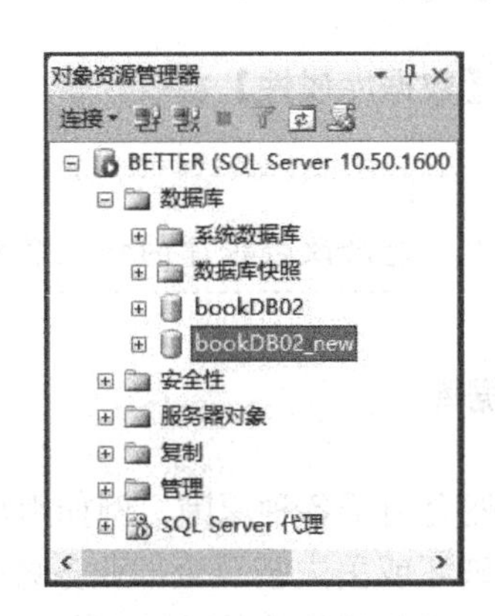

图2-16 复制数据库成功后的【对象资源管理器】窗口

3. 更改数据库的逻辑名称

在【SQL Server Management Studio】主窗口的【对象资源管理器】窗口中，右键单击数据库名称“bookDB02_new”，在弹出的快捷菜单中选择命令【重命名】，然后输入新的数据库名称“bookDB0201”，按回车键即可。

> **提 示**
>
> 在SQL Server 2014中，除了系统数据库以外，其他数据库的名称都可以被更改。但是，数据库一旦创建，就可能被前台应用程序连接，因此对数据库名称的更改必须特别小心，只有在确定尚未被使用后方可进行更新名称或删除操作。在修改数据库名称之前，应断开所有与该数据库的连接，包括查询编辑器窗口，否则将无法更改数据库名称。

数据库的逻辑名称被更改后，对应的数据库主数据文件和日志文件并没有被同步更改，数据库名称为“bookDB0201”，数据库主文件的逻辑名称为“bookDB02”、数据库主文件的物理名称为“bookDB02_new.ndf”，查看重命名后数据库“bookDB0201”的“文件”属性如图2-17所示。

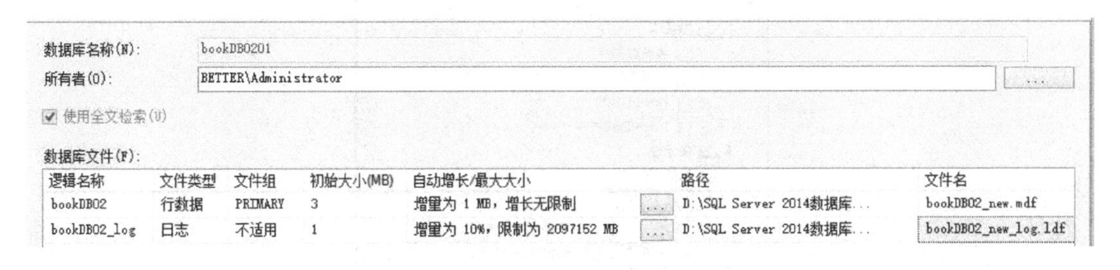

图2-17 在【数据库属性】对话框查看数据库的逻辑名称和文件名

在【数据库属性】对话框的“文件”界面右侧“数据库文件”区域中，将数据库主文件的“逻辑名称”更改为“bookDB0201”，将数据库日志文件的“逻辑名称”更改为“bookDB0201_log”，如图2-18所示。

数据库文件(F):

逻辑名称	文件类型	文件组	初始大小(MB)	自动增长/最大大小		路径	文件名
bookDB0201	行数据	PRIMARY	3	增量为 1 MB，增长无限制	...	D:\SQL Server 2014数据库...	bookDB02_new.mdf
bookDB0201...	日志	不适用	1	增量为 10%，限制为 2097152 MB	...	D:\SQL Server 2014数据库...	bookDB02_new_log.ldf

图2-18 在【数据库属性】对话框修改数据库的逻辑名称

然后单击【确定】按钮关闭【数据库属性】窗口。

提 示

在【数据库属性】对话框中不能修改数据库的物理名称。

【任务 2-3】 备份与还原数据库

在数据库的实际应用中，可能会由于各种原因，例如用户操作失误、硬件故障或自然灾害等，造成数据的破坏或丢失甚至全部业务瘫痪。为了防止这种灾难性事故的发生，数据备份工作就成为一项不可忽视的系统管理工作，它确保了系统的可靠性和数据的完整性。备份就是创建数据库结构、数据库对象以及数据的副本，应当存放在服务器硬盘以外的位置。当数据发生错误时可以利用备份将数据库恢复到正确状态。

【任务描述】

（1）在【SQL Server Management Studio】主窗口中为系统数据库 master 执行完整备份，备份设备为 master_backup。

（2）为用户数据库 bookDB02 执行一次完整备份，备份设备为 bookDB02_backup。

（3）为用户数据库 bookDB02 执行文件或文件组备份，备份设备为 bookDB02_backup。

【任务实施】

1．系统数据库 master 的完整备份

（1）创建备份设备 master_backup

在【SQL Server Management Studio】主窗口的【对象资源管理器】窗口展开“服务器对象”文件夹，右键单击“备份设备”，在弹出的快捷菜单中选择命令【新建备份设备】，如图 2-19 所示，打开【备份设备】对话框。

图 2-19　在快捷菜单中选择【新建备份设备】命令

在【备份设备】对话框的“设备名称”文本框中输入备份设备名称“master_backup”，备份文件的保存位置为“D:\SQL Server 2014 数据库\02\数据库备份”，文件名称为“master_backup.bak”，如图 2-20 所示，然后单击【确定】按钮即可完成备份设备的创建。

提示

如果文件夹"数据库备份"不存在，请打开"Windows 资源管理器"，先创建该文件夹。

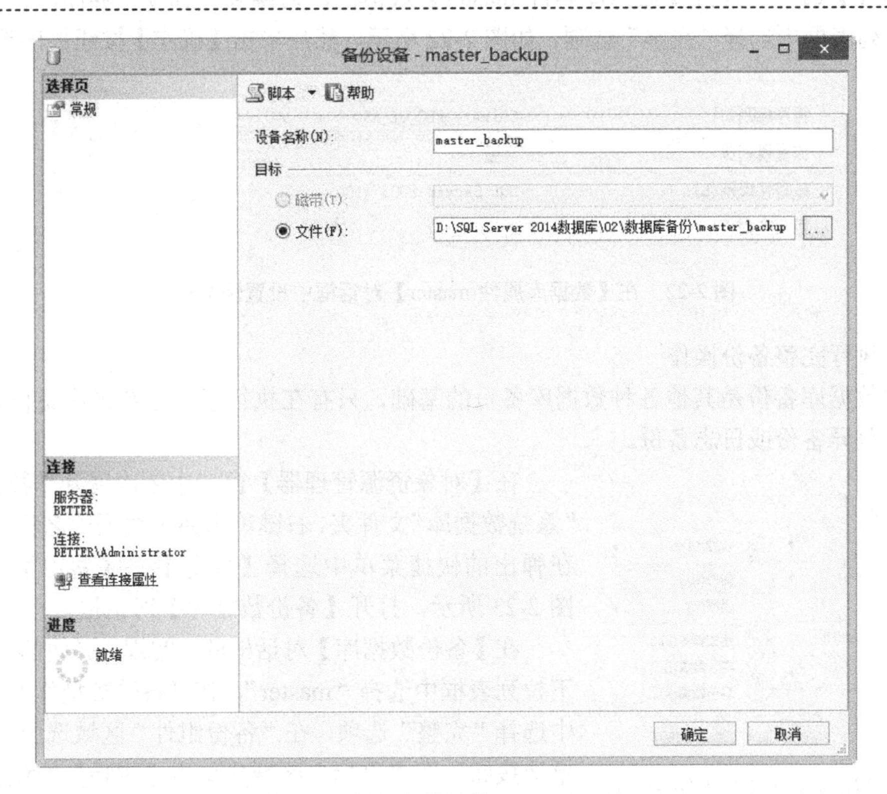

图 2-20　创建备份设备 master_backup

在【对象资源管理器】窗口中展开"备份设备"可以看到新创建的备份设备"master_backup"，如图 2-21 所示。

图 2-21　在【对象资源管理器】窗口查看创建的备份设备

（2）设置数据库的恢复模式为“完整”

在【SQL Server Management Studio】主窗口的【对象资源管理器】窗口中依次展开“数据库”→“系统数据库”文件夹，右键单击系统数据库名称“master”，在弹出的快捷菜单中选择【属性】命令，打开【数据库属性-master】对话框，切换到“选项”界面，在“恢复模式”下拉列表框中选择“完整”选项，如图2-22所示，然后单击【确定】按钮关闭该对话框。

图2-22　在【数据库属性-master】对话框中设置恢复模式

（3）执行完整备份操作

完整数据库备份是其他各种数据库备份的基础，只有在执行了完整数据库备份之后，才可以执行差异备份或日志备份。

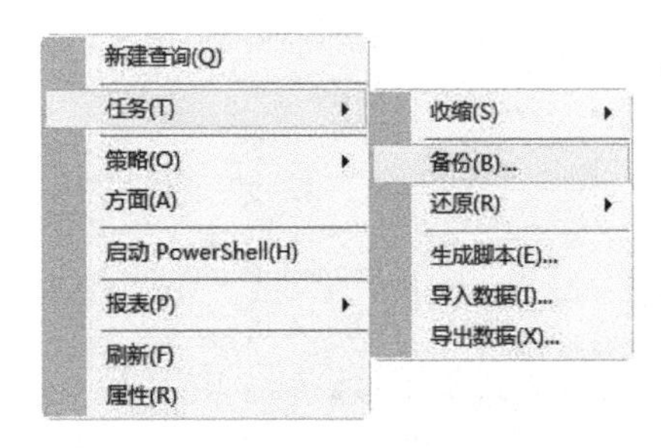

图2-23　备份系统数据库时在快捷菜单中选择【备份】命令

在【对象资源管理器】窗口中依次展开“数据库”→“系统数据库”文件夹，右键单击系统数据库名称“master”，在弹出的快捷菜单中选择【任务】→【备份】命令，如图2-23所示，打开【备份数据库】对话框。

在【备份数据库】对话框的“常规”界面的“数据库”下拉列表框中选择“master”，在“备份类型”下拉列表框中选择“完整”选项，在“备份组件”区域选中“数据库”单选按钮。在“目标”区域先单击【删除】按钮删除已存在的目标，然后单击【添加】按钮，打开【选择备份目标】对话框，在该对话框中选中“备份设备”单选按钮并在对应的下拉列表框中选择“master_backup”选项，如图2-24所示，然后单击【确定】按钮，返回到【备份数据库】对话框，如图2-25所示。

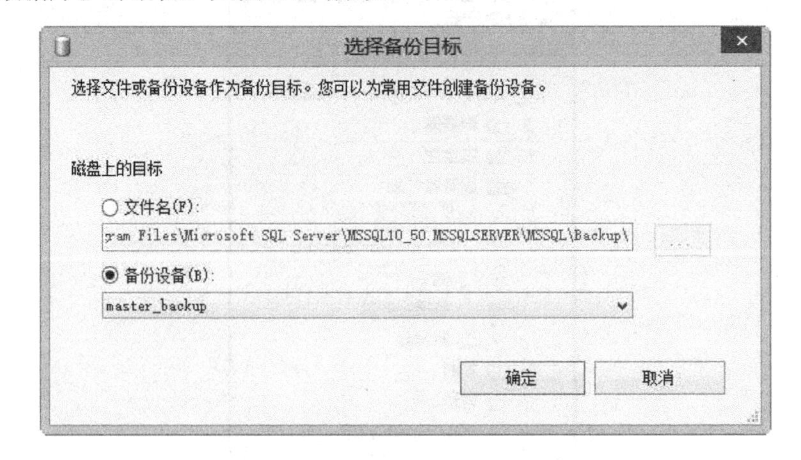

图2-24　【选择备份目标】对话框

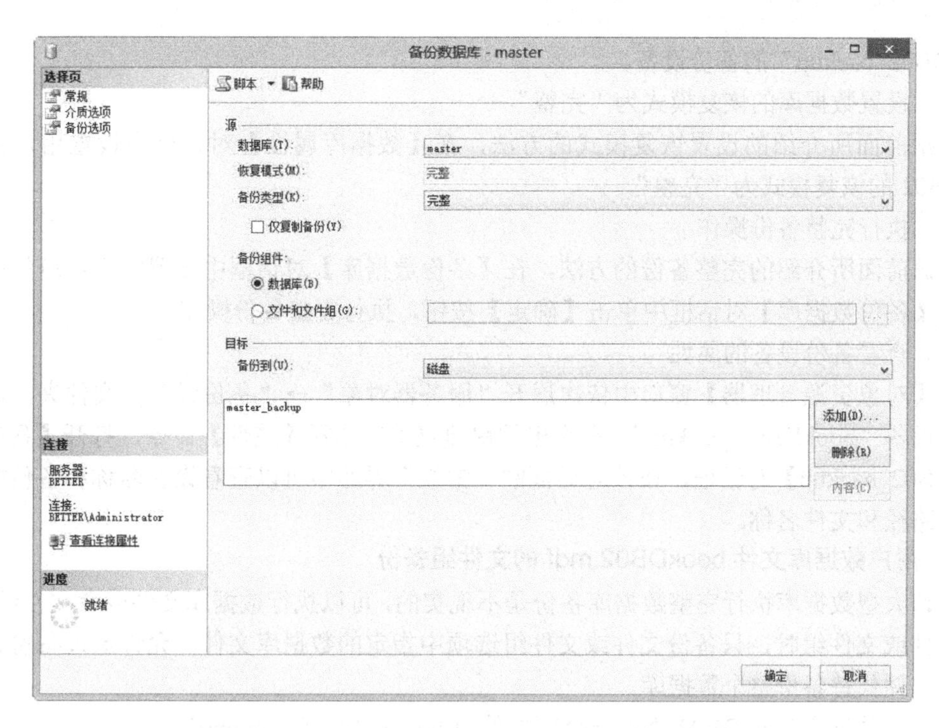

图 2-25 【备份数据库】对话框的“常规”设置界面

在【备份数据库】对话框中切换到“介质选项”界面，选中“覆盖所有现有备份集”单选按钮，这样系统在创建备份时将初始化备份设备并覆盖原有的备份内容。选中“完成后验证备份”复选框，这样可以在备份完成后与当前数据库进行对比，以确保其完整并与源数据库一致，其他选项保持默认值不变。然后单击【确定】按钮，系统开始进行备份。

备份完成会弹出如图 2-26 所示的提示信息对话框，单击【确定】按钮即可。

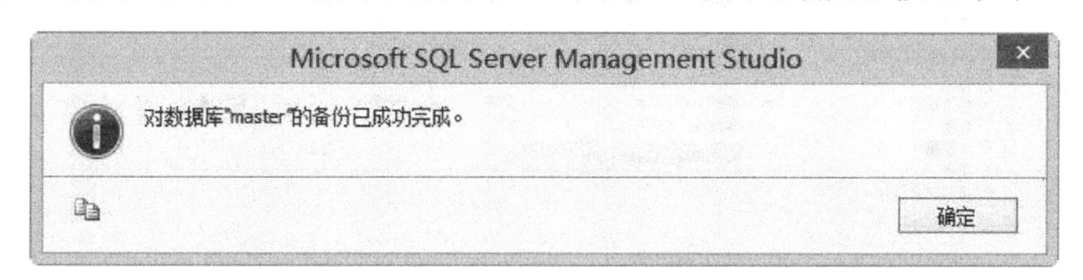

图 2-26　对数据库备份成功完成的提示信息对话框

（4）查看完整备份

在【对象资源管理器】窗口中依次展开“服务器对象”→“备份设备”文件夹，右键单击备份设备“master_backup”，在弹出的快捷菜单中选择【属性】命令，打开【备份设备-master_backup】对话框，在该对话框的“常规”界面中可以查看设备名称和备份数据库的保存路径和文件名称。

在【备份设备-master_backup】对话框左侧选择“介质内容”选项，切换到“介质内容”界面，可以看到刚刚创建的 master 数据库的完整备份，其名称为“master-完整 数据库 备份”。

2．用户数据库 bookDB02 的完整备份

（1）创建备份设备 bookDB02_backup

根据前面所介绍的创建备份设备的方法，在【备份设备】对话框创建一个名称为

“bookDB02_backup”的备份设备。

（2）设置数据库的恢复模式为“完整”

根据前面所介绍的设置恢复模式的方法，在【数据库属性】对话框中设置用户数据库bookDB02的恢复模式为“完整”。

（3）执行完整备份操作

根据前面所介绍的完整备份的方法，在【备份数据库】对话框中设置完整备份的属性，然后在【备份数据库】对话框中单击【确定】按钮，执行完整备份操作。

（4）查看备份设备的属性

在【对象资源管理器】窗口中依次展开“服务器对象”→“备份设备”文件夹，右键单击备份设备“bookDB02_backup”，在弹出的快捷菜单中选择【属性】命令，打开【备份设备-bookDB02_backup】对话框，在该对话框的“常规”界面中可以查看设备名称和备份数据库的保存路径和文件名称。

3．用户数据库文件 bookDB02.mdf 的文件组备份

对超大型数据库执行完整数据库备份是不现实的，可以执行数据库文件或者文件组备份。备份文件或文件组时，只备份文件或文件组选项中指定的数据库文件，允许通过备份特定的数据库文件代替备份整个数据库。

（1）为数据库 bookDB02 添加一个新文件组 bookDB02_filegroup01

在【对象资源管理器】窗口中展开“数据库”，右键单击数据库名称“bookDB02”，在弹出的快捷菜单中选择【属性】命令，打开【数据库属性】对话框。在该对话框中选择“文件组”选项，切换到“文件组”界面的“行”区域，然后单击【添加文件组】按钮，在“名称”文本框中输入文件组的名称“bookDB02_filegroup01”，如图 2-27 所示。

图 2-27　在【数据库属性】对话框的“文件组”界面中添加新的文件组

（2）为数据库 bookDB02 添加一个次要数据文件 bookDB0202.ndf

在【数据库属性】对话框中，选择“文件”选项，切换到“文件”界面。然后单击【添加】按钮，为数据库 bookDB02 添加一个新的次要数据文件“bookDB0202.ndf”，并设置该次要数据文件所属的文件组为“bookDB02_filegroup01”，如图 2-28 所示。

在【数据库属性】对话框中单击【确定】按钮，关闭该对话框。

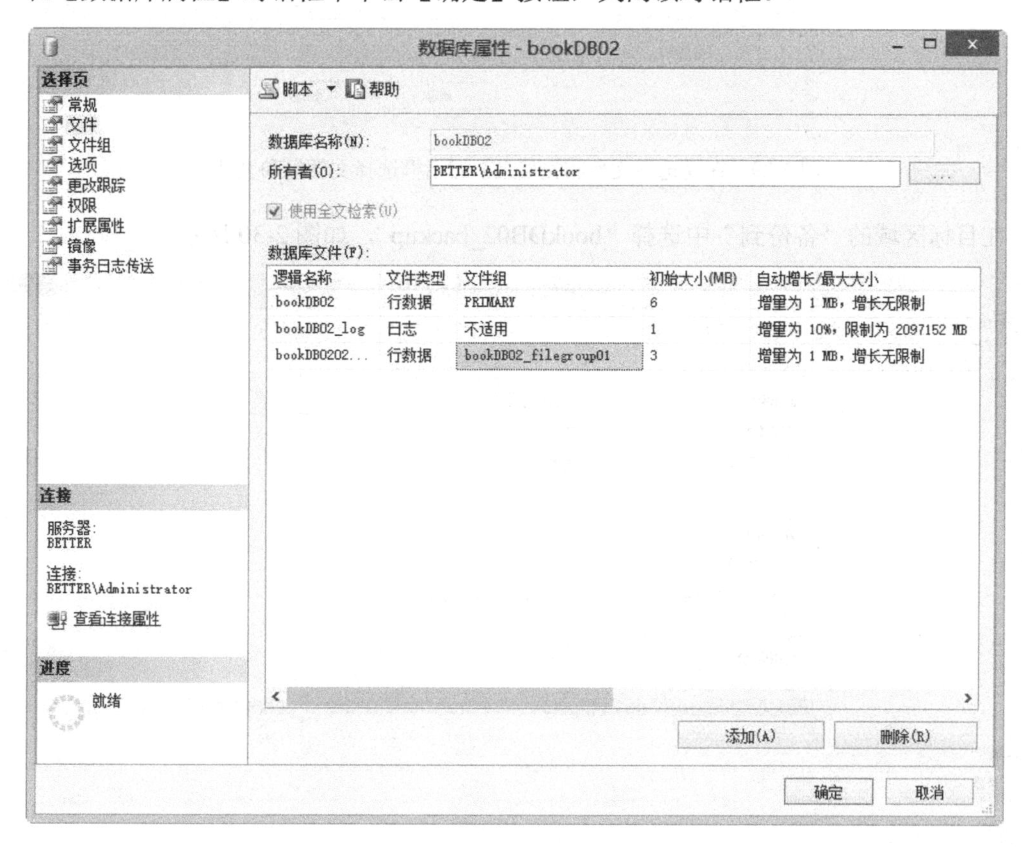

图 2-28　在【数据库属性】对话框的“文件”界面中添加新的次要数据文件

（3）为数据库 bookDB02 创建文件组备份

在【对象资源管理器】窗口中展开“数据库”文件夹，右键单击用户数据库名称“bookDB02”，在弹出的快捷菜单中选择【任务】→【备份】命令，打开【备份数据库】对话框。

在【备份数据库】对话框的“常规”界面的“数据库”下拉列表框中选择“bookDB02”，在“备份类型”下拉列表框中选择“完整”选项，在“备份组件”区域中选择“文件和文件组”单选按钮，弹出【选择文件和文件组】对话框，在该对话框中选择要备份的文件组为“bookDB02_filegroup01”，同时也选中文件“bookDB0202.ndf”，如图 2-29 所示。然后单击【确定】按钮返回【备份数据库】对话框。

提示

在【备份数据库】对话框的“备份组件”区域中，单击“文件组”文本框右侧的按钮 ... ，也可以打开【选择文件和文件组】对话框。

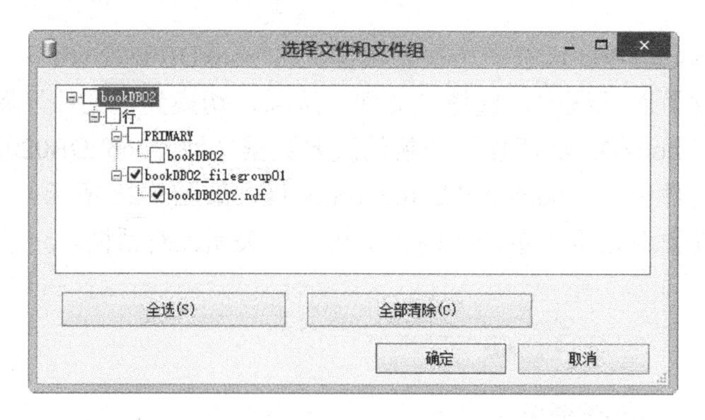

图 2-29　在【选择文件和文件组】对话框选择文件组和文件

在目标区域的“备份到”中选择“bookDB02_backup”，如图 2-30 所示。

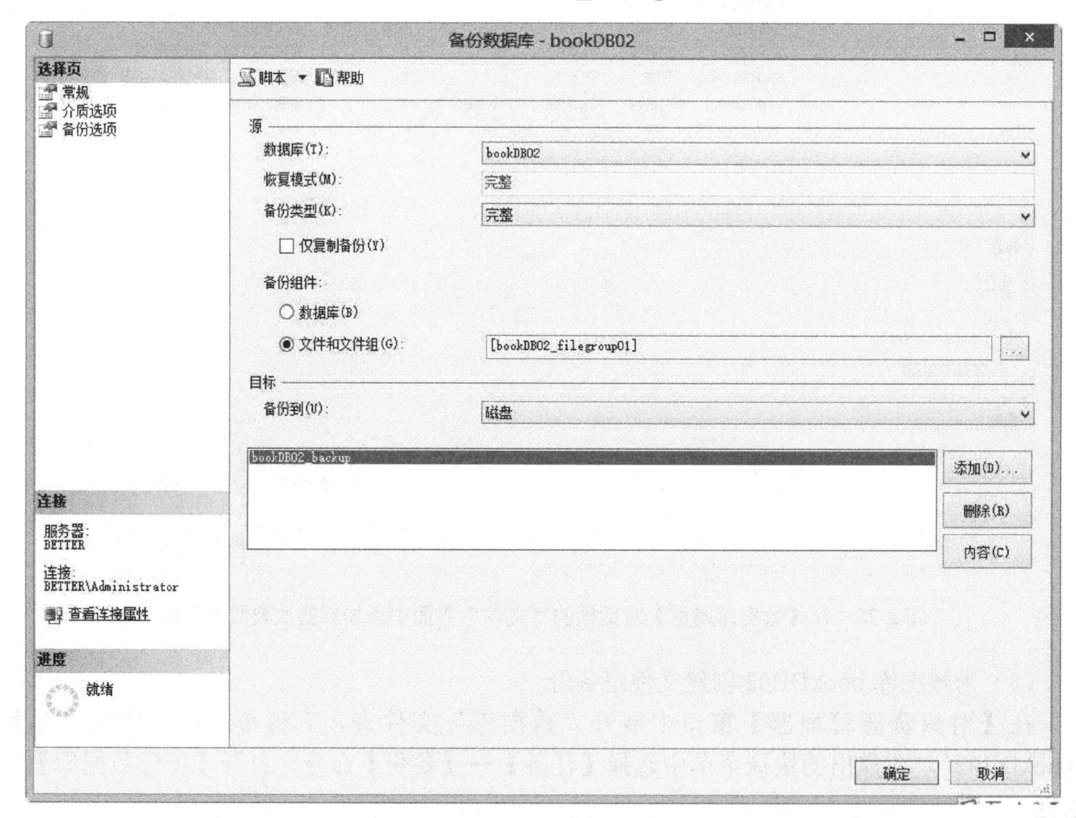

图 2-30　文件组备份的【备份数据库】对话框的“常规”界面

切换到“介质选项”界面，选中“追加到现有备份集”单选按钮，接着选中“完成后验证备份”复选框，其他参数保持默认设置不变。切换到“备份选项”界面，在“备份集”区域的“名称”文本框中输入“bookDB02-完整 文件组 备份”，如图 2-31 所示。

设置完成后，在【备份数据库】对话框中单击【确定】按钮，系统开始进行备份，备份操作成功完成后将弹出一个提示信息对话框。

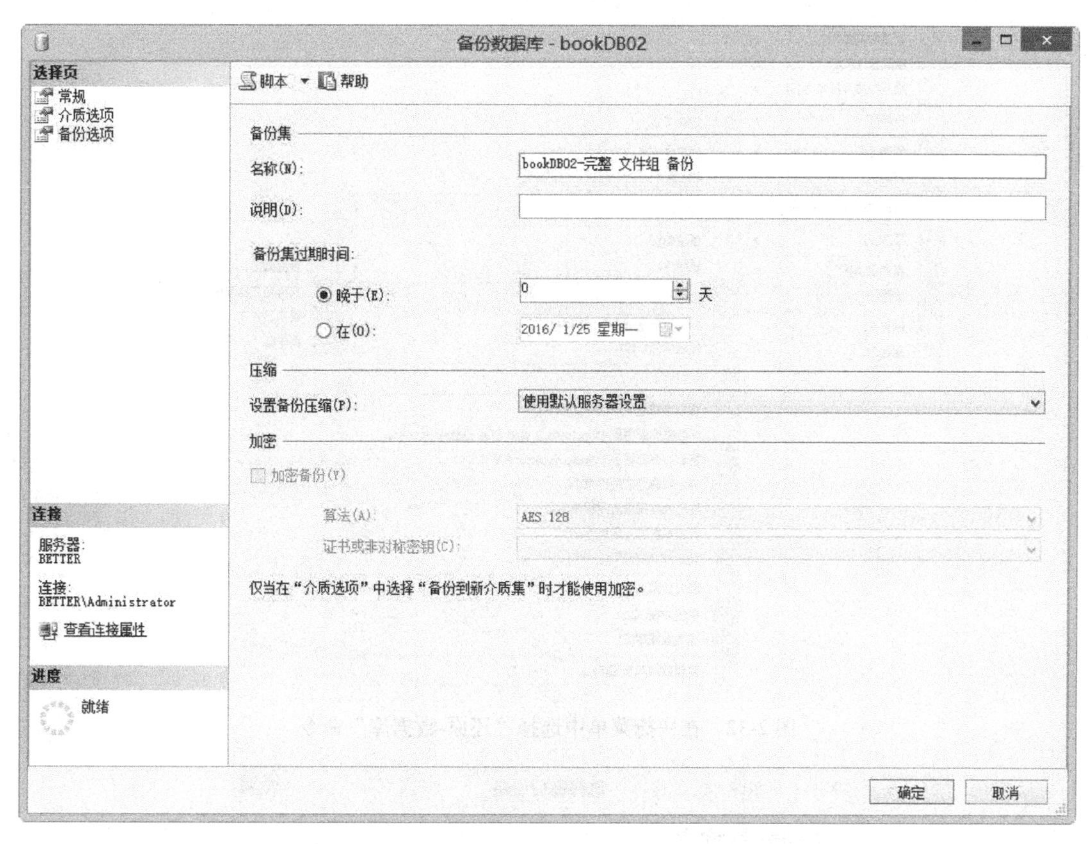

图 2-31　文件组备份的【备份数据库】对话框的“备份选项”界面

（4）查看用户数据库 bookDB02 的文件组备份

打开【备份设备-bookDB02_backup】对话框，在该对话框左侧选择“介质内容”选项，切换到“介质内容”界面，可以看到用户数据库 bookDB02 的文件组备份，其名称分别为“bookDB02-完整 文件组 备份”。

4．用户数据库 bookDB02 的还原

在【对象资源管理器】窗口中展开“数据库”文件夹，右键单击用户数据库名称“bookDB02”，在弹出的快捷菜单中选择命令【任务】→【还原】→【数据库】，如图 2-32 所示，打开【还原数据库】对话框。

在【还原数据库】对话框的“常规”界面的“源”区域中选择“设备”单选按钮，然后单击右侧的...按钮，在弹出的【选择备份设备】对话框的“备份介质类型”下拉列表框中选择“备份设备”，然后在【备份介质】区域中单击【添加】按钮，在弹出的【选择备份设备】对话框的“备份设备”下拉列表框中选择“bookDB02_backup”，如图 2-33 所示。

在【选择备份设备】对话框中单击【确定】按钮，返回前一个【选择备份设备】对话框，如图 2-34 所示。

在【选择备份设备】对话框的“备份介质”列表框中选择“bookDB02_backup”，然后单击右侧的【内容】按钮，在弹出的【设备内容】对话框中查看该备份设备的已备份的内容，单击【关闭】按钮，返回【选择备份设备】对话框。

图 2-32　在快捷菜单中选择“还原-数据库”命令

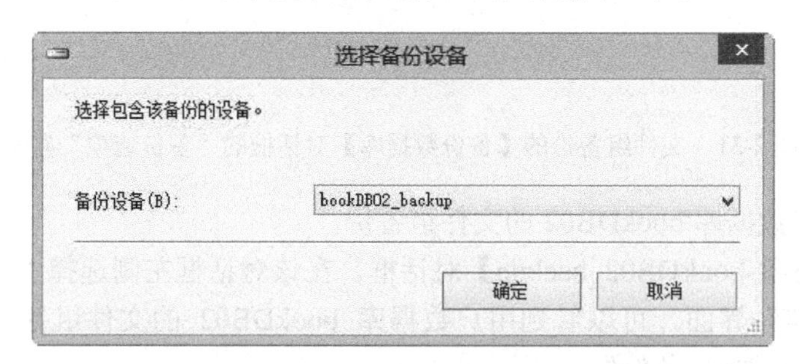

图 2-33　在【选择备份设备】对话框中选择备份设备

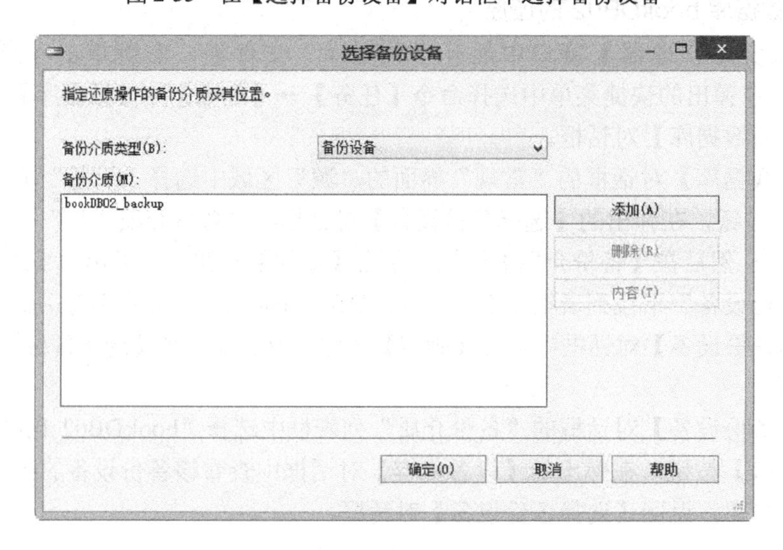

图 2-34　在【指定设备】对话框中选择备份介质

在【选择备份设备】对话框中单击【确定】按钮，返回【还原数据库】对话框。

在“目标”区域的“数据库”下拉列表框中选择“bookDB02”，在【还原数据库】对话框的“常规”界面底部“要还原的备份集”区域中选中“bookDB02-完整 数据库 备份”左侧的复选框，如图 2-35 所示。

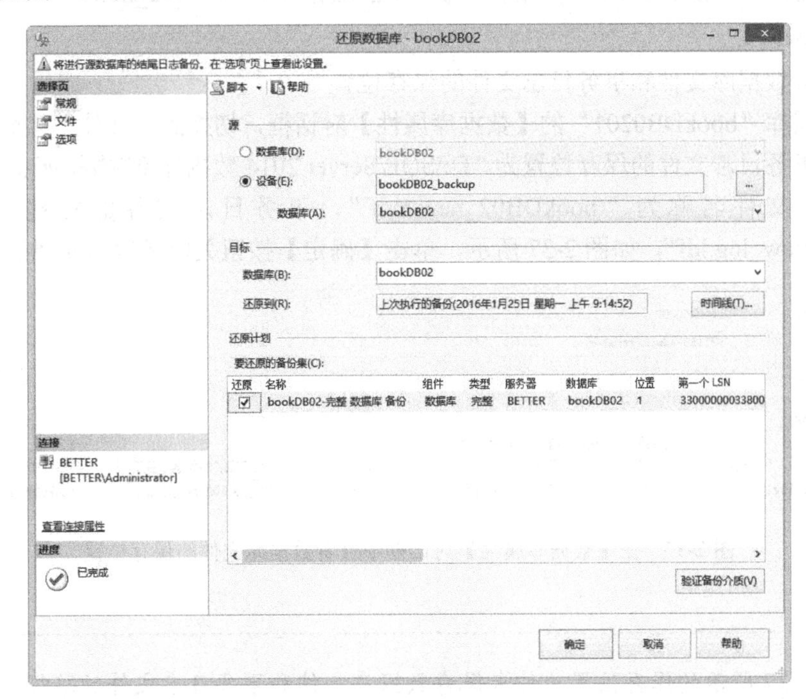

图 2-35 【还原数据库】对话框的“常规”设置界面

然后在【还原数据库】对话框中切换到“选项”界面，在“还原选项”区域中选择“覆盖现有数据库（WITH REPLACE）”复选框，其他选项保持默认值不变。

然后在【还原数据库】对话框中单击【确定】按钮，执行数据库的还原操作，成功还原后会弹出如图 2-36 所示的提示信息对话框，单击【确定】按钮即可。

图 2-36 数据库成功还原的提示信息对话框

【任务 2-4】 分离和附加数据库

利用数据库的分离和附加操作，可以方便地实现数据库的移植操作，并能保证移植前后数据库状态完全一致。数据库分离就是将用户创建的数据库从 SQL Server 实例分离，但同时保持其数据文件和日志文件不变。之后，将分离出来的数据库文件附加到同一或其他 SQL

Server 服务器上，构成完整的数据库。

【任务描述】

（1）使用向导分离数据库“bookDB0201”。

（2）使用向导附加文件夹“数据库备份”中的数据库 bookDB02_new。

【任务实施】

（1）查看数据库文件和事务日志文件的保存位置

打开数据库“bookDB0201”的【数据库属性】对话框，切换到“文件”界面，查看该数据库文件和事务日志文件的保存位置为“D:\SQL Server 2014 数据库\02\数据库备份”，主数据文件的物理文件名称为“bookDB02_new.mdf”，事务日志文件的物理文件名称为“bookDB02_new_log.ldf”，如图 2-37 所示，单击【确定】按钮关闭【数据库属性】对话框。

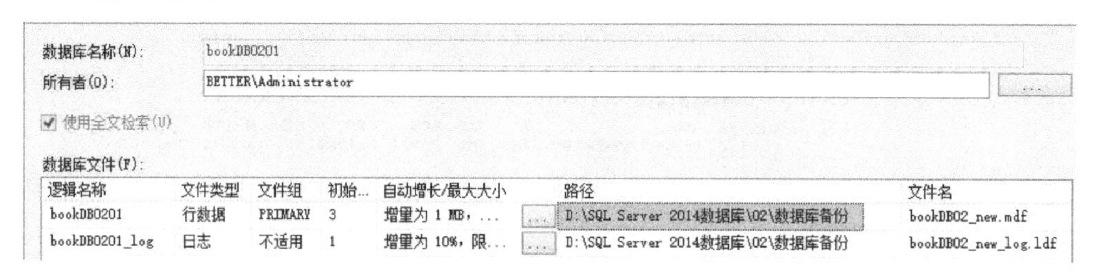

图 2-37　在【数据库属性】对话框中查看数据库文件的保存位置

提 示

如图 2-37 所示的保存位置为作者保存数据库文件和事务日志文件的路径，不同的计算机会有所不同。

（2）执行分离数据库 bookDB0201 的操作

在【对象资源管理器】窗口中展开“数据库”文件夹，右键单击用户数据库名称“bookDB0201”，在弹出的快捷菜单中选择命令【任务】→【分离】，打开【分离数据库】对话框，在该对话框中显示要分离的数据库信息，单击【确定】按钮，实现数据库分离。

提 示

在分离数据库之前，应断开所有与该数据库的连接，包括查询编辑窗口等，否则会出现分离数据库失败的提示信息对话框。

（3）执行附加数据库 bookDB0201 的操作

在【对象资源管理器】窗口中，右键单击“数据库”文件夹，在弹出的快捷菜单中选择【附加】命令，如图 2-38 所示。

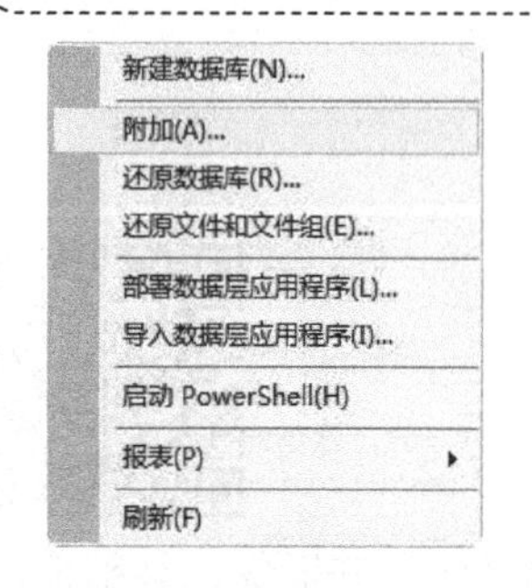

图 2-38　在快捷菜单选择【附加】命令

打开【附加数据库】对话框，在该对话框中单击【添加】按钮，打开【定位数据库文件】对话框，从中选择要附加的数据库主要数据文件“bookDB02_new.mdf”，然后单击【确定】按钮返回【附加数据库】对话框，在“要附加的数据库”和“‘bookDB0201’数据库详细信息”区域显示出相关信息，如图 2-39 所示。确认无误后，单击【确定】按钮，即可将所选择数据库附加到当前 SQL

Server 实例中。

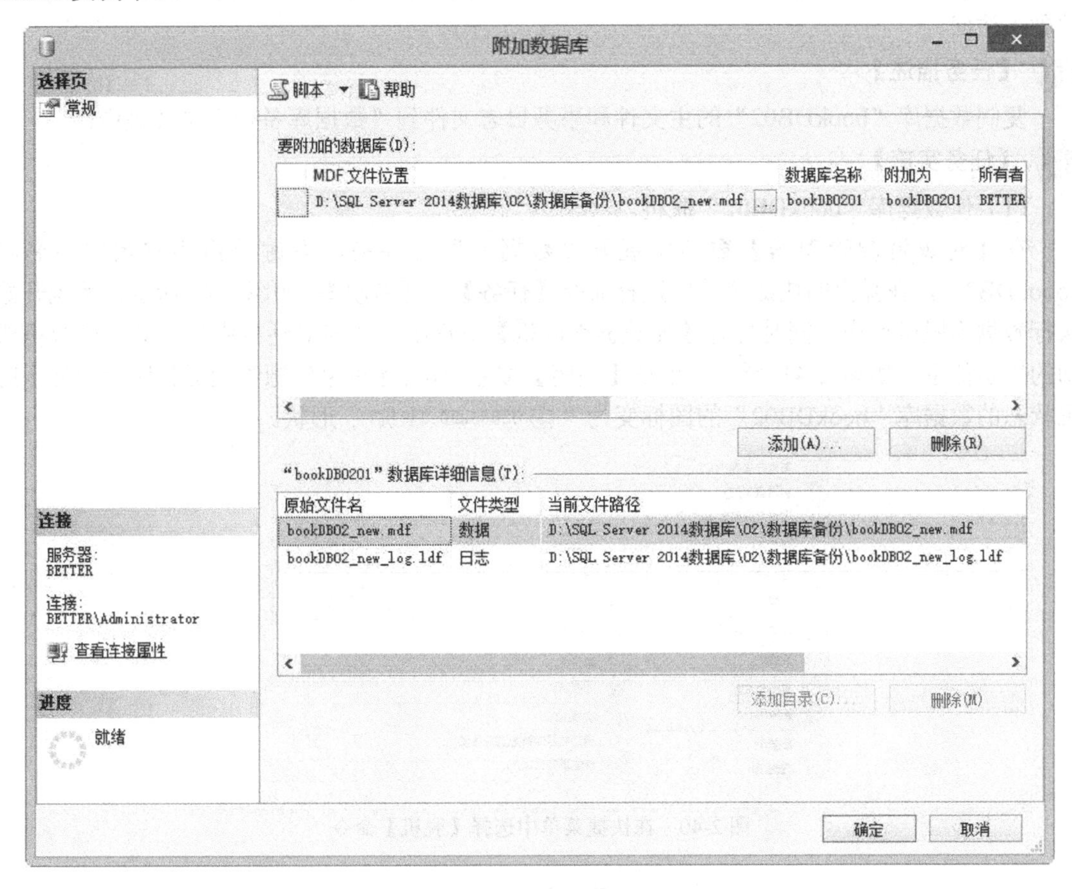

图 2-39 【附加数据库】对话框

提 示

附加数据库时，所有的数据库主要文件和事务日志文件都必须可用。如果任何一个数据文件的路径与创建数据库或上次附加数据库的路径不同，则必须重新指定文件的当前路径。在附加数据库的过程中，如果没有日志文件，系统将创建一个新的日志文件。

【任务 2-5】 数据库的联机与脱机

数据库的状态分为联机状态和脱机状态，数据库处于联机状态时，可以对数据库进行访问；主数据文件处于在线状态时，用户不能移动数据库文件。

使用向导和 T-SQL 语句进行数据库备份时，都是在联机状态下进行的，不需将数据库设置为脱机，因为在备份过程，用户还在持续修改数据，让数据库因为备份而脱机可能会浪费宝贵的工作时间。

如果要对整个硬盘或者整个文件或者部分数据库进行物理备份，可以将数据库设置为脱机状态，不必使用 SQL Server 备份。让数据库脱机，意味着让数据库脱离服务，此时数据库无法使用，不能更新或访问数据，也不能修改数据表。数据库在脱机状态，可以使用任何硬盘文件备份工具进行数据库备份和恢复。要让数据库脱机，SQL Server 必须能获得对数据库的独占访问。

【任务描述】

复制数据库“bookDB02”的主文件和事务日志文件到“数据库备份”文件夹中。

【任务实施】

（1）使数据库“bookDB02”脱机。

在【对象资源管理器】窗口中展开“数据库”文件夹，右键单击用户数据库名称“bookDB02”，在弹出的快捷菜单中选择命令【任务】→【脱机】，如图 2-40 所示，系统开始执行数据库脱机操作，同时打开【使数据库脱机】对话框，在该对话框中显示数据库脱机成功的提示信息，如图 2-41 所示，单击【关闭】按钮即可。【对象资源管理器】窗口中处于脱机状态的数据库“bookDB02”的图标变为“02bookDB（脱机）”形状。

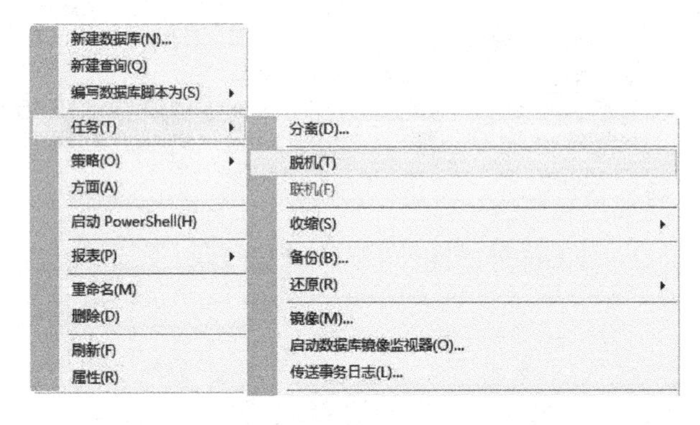

图 2-40　在快捷菜单中选择【脱机】命令

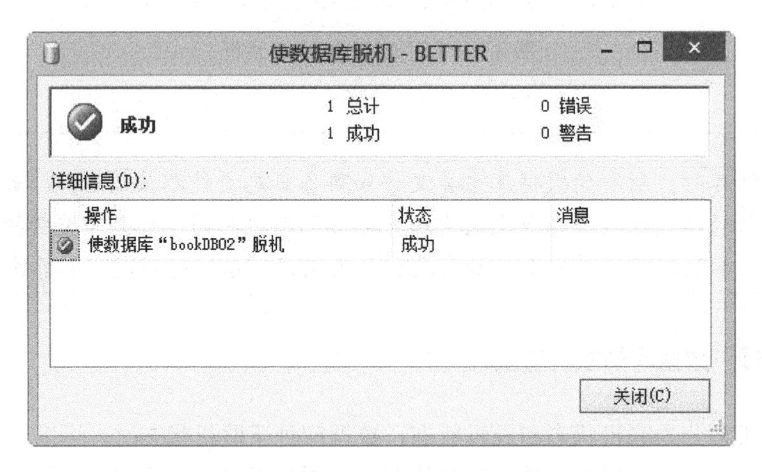

图 2-41　【使数据库脱机】对话框

（2）在 Windows 操作系统的【资源管理器】中，将数据库“bookDB02”的主文件和事务日志文件复制到“数据库备份”文件夹中。

（3）使数据库“bookDB02”联机。

在【对象资源管理器】窗口中右键单击用户数据库名称“bookDB02”，在弹出的快捷菜单中选择命令【任务】→【联机】，如图 2-42 所示，系统开始执行数据库联机操作，同时打开【使数据库联机】对话框，在该对话框中显示数据库联机成功的提示信息，如图 2-43 所示，单击【关闭】按钮即可。

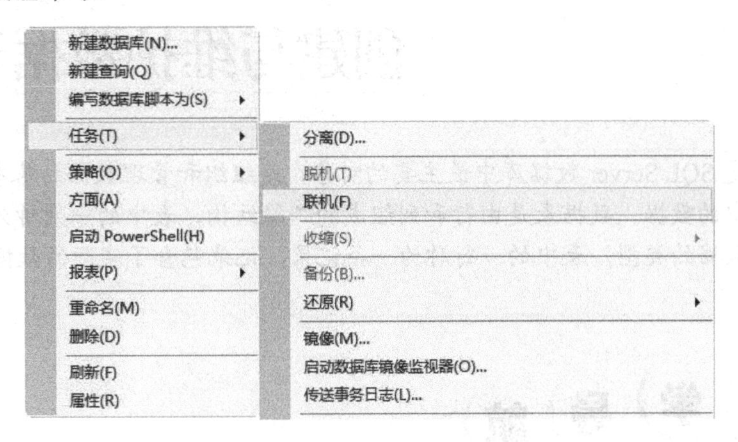

图 2-42　在快捷菜单中选择【联机】命令

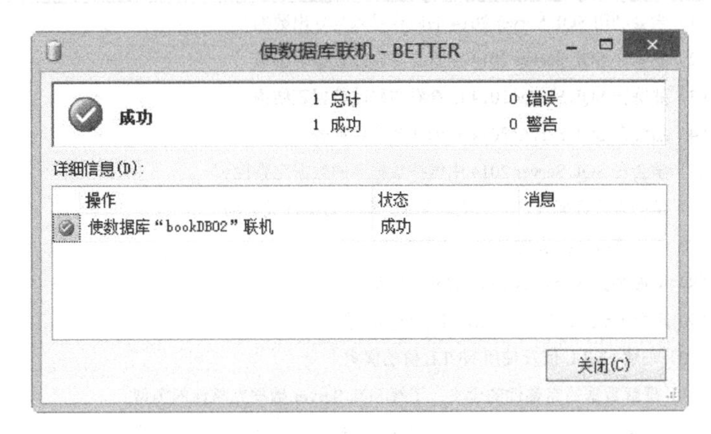

图 2-43　显示数据库联机成功的提示信息

单元习题

（1）在创建数据库时，系统自动为数据库创建两个数据库文件，这两个数据库文件的扩展名分别为________和________。

（2）SQL Server 2014 中主数据文件的扩展名为________，次要数据文件的扩展名为________，日志文件的扩展名为________。

（3）数据库的备份类型有 4 种，分别是________、________、________和________。

（4）在执行数据库其他备份之前，必须首先执行________。

（5）能将数据库恢复到某个时间点的备份类型是________。

（6）如果要对整个硬盘或者整个文件或者部分数据库进行物理备份，可以将数据库设置为________状态，不必使用 SQL Server 备份。

单元 3

创建与维护数据表

数据表是 SQL Server 数据库中最主要的对象，是组织和管理数据的基本单位，用于存储数据库中的数据。数据表是由行和列组成的二维结构，表中的一列称为一个字段，字段决定了数据的类型，表中的一行称为一条记录，记录包含了实际的数据。

教学目标	（1）学会利用 SQL Server 2014 的向导导入与导出数据 （2）熟练在 SQL Server 2014 中查看与修改数据表记录 （3）熟练在 SQL Server 2014 中查看与修改数据表结构 （4）熟练在 SQL Server 2014 中创建多个数据表 （5）学会在 SQL Server 2014 中维护数据库的数据完整性 （6）学会查看数据表之间的依赖关系，创建数据库关系图 （7）学会修改数据表的名称、删除数据表 （8）掌握 SQL Server 2014 的数据类型及其应用 （9）理解 Unicode 字符与 ASCII 字符的区别 （10）理解 NULL 值及使用 NULL 值的优劣 （11）理解数据的完整性的含义，了解 SQL Server 数据完整性的类型 （12）理解主键、外键、唯一性、默认值、检查、非空性等约束和规则的含义及功能 （13）了解约束与数据完整性之间的关系
教学方法	任务驱动法、分组讨论法、理论实践一体化
课时建议	6 课时

在操作实战之前，将配套资源的“起点文件”文件夹中的“03”子文件夹及相关文件复制到本地硬盘中，然后附加已有的数据库“bookDB03”，操作方法如下：

在【SQL Server Management Studio】主窗口的【对象资源管理器】窗口中附加文件夹“03”中数据库文件“bookDB03”。本单元将在该数据库中添加多个数据表和维护数据库中数据的完整性。

1．SQL Server 2014 的数据类型

SQL Server 数据库使用不同的数据类型存储数据，数据类型的选择主要根据数据值的内容、大小、精度来选择。在 SQL Server 2014 中，系统数据类型主要分为数值型、字符/字符串、日期和时间和特殊类型 4 种。

（1）数值型

数值型数据类型是指字面值具有数学含义、能直接参加数值运算（例如求和、求平均值等）的数据，例如数量、单价、金额、比例等方面的数据。但是，有些数据字面也为数字，却不具有数学含义，参加数值运算的结果也没有数学含义，例如邮政编码、电话号码、图书的 ISBN、学号、身份证编号、存折号码等，这些数据的字面虽然由数字组成，却为字符串类型。

数值型一般可以分为三种类型，即整数数据、带小数位数和固定精度的精确数值、近似数值，主要根据数据大小和数据精度来选择数值型数据类型。

① 整数数据

整数数据不包含小数部分，主要包括 bit（长度为 1bit，取值为 0 或 1，用于判定逻辑真和逻辑假）、tinyint（长度为 1 字节，取值范围为 0～255）、smallint（长度为 2 字节，取值范围为-32768～32767）、int（长度为 4 字节，取值范围为-2^{31}～$2^{31}-1$）和 bigint（长度为 8 字节，取值范围为-2^{63}～$2^{63}-1$）。其中，int 数据类型是 SQL Server 中的主要整数数据类型。

② 带小数位数和固定精度的精确数值

带小数位数和固定精度的精确数值，主要包括 decimal(p,s)、numeric(p,s)、money（长度为 8 字节）和 smallmoney（长度为 4 字节）。

从功能上来说，decimal 数据类型等价于 numeric 数据类型，其长度为 5～17 字节，*p* 表示有效位数（即精度），包括小数点左边的整数部分和小数点右边的小数部分的位数，*p* 介于 1～38 之间，默认精度为 18。当 *p* 为 1～9 时，长度为 5 字节；当 *p* 为 29～38 时，长度为 17 字节。*s* 表小数位数，介于 0～*p* 之间，默认的小数位数为 0，只有在指定精度 *p* 后才可以指定小数位数。

money 和 smallmoney 通常用于存储货币类数据，但并不存储代表货币类型的货币符号，不能使用该数据类型来存储不同的货币值，可以通过组合 money 数据类型的列和定义货币类型的货币符号的另一个列来实现。money 数据类型用于将数值存储到小数后 4 位，如果必须以多于 4 位小数位来存储数值，则需要考虑使用其他数据类型，例如 decimal。smallmoney 数据类型可存储的数值范围比 money 数据类型小得多。

③ 近似数值

近似数值是指数值不精确的数据类型，包括两种类型：real（长度为 4 字节）和 float（为可变长度）。

real 类型可以存储正或负的十进制数值，最大可以有 7 位精确位数。float(*n*)用于存储小数点不固定的数据，其长度根据 *n* 值而定，*n* 表示用于存储 float 数值尾数的位数（以科学计数法表示）。当 *n* 为 1～24 之间时，有效位数为 7，则长度为 4 字节；当 *n* 为 25～53 时，有效位数为 15，则长度为 8 字节。*n* 的值默认值为 53。

（2）字符/字符串

在 SQL Server 2014 中，字符/字符串数据类型主要包括非 Unicode 字符/字符串、Unicode 字符/字符串和二进制字符串。根据数据长度是否可变又可以分固定长度的数据类型和可变长度的数据类型，字符/字符串数据类型的详细说明如表 3-1 所示。

表 3-1 SQL Server 2014 字符/字符串数据类型的详细说明

SQL Server 2014 的字符/字符串数据类型	固定长度	可变长度
非 Unicode 字符/字符串	（1）char(*n*) 为固定长度，存储非 Unicode 字符数据，存储大小为 *n* 个字节，*n* 的取值范围为 1～8000 字节，如果没有指定 *n* 值，默认长度为 1	（1）varchar(*n*) 为可变长度，存储非 Unicode 字符数据，*n* 的取值范围为 1～8000 字节，每个字符占用 1B 存储空间 （2）varchar(max)与 text 存储大型文本数据，数据大小可能超过 8000 字节，最大存储大小为 $2^{31}-1$ 个字节。 注意：未来 varchar(max)可能会替代 text 数据类型
Unicode 字符/字符串	（2）nchar(*n*) 为固定长度，存储 Unicode 字符数据，存储大小为 2*n* 个字节，*n* 的取值范围为 1～4000 字节，如果没有指定 *n* 值，默认长度为 1	（3）nvarchar(n) 为可变长度，存储 Unicode 字符数据，*n* 的取值范围为 1～4000 字节，如果没有指定 *n* 值，默认长度为 1，每个字符占用 2B 存储空间。 （4）nvarchar(max)与 ntext 存储大型文本数据，nvarchar(max)的最大存储大小为 $2^{31}-1$ 个字节，ntext 的最大存储大小为 $2^{30}-1$ 个字节。如果没有指定 *n* 值，默认长度为 1。 注意：未来 nvarchar(max)可能会替代 ntext 数据类型
二进制字符串	（3）binary(n) 存储长度为 *n* 个字节的固定长度二进制数据，*n* 为 1～8000 字节，存储空间为 1～8000 字节，如果没有指定 *n* 值，默认长度为 1，每个字符占用 1B 存储空间	（5）varbinary(n) 存储长度可变的二进制数据，*n* 值为 1～8000 字节，存储大小为所输入数据的实际长度+2 个字节，所输入的数据长度可以是 0 字节。 （6）varbinary(max)与 image 存储大型二进制数据，最大存储大小为 $2^{31}-1$ 个字节，image 数据类型用于存储二进制数据，包括图像、视频和音乐等。 注意：未来 varbinary(max)可能会替代 image 数据类型
特点	定长数据类型只接受固定的字符长度，其长度是在定义表结构时指定的，定长列不允许多于指定的字符数目	变长数据类型的实际存储大小为所输入数据的实际长度，定义表结构指定的大小为存储数据的最大存储大小
适用场合	列数据项的大小可能相同时使用	列数据项大小相差很大时使用

（3）日期和时间

在 SQL Server 2014 中除了 datetime 和 smalldatetime 之外，新增了 4 种日期时间类型：date、time、datetime2 和 datetimeoffset。

① datetime

datetime 数据类型把日期和时间作为一个整体存储在一起，长度为 8 字节，支持的日期范围为 1753 年 1 月 1 日～9999 年 12 月 31 日。对应的日期时间格式是 yyyy-MM-dd HH:mm:ss.fff，3 个 f，精确到 1/300 秒，需要 8 个字节的存储空间，例如，2014-12-0317:06:15.433。如果用 SQL 的日期函数进行赋值，dateTime 字段类型要用 GETDATE()。

② smalldatetime

smalldatetime 数据类型与 datetime 相比，支持更小的日期时间范围，长度为 4 字节，支持的日期范围为 1900 年 1 月 1 日～2079 年 6 月 6 日，时间部分精度为 1 分钟。

③ date

date 数据类型允许独立存储日期值，长度为 3 字节，支持的日期范围为 0001 年 1 月 1 日～9999 年 12 月 31 日，精度为天，其数据类型格式为 YYYY-MM-DD。如果只需要存储日期值而不需要存储时间值，选用 date 更合适。

④ time

Time 数据类型允许只存储时间，长度为 3～5 字节，使用 24 小时制存储时间，而不存储日期。

⑤ datetime2

datetime2 数据类型支持日期范围为 0001 年 1 月 1 日～9999 年 12 月 31 日，占用 6～8 字节的存储空间，取决于存储的精度。对应的日期时间格式是 yyyy-MM-dd HH:mm:ss.fffffff，7 个 f，精确到 0.1 微秒（μs），例如，2014-12-0317:23:19.2880929。如果用 SQL 的日期函数进行赋值，dateTime2 字段类型要用 SYSDATETIME()。

⑥ datetimeoffset

datetimeoffset 数据类型要求存储的日期和时间（24 小时制）与时区一致。时间部分能支持高达 100ns 的精确度。

（4）特殊类型

SQL Server 2014 提供了多种特殊用途的数据类型：cursor、hierarchyID、timestamp、uniqueidentifier、xml、table、sql_variant 等。这些数据类型的具体用途请参见 SQL Server 2014 的帮助系统。

2. Unicode 字符与 ASCII 字符的区别

Unicode 是一种重要的通用字符编码标准，它覆盖了美国、欧洲、中东、非洲、印度、亚洲和太平洋的语言，以及古文和专业符号。Unicode 允许交换、处理和显示多语言文本以及公用的专业和数学符号。

Unicode 字符可以适用于所有已知的编码。Unicode 是继 ASCII（美国国家交互信息标准编码）字符码后的一种新字符编码，它为每一个符号定义一个数字和名称，并指定字符和它的数值（码位），以及该值的二进制位表示法，通过一个十六进制数字和前缀（U）定义一个 16 位的数值，如 U+0041 表示 A。它固定使用 16 bits（两个字节）来表示一个字符，一共可以表示 65536 个字符。

Unicode 兼容于 ASCII 字符并被大多数程序所支持，前 128 个 Unicode 码与 ASCII 码具有同样的字节值；Unicode 字符从 U+0020 到 U+007E 等同于 ASCII 码的 0x20～0x7E，不同于支持拉丁字母的 7 位 ASCII，Unicode 对每个字符进行 16 位值的编码设置，它允许几万个字符，例如 Unicode 2.0 版包含 38885 个字符，它也可以进行扩展，如 UTF-16 允许用 16 位字符组合为 100 万个或更多的字符，UTF 将编码转换为真实的二进制位。

3. NULL 值及其使用

在创建表的定义时，能够有定义为 NULL 的列和 NOT NULL 的列，或者，如果使用“表设计器”定义表结构，能够选中或清除“允许 Null 值”选项。NULL 值意味着绝对没有任何信息输入到列中，即列中完全没有数据。具有 NULL 值的列是一种特殊的数据状态，有特殊的含义，这说明列中的数据类型是未知的。

如果一个字段中有 NULL 值，意味着该列中没有输入数据。这也意味着，在任何 Transact-SQL 代码中，必须执行专门的函数语句，以检测该值。例如，若有一个列定义为用来存储字符，该列中有一行具有 NULL 值。如果写一个进行字符串处理的 SQL 语句，那么，有 NULL 值的行会导致错误，或者若没有特殊处理，函数中不能包含该行。

很多时候，使用 NULL 值会带来许多便利，主要有以下几个方面。

（1）如果一个字段具有 NULL 值，则说明一个事实，即没有在字段中输入任何信息。如果不能把列定义为允许 NULL，当存储数字的列具有 0 值时，将无法确定列中是没有值还是有一个为 0 的有效值。NULL 值的运用能够即刻传达列中没有任何数据的事实，于是便能使用这一信息。

（2）允许 NULL 值的列只占用很少的存储空间。确切地说，NULL 值不占用任何存储空间，在这一点上，NULL 值再次不同于 0 值或单独一个空格，0 或者空格要占用一定数量的存储空间。虽然当今这个年代，硬盘十分廉价，这一优势也显得无足轻重，但设想一下，如果数据库中有百万行，每行 4 列，列中有一个空格而非 NULL，则将用掉本不必占用的 4MB 存储空间。此外，由于 NULL 不占用空间，允许 NULL 值意味着能更快地从数据库中获取数据，以便根据需要转到.NET 程序，或者返回到 Transact-SQL 代码中，以做进一步处理。

（3）定义表结构时，如果选中列的“允许 Null 值”选项，能让所有的记录都不需输入数据值。

尽管 NULL 值有一定的好处，但是仍建议避免允许空值，因为空值会使查询和更新变得更复杂，并且主键字段也不允许出现 NULL，指定某一个字段不允许空值有助于维护数据的完整性，因为这样可以确保记录中的字段永远包含数据，用户向数据表输入数据时必须在字段中输入一个值，否则数据库将不接受该记录的更新。

4. 数据的完整性

数据的完整性就是指要保证数据表中数据的正确性和一致性。

数据完整性主要通过以下方法实现。

（1）主键约束（Primary Key）

通常，在数据表中将一个字段或多个字段组合设置为具有各不相同的值，以便能唯一地标识数据表中的每一条记录，这样的一个字段或多个字段称为数据表的主键，通过它可实现实体完整性，消除数据表冗余数据。1 个数据表只能有一个主键约束，并且主键约束中的字段不能接受空值。由于主键约束可保证数据的唯一性，因此经常对标识字段定义这种约束。可以在创建数据表时定义主键约束，也可以修改现有数据表的主键约束。

（2）标识（Identity）

SQL Server 为自动进行顺序编号引了入自动编号的 Identity 属性，具有 Identity 属性的字段称为标识字段，其取值称为标识值。具有如下特点。

① 标识字段的数据类型只能为 tinyint、smallint、int、bigint、numeric、decimal。当数据类型为 numeric、decimal 时，不允许带小数。

② 当向数据表中插入新的记录时，不必也不能向具有 Identity 属性的字段输入数据，系统将自动在该列添加一个按规定间隔递增（或递减）的数据。

③ 每个数据表至多有一个字段具有 Identity 属性，且该字段不能为空，不允许具有默认值，不能由用户更改。Identity 字段通常可作为主键使用。

④ 定义 Identity 属性的语法格式为：Identity [(seed, increment)]。其中，seed 称为“种子”，表示系统为数据表中第 1 条记录添加的自动编号数字；increment 称为“增量”，表示相邻两条记录之间后一个自动编号数字减去前一个自动编号数字的数值差，正值表示后一数据大于前一数据，反之表示后一数据小于前一数据。必须同时指定种子和增量，或者两者都不指定。如果两者都不指定，则默认值为（1,1），在对数据表中数据进行删除操作后，在标识值之间可能会产生数量不等的差值。

（3）唯一约束（Unique）

一个数据表只能有一个主键，如果有多个字段或者多个字段组合需要实施数据唯一性，可以采用唯一约束。可以对一个数据表定义多个唯一约束，唯一约束允许为 NULL 值，但每个唯一约束字段只允许存在一个 NULL 值。

（4）非空性约束（Not Null）

指定为 Not Null 的字段则不能输入 NULL 值，数据表中出现 NULL 值通常表示值未知或未定义，NULL 值不同于零、空格或者长度为零的字符串。

（5）默认值约束（Default）

可以在创建数据表时为字段指定默认值，也可以在修改数据表时为字段指定默认值。Default 约束定义的默认值仅在执行 Insert 操作插入数据时生效，一列至多有一个默认值，其中包括NULL值。具有Identity属性或Timestamp数据属性的字段不能指定默认值，text和image数据类型的字段只能以 NULL 作为默认值。

（6）检查约束（Check）

检查约束用于检查输入数据的取值是否正确，只有符合检查约束的数据才能输入。在 1 个数据表中可以创建多个检查约束，在 1 个字段上也可以创建多个检查约束，只要它们不相互冲突即可。可以在创建数据表时定义检查约束，也可以修改现有数据表的检查约束。

（7）外键约束（Foreign Key）

外键约束保证了数据库的各个数据表中数据的一致性和正确性。将一个数据表的一个字段或字段组合定义为引用其他数据表的主键或唯一约束字段，则引用该数据中的这个字段或字段组合就称为外键。被引用的数据表称为主键约束表（或唯一约束表），简称为主表，引用表称为外键约束表，简称为从表。可以在定义数据表时直接创建外键约束，也可以对现有数据表中的某一个字段或字段组合添加外键约束。

注 意

在主键表和外键外两个数据表中，外键和主键的列名顺序、数据类型和长度要一致。

（8）规则（Rule）

规则的作用类似于检查约束，如果将一个规则绑定到指定字段上，则可以检查该列的数据是否符合规则的要求。数据表的一个字段只能绑定一个规则，但可以设置多个 Check 约束。规则创建一次可以绑定到数据库的多个数据表的字段上，使同一数据库所有数据表的不同字段可以共享规则。

5．在 SQL Server 数据库中数据表之间的参照完整性

在 SQL Server 数据库中强制参照完整性时，可以防止用户执行下列操作：

（1）在包含主键的主表中没有关联记录时，将记录添加或更改到包含外键的从表中。

（2）更改主表中的值，导致在从表中出现孤立的记录。

（3）从主表中删除记录，但从表中仍存在与该记录匹配的记录。

按照数据完整性的功能可以将数据完整性划分为 4 类，如表 3-2 所示。

表 3-2　数据完整性类型与实现方法

数据完整性类型	含　义	实现方法
实体完整性（Entity Integrity）	保证表中每一行数据在表中都是唯一的，即必须至少有一个唯一标识以区分不同的记录	主键约束、唯一约束、唯一索引（Unique Index）、标识（Identity）等
域完整性（Domain Integrity）	限定表中输入数据的数据类型与取值范围	默认值约束、默认对象、检查约束、外键约束、规则（Rule）、数据类型、非空性约束（Not Null）等
参照完整性（Referential Integrity）	在数据库中进行添加、修改和删除数据时，要维护表间数据的一致性，即包含主键的主表和包含外键的从表的数据应对应一致	外键约束、检查约束、触发器（Trigger）、存储过程（Procedure）等
用户定义完整性（User-defined Integrity）	实现用户某一特殊要求的数据规则或格式	默认值约束、检查约束、规则（Rule）等

SQL Server 主要有 5 种约束，约束与数据完整性之间的关系如表 3-3 所示。

表 3-3　约束与数据完整性之间的关系

约束类型	数据完整性类型	约束对象	描　述	实例说明
Primary Key（主键约束）	实体完整性	行	保证数据表中每一行的数据都是唯一的，定义主键约束的列值不可为空、不可重复，每个数据表中只能有一个主键。主键约束所在的列不允许为 NULL 值	“图书类型”数据表中设置“图书类型编号”为主键，不允许出现相同值的图书类型编号
Unique（唯一约束）			指定非主键的一个或多个列的组合值具有唯一性，以防止在列中输入重复的值，也就是说如果一个数据表已经设置了主键约束，但该表中还包含其他的非主键列，也必须具有唯一性，为避免该列中的数据值出现重复值的情况，就必须使用唯一约束。一个数据表可以包含多个唯一约束，唯一约束指定的列可以为 NULL 值，但是最多只有一行包含 NULL 值	“图书类型”数据中设置“图书类型代号”和“图书类型名称”两个字段为唯一约束，不允许出现相同的图书类型代号或者图书类型名称，但每个字段允许出现 1 个 NULL 值

续表

约束类型	数据完整性类型	约束对象	描　　述	实例说明
Default（默认值约束）	域完整性	列	提供了一种为数据表中的任何一列设置默认值的方法，默认值是指使用 Insert 语句向数据表插入记录时，如果没有为某一列指定数据值，Default 约束提供随新记录一起存储到数据表中的该列的默认值。Default 约束只能应用于 Insert 语句，且定义的值必须与该列的数据类型和精度一致，每一列上只能有一个 Default 约束，且允许使用一些系统函数提供的值，但不能定义在指定为 Identity 属性的列	“图书借阅”数据表中设置“借出数量”的默认值为“1”，“证件类型”的默认值为“身份证”。
Check（检查约束）			验证字段的输入内容是否为可接受的值，表示一个字段的输入内容必须满足 Check 约束的条件，若不满足，则无法正常输入数据，可以对数据表的每个列设置 Check 约束	“借阅者信息”数据表中设置“性别”字段的取值范围只能为“男”或“女”
Foreign Key（外键约束）	参照完整性	表间	建立两个数据表（主表和从表）的一列或多列数据之间的关联，通过将一个数据表（主表）的主键列或具有 Unique 约束的列包含在另一个数据表中，创建两表之间的关联，这个列就成为第 2 个数据表的外键。当向含有外键的表中插入数据时，如果主表的主键列中没有与插入的外键列值相同的值时，系统会拒绝插入数据	“图书类型”表和“图书信息”表通过它们的公共列“图书类型编号”关联起来，在“图书类型”表中将“图书类型编号”列定义为主键，在“图书信息”表中通过定义“图书类型编号”列为外键将两个数据表关联起来

3.1 数据表中数据的导入与导出

【任务 3-1】 导入与导出数据

SQL Server 2014 的导入和导出向导提供了将数据从一个数据源转移到另一个数据目的地的方法，该向导可以在异构数据环境中复制数据、复制整个表或查询结果，并且可以交互地定义数据转移方式。

【任务描述】

（1）创建数据库 bookDB03，保存位置为“D:\SQL Server 2014 数据库\03”。

（2）从 Excel 工作表将数据导入到数据表中。Excel 工作表中的“图书类型”数据如图 3-1 所示。该工作表包含了 24 行和 4 列，第一行为标题行，其余各行都是对应的数据，每一列的第一行为列名，行和列的顺序可以任意。

数据表中数据的组织方式与 Excel 工作表类似，都是按行和列的方式组织的。“图书类型表”数据表中的数据如图 3-2 所示。每一行表示一条记录，共有 23 条记录，每一列表示一个字段，有 4 个字段。

	A	B	C	D
1	图书类型编号	图书类型代号	图书类型名称	描述信息
2	01	A	马克思主义、列宁主义、毛泽东思想	
3	02	B	哲学	
4	03	C	社会科学总论	
5	04	D	政治、法律	
6	05	E	军事	
7	06	F	经济	
8	07	G	文化、科学、教育、体育	
9	08	H	语言、文字	
10	09	I	文学	
11	10	J	艺术	
12	11	K	历史、地理	
13	12	N	自然科学总论	
14	13	O	数理科学和化学术	
15	14	P	天文学、地球	
16	15	R	医药、卫生	
17	16	S	农业技术（科学）	
18	17	T	工业技术	
19	18	U	交通、运输	
20	19	V	航空、航天	
21	20	X	环境科学、劳动保护科学	
22	21	Z	综合性图书	
23	22	M	期刊杂志	
24	23	W	电子图书	

图 3-1 Excel 工作表中的“图书类型”数据

BETTER.bookDB03 - dbo.图书类型表

图书类型编号	图书类型代号	图书类型名称	描述信息
01	A	马克思主义、列宁主义、毛泽东思想	NULL
02	B	哲学	NULL
03	C	社会科学总论	NULL
04	D	政治、法律	NULL
05	E	军事	NULL
06	F	经济	NULL
07	G	文化、科学、教育、体育	NULL
08	H	语言、文字	NULL
09	I	文学	NULL
10	J	艺术	NULL
11	K	历史、地理	NULL
12	N	自然科学总论	NULL
13	O	数理科学和化学术	NULL
14	P	天文学、地球	NULL
15	R	医药、卫生	NULL
16	S	农业技术（科学）	NULL
17	T	工业技术	NULL
18	U	交通、运输	NULL
19	V	航空、航天	NULL
20	X	环境科学、劳动保护科学	NULL
21	Z	综合性图书	NULL
22	M	期刊杂志	NULL
23	W	电子图书	NULL

图 3-2 “图书类型表”数据表中的数据

将文件夹“02”的 Excel 文件“book03.xls”的“图书类型表”工作表中所有的数据导入到数据库“bookDB03”，数据表的名称为“图书类型”。

（3）将数据表中的数据导出到 Excel 工作表中。

将数据表“图书类型”中的数据导出到“数据备份”文件夹的 Excel 文件“bookDB0301.xls”中。

【任务实施】

1. 创建数据库 bookDB03

启动【SQL Server Management Studio】，并成功连接到 SQL Server 服务器。然后创建数据库 bookDB03，保存位置为“D:\SQL Server 2014 数据库\03”。

2. 从 Excel 文件的工作表中导入数据

（1）启动【SQL Server 导入和导出向导】

在【SQL Server Management Studio】主窗口的【对象资源管理器】窗口展开“数据库”文件夹，右键单击数据库名称“bookDB03”，在弹出的快捷菜单中选择命令【任务】→【导入数据】，如图 3-3 所示，启动【SQL Server 导入和导出向导】，并出现“欢迎”界面。

图 3-3　选择【导入数据】命令

（2）完成数据导入

在【SQL Server 导入和导出向导】的欢迎界面中单击【下一步】按钮，进入“选择数据源”界面，在“数据源”下拉列表框中选择“Microsoft Excel”选项，在“Excel 文件路径”文本框右侧单击【浏览】按钮，在弹出的【打开】窗口中选择导入数据的 Excel 文件“book03.xls”，如图 3-4 所示，然后单击【打开】按钮，返回“选择数据源”界面。

在“Excel 版本”列表框中选择“Microsoft Excel 97-2003”，选中复选框“首行包含列名称”，如图 3-5 所示。

在“选择数据源”界面中单击【下一步】按钮，进入“选择目标”界面，在“目标”列表框中选择“SQL Server Native Client 10.0”，在“服务器名称”列表框中选择“BETTER”，“身份验证”选择“使用 Windows 身份验证”，在“数据库”列表框中选择“bookDB03”，如图 3-6 所示。

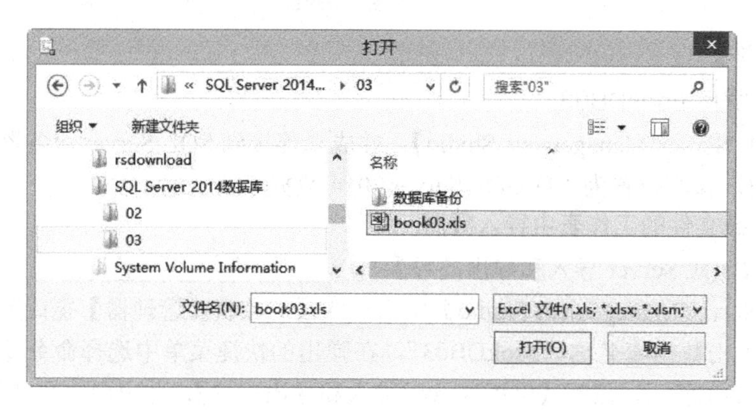

图 3-4　在【打开】窗口中选择导入数据的 Excel 文件

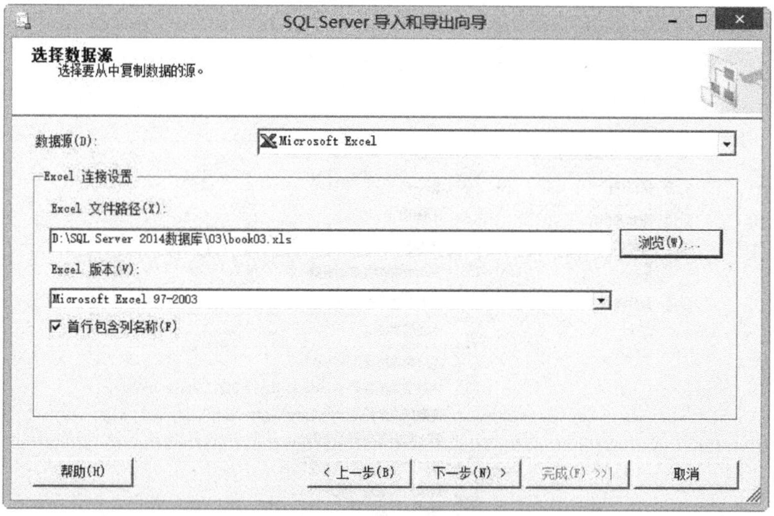

图 3-5　导入数据的“选择数据源”界面

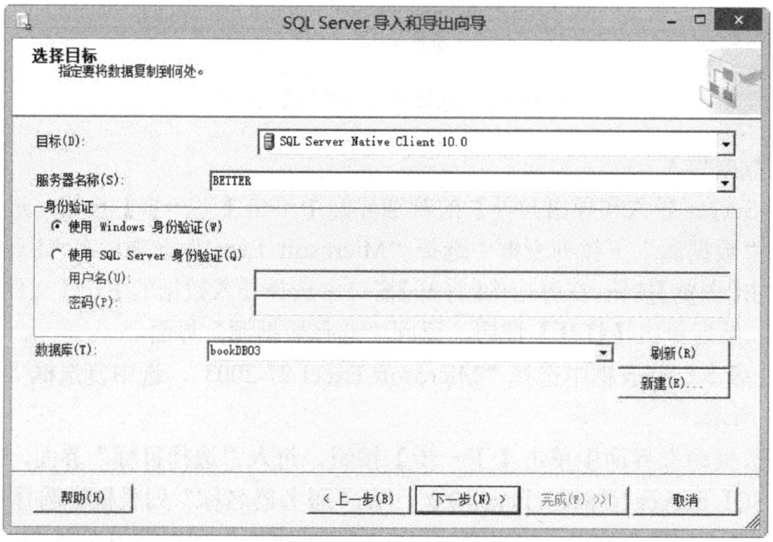

图 3-6　导入数据的“选择目标”界面

在“选择目标”界面中单击【下一步】按钮，进入“指定表复制或查询”界面，选中单选按钮“复制一个或多个表或视图的数据”，如图 3-7 所示。

SQL Server 导入和导出向导
指定表复制或查询
指定是从数据源复制一个或多个表和视图，还是从数据源复制查询结果。
复制一个或多个表或视图的数据(C)
此选项用于复制源数据库中现有表或视图的全部数据。
编写查询以指定要传输的数据(W)
此选项用于编写 SQL 查询，以便对复制操作的源数据进行操纵或限制。
帮助(H)
< 上一步(B)
下一步(N) >
完成(F) >>|
取消

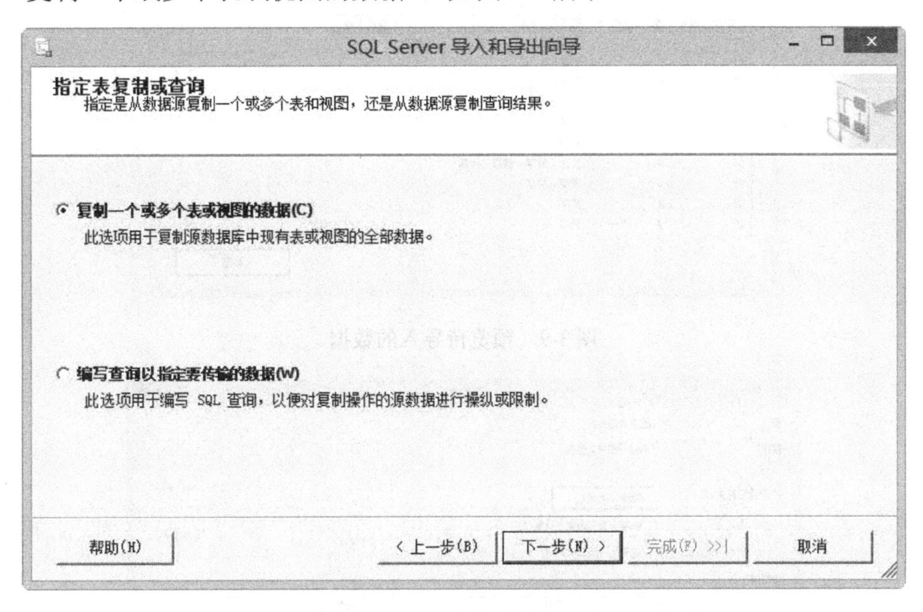

图 3-7　导入数据的“指定表复制或查询”界面

在“指定表复制或查询”界面中单击【下一步】按钮，进入“选择源表和源视图”界面，选择源工作表“图书类型表$”，同时在“目标”下拉列表框中选择或者输入目标数据表名称“图书类型表”，如图 3-8 所示。

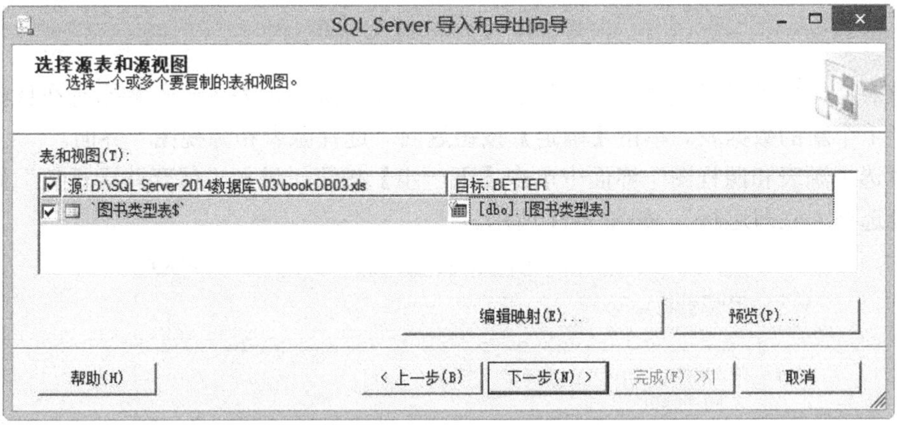

SQL Server 导入和导出向导
选择源表和源视图
选择一个或多个要复制的表和视图。
表和视图(T):
源: D:\SQL Server 2014数据库\03\bookDB03.xls
目标: BETTER
`图书类型表$`
[dbo].[图书类型表]
编辑映射(E)...
预览(P)...
帮助(H)
< 上一步(B)
下一步(N) >
完成(F) >>|
取消

图 3-8　导入数据的“选择源表和源视图”界面

单击【预览】按钮，打开【预览数据】对话框，如图 3-9 所示，在该对话框中观察待导入的数据是否符合要求，然后单击【确定】按钮，返回“选择源表和源视图”界面。

在“选择源表和源视图”界面中单击【编辑映射】按钮，打开【列映射】对话框，如图 3-10 所示。

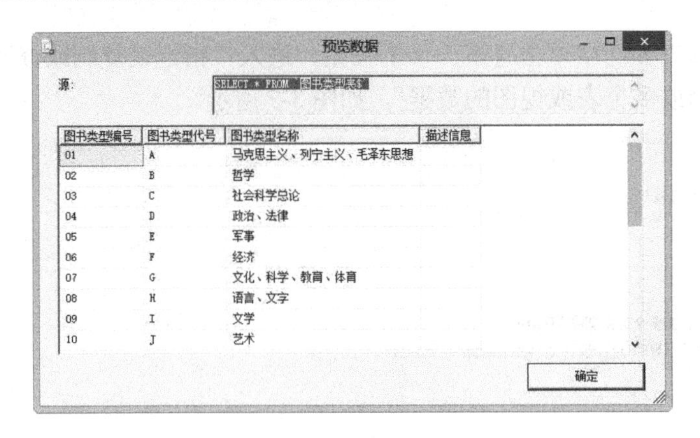

图 3-9　预览待导入的数据

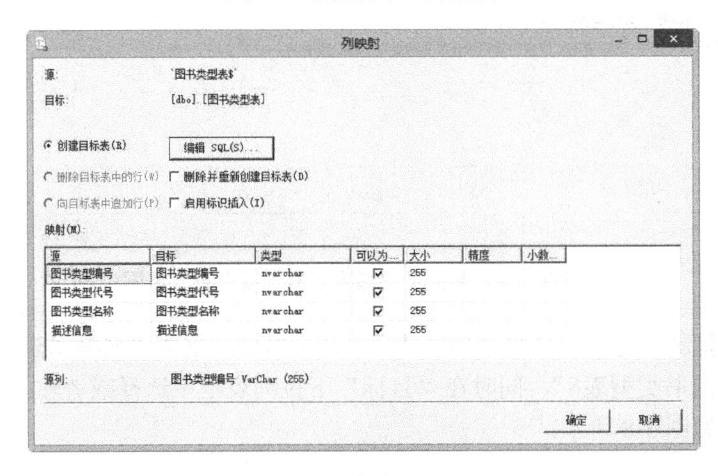

图 3-10　【列映射】对话框

在该对话框中可以发现“创建目标表”单选按钮被选中，表示导入数据时在目标数据库中创建了 1 个新的数据表。单击【确定】按钮返回“选择源表和源视图”界面。

在“选择源表和源视图”界面中单击【下一步】按钮，进入“保存并运行包”界面，默认选中复选框“立即运行”，如图 3-11 所示。

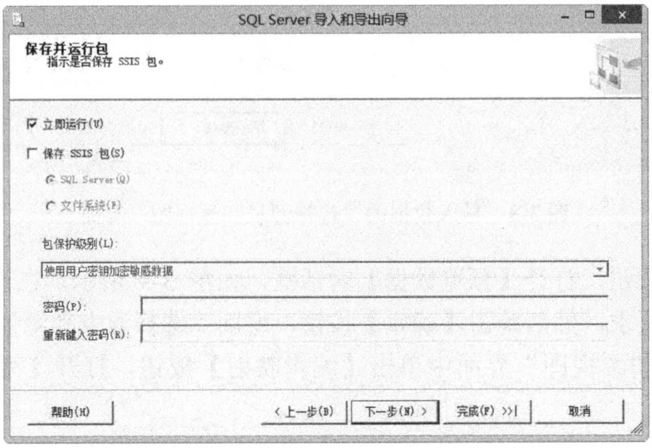

SQL Server 导入和导出向导
保存并运行包
指示是否保存 SSIS 包。
立即运行(U)
保存 SSIS 包(S)
SQL Server(Q)
文件系统(F)
包保护级别(L)：
使用用户密钥加密敏感数据
密码(P)：
重新键入密码(R)：
帮助(H)
< 上一步(B)
下一步(N) >
完成(F) >>|
取消

图 3-11　导入数据的“保存并运行包”界面

在“保存并运行包”界面中单击【下一步】按钮，进入“验证向导中选择的选项”界面，如图 3-12 所示。单击【完成】按钮，开始导入数据，导入数据执行成功后，会出现如图 3-13 所示的“执行成功”界面。

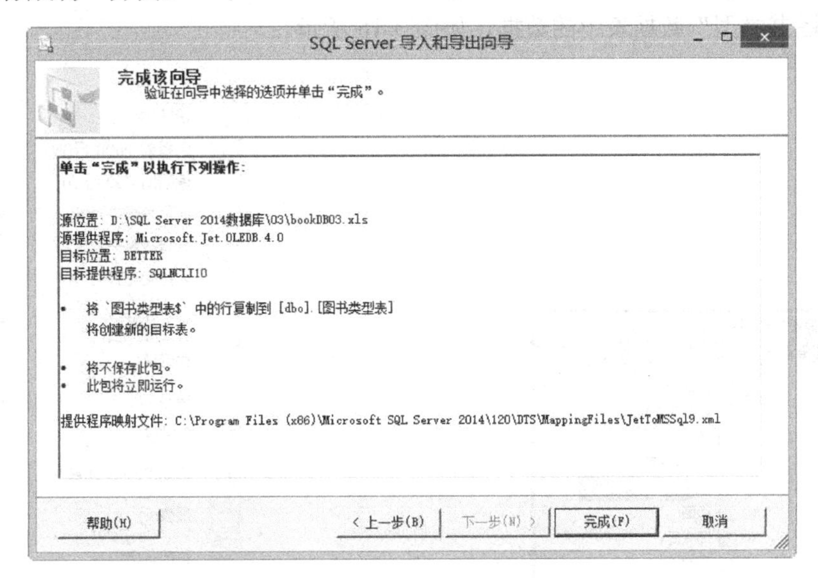

图 3-12　验证导入数据向导中选择的选项

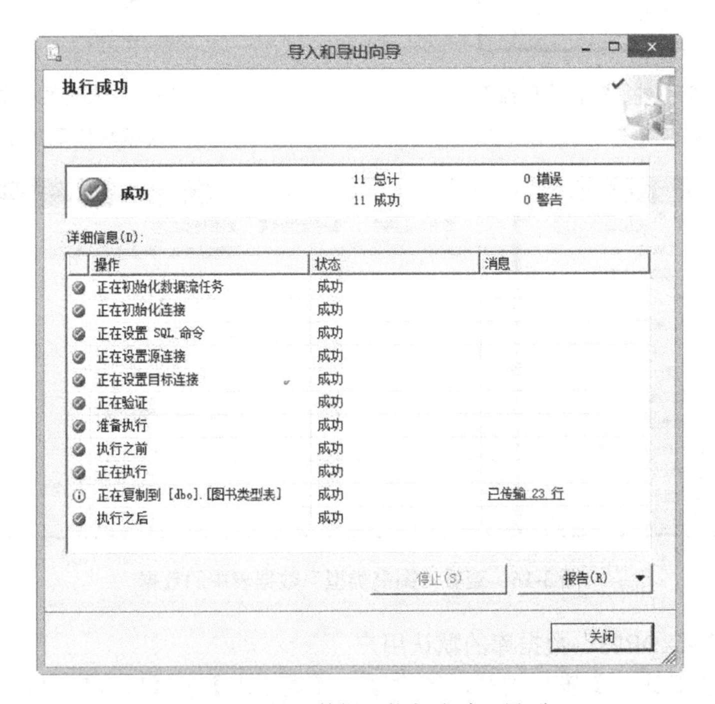

图 3-13　导入数据“执行成功”界面

（3）查看数据表“图书类型”

数据导入成功完成后，Excel 工作表“图书类型”中的数据复制到数据表“图书类型”中。在【SQL Server Management Studio】主窗口的【对象资源管理器】窗口展开，依次展示【数据库】→【bookDB03】→【表】，则可以看到数据表“dbo.图书类型”，如图3-14所示。

在【对象资源管理器】窗口中，右键单击“dbo.图书类型”，在弹出的快捷菜单中选择命令【编辑前200行】，如图3-15所示，在【SQL Server Management Studio】主窗口的右窗格即可看到“图书类型”数据表中的数据，如图3-16所示。

图3-14　在【对象资源管理器】窗口查看数据表“dbo.图书类型”

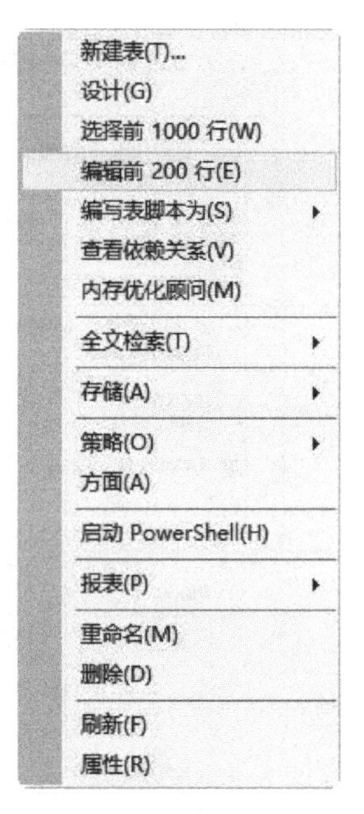

图3-15　在快捷菜单中选择命令【编辑前200行】

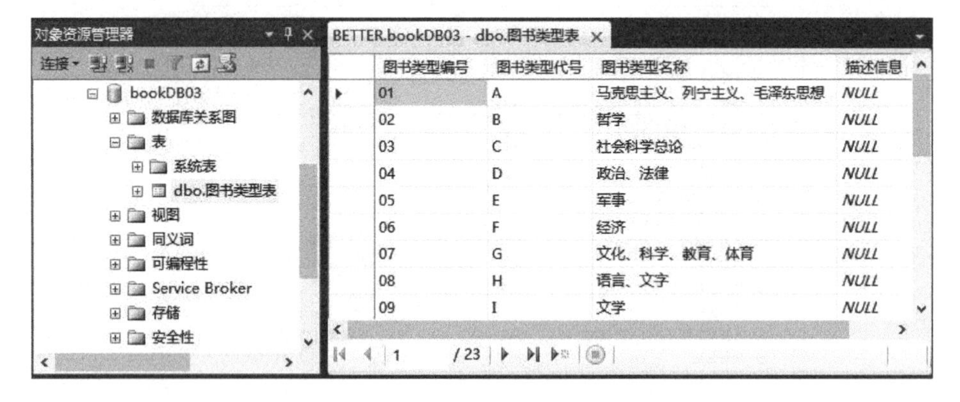

图3-16　查看“图书类型”数据表中的数据

（4）查看“bookDB03”数据库的默认用户

在【对象资源管理器】窗口展开，依次展示【数据库】→【bookDB032】→【安全性】，然后选择“用户”文件夹，在右侧的【对象资源管理器详细信息】窗口中可以查看“bookDB03”数据库的默认用户，包括“dbo”、“guest”、“INFORMATION_SCHEMA”和“sys”，如图3-17所示。

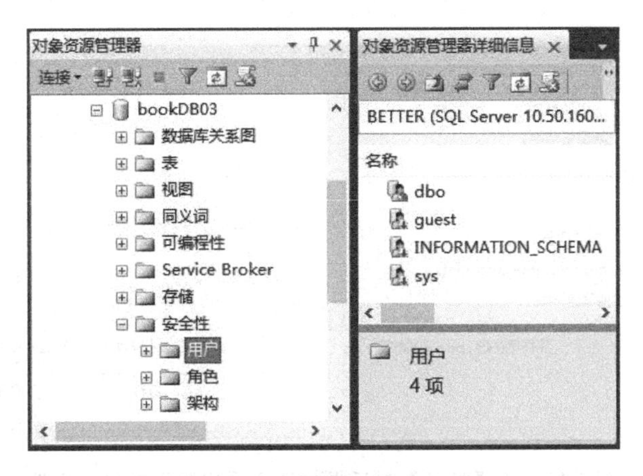

图 3-17　查看“bookDB02”数据库的默认用户

3．将数据导出到 Excel 文件的工作表中

（1）启动【SQL Server 导入和导出向导】

在【SQL Server Management Studio】主窗口的【对象资源管理器】窗口展开“数据库”文件夹，右键单击数据库名称“bookDB03”，在弹出的快捷菜单中选择命令【任务】→【导出数据】，启动【SQL Server 导入和导出向导】，并出现“欢迎”界面。在“欢迎”界面中单击【下一步】按钮，进入“选择数据源”界面，在“数据源”列表框中选择“SQL Server Native Client 10.0”，在“服务器名称”列表框中选择“BETTER”，“身份验证”选择“使用 Windows 身份验证”，在“数据库”列表框中选择“bookDB03”，如图 3-18 所示。

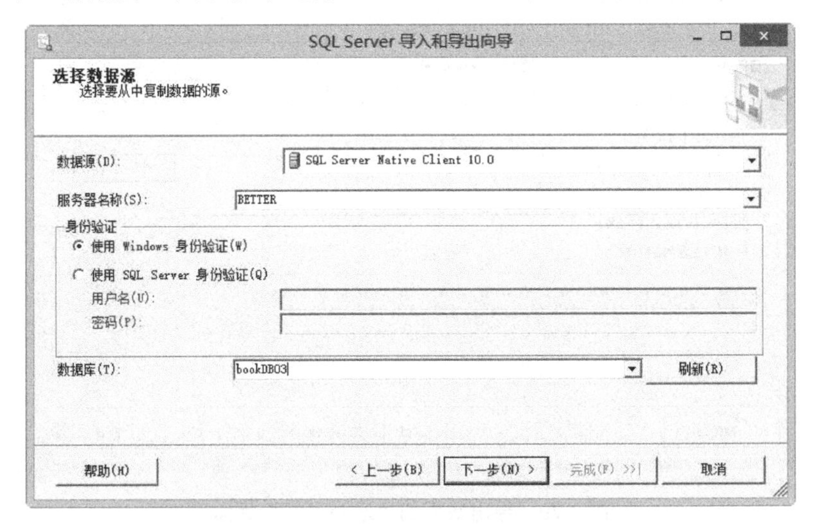

图 3-18　导出数据的“选择数据源”界面

（2）完成数据导出

在“选择数据源”界面中单击【下一步】按钮，进入“选择目标”界面，在“目标”下拉列表框中选择“Microsoft Excel”选项，在“Excel 文件路径”文本框右侧单击【浏览】按钮，在弹出的【打开】对话框中选择导出数据的目标 Excel 文件“bookDB0301.xls”，如图 3-19 所示。

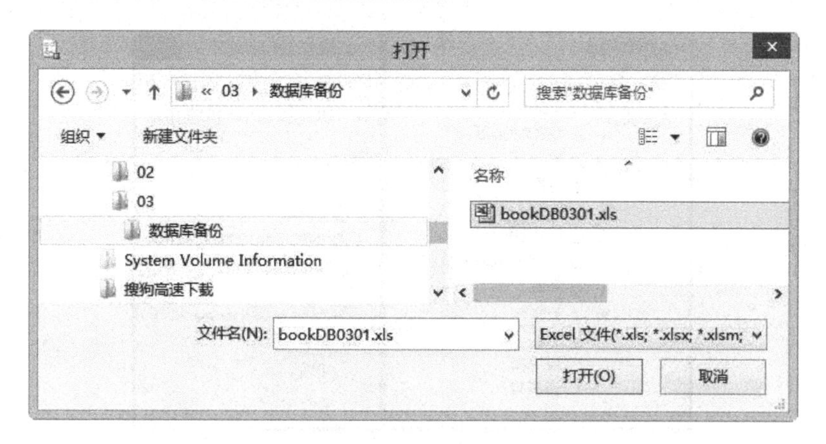

图 3-19　在【打开】对话框中选择导出数据的目标文件

> **提 示**
>
> 如果 Excel 文件“bookDB0301.xls”不存在，请打开“Windows 资源管理器”，在文件夹“数据备份”中先创建该文件。

然后单击【打开】按钮，返回“选择目标”界面。在“Excel 版本”列表框中选择“Microsoft Excel 97-2003”，选中复选框“首行包含列名称”，如图 3-20 所示。

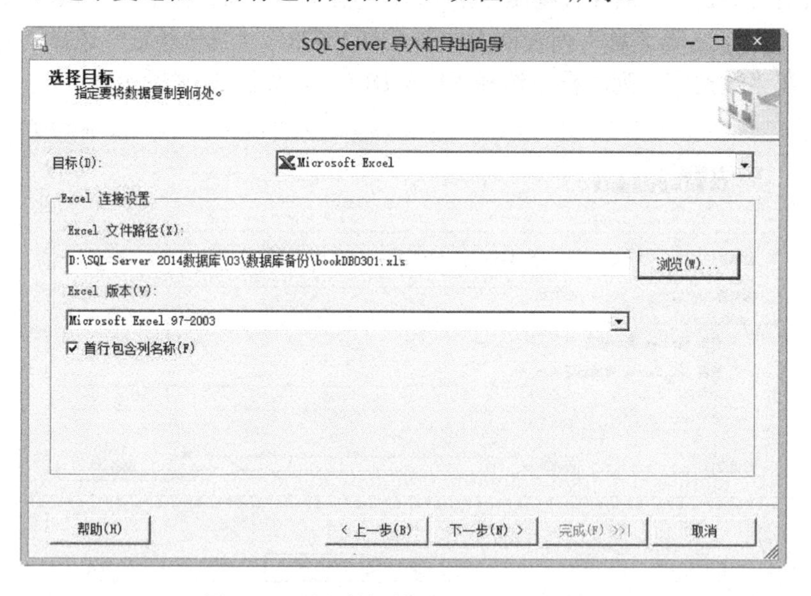

图 3-20　导出数据的“选择目标”界面

在“选择目标”界面中单击【下一步】按钮，进入“指定表复制或查询”界面，选中单选按钮“复制一个或多个表或视图的数据”。

在“指定表复制或查询”界面中单击【下一步】按钮，进入“选择源表或源视图”界面，选中表格名称“[dbo].[图书类型]”左边的复选框，表示要导出该数据表中的数据，如图 3-21 所示。

此时可以单击【预览】按钮，在弹出的【预览数据】对话框中查看待导出的数据是否正确。单击【编辑映射】按钮，打开【列映射】对话框，可以发现该对话框的“创建目标表”

单选按钮处于选中状态，单击【确定】按钮返回“选择源表或源视图”界面。

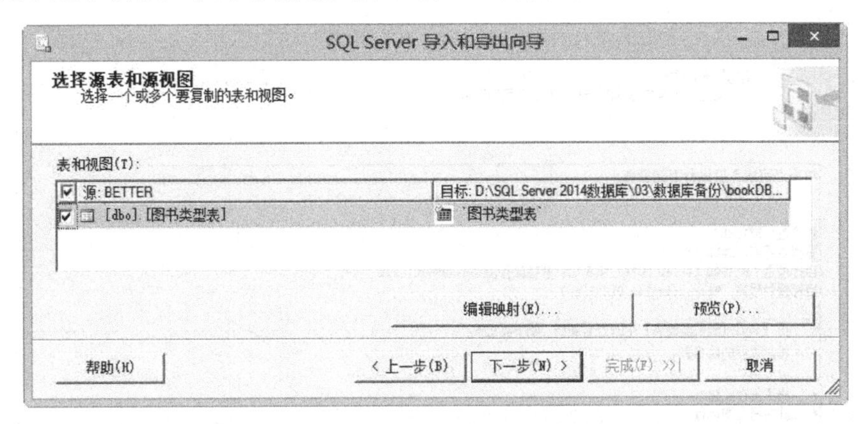

图 3-21　导出数据的“选择源表或源视图”界面

在“选择源表或源视图”界面中单击【下一步】按钮，进入“查看数据类型映射”界面，保持默认设置不变，如图 3-22 所示。然后单击【下一步】按钮，进入“保存并运行包”界面，选择“立即运行”复选框，然后单击【下一步】按钮进入“验证在向导中选择的选项”界面，查看验证信息，如图 3-23 所示。

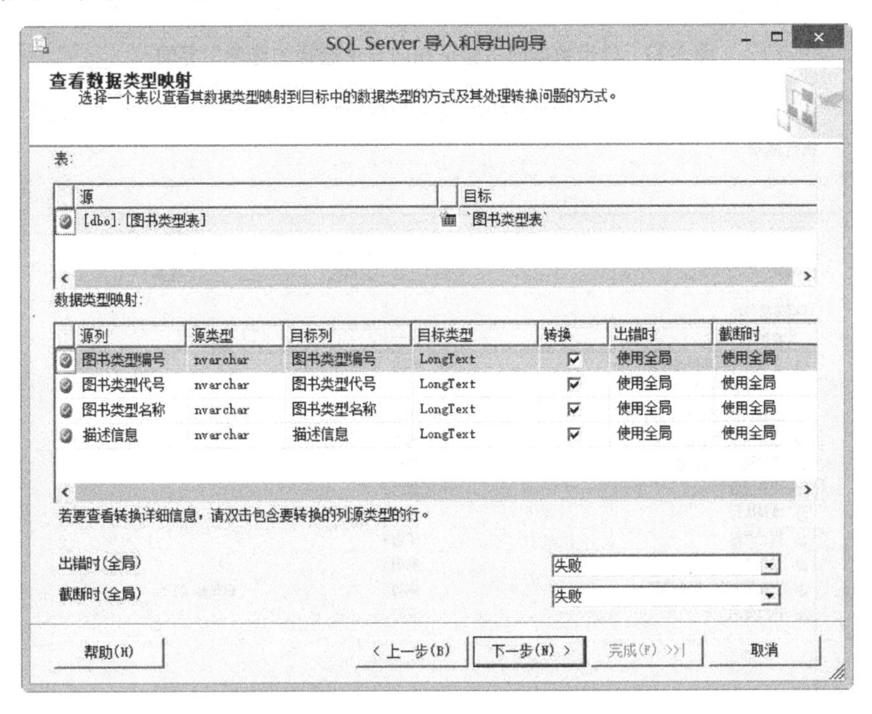

图 3-22　导出数据的“查看数据类型映射”界面

在“验证在向导中选择的选项”界面中单击【完成】按钮，执行数据导出操作，数据导出成功时，会出现如图 3-24 所示的“执行成功”界面。最后单击【关闭】按钮关闭向导。

（3）查看 Excel 文件中的数据

在文件夹“D:\SQL Server 2014 数据库\03\数据库备份”中打开 Excel 文件

“bookDB0301.xls”，切换到工作表“图书类型”查看导出的数据即可。

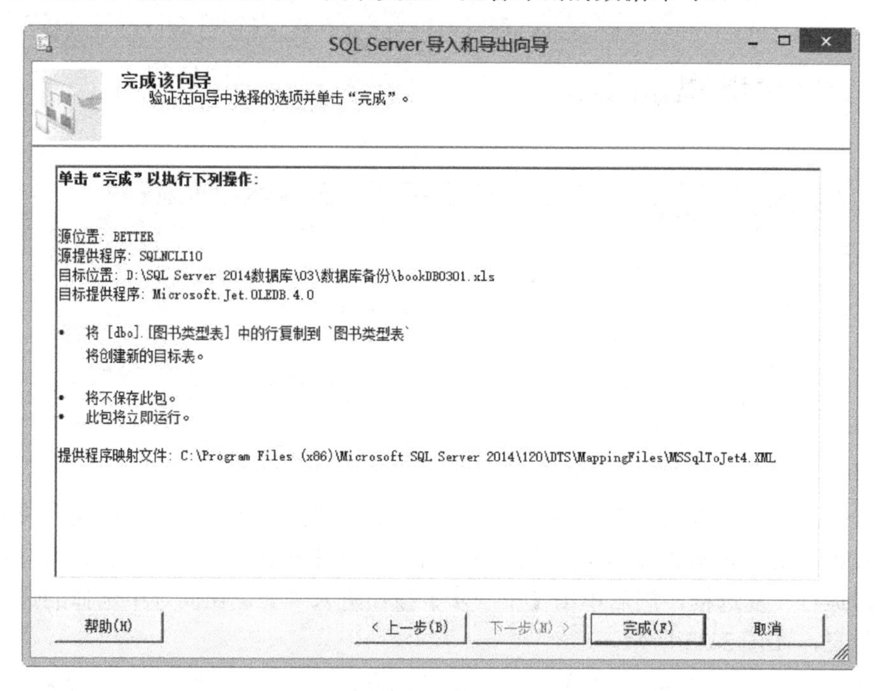

图 3-23　导出数据的“验证在向导中选择的选项”界面

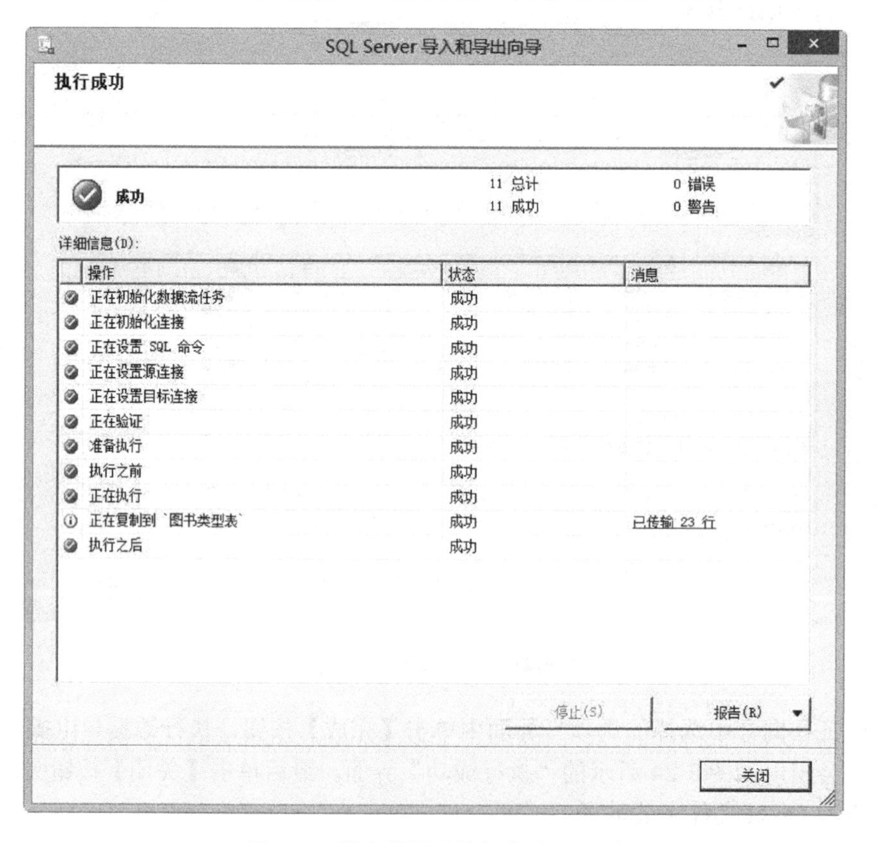

图 3-24　导出数据“执行成功”界面

3.2 查看与修改数据表

【任务 3-2】 查看与修改数据表记录

数据表由多行记录组成，在 SQL Server 2014 的【SQL Server Management Studio】图形界面中可以打开数据表，查看与修改记录数据。

【任务描述】

（1）查看“图书类型”数据表中的记录。

（2）向数据表中新增 10 条记录，待添加的记录数据如表 3-4 所示。

表 3-4　待添加的记录数据

图书类型编号	图书类型代号	图书类型名称	描述信息
1701	TB	一般工业技术	
1702	TD	矿业工程	
1703	TE	石油、天然气工业	
1706	TH	机械、仪表工业	
1711	TN	无线电电子学、电信技术	
1712	TP	自动化技术、计算机技术	
1713	TQ	化学工业	
1714	TS	轻工业、手工业	
1715	TU	建筑科学	
1716	TV	水利工程	

（3）修改“图书类型”数据表中“工业技术”对应的记录，在其“描述信息”字段添加如下内容：工业技术（T）细分为 TB 一般工业技术，TD 矿业工程，TE 石油、天然气工业，TF 冶金工业，TG 金属学、金属工艺，TH 机械、仪表工业，TJ 武器工业，TK 动力工程，TL 原子能技术，TM 电工技术，TN 无线电电子学、电信技术，TP 自动化技术、计算技术，TQ 化学工业，TS 轻工业、手工业，TU 建筑科学，TV 水利工程。

（4）删除“轻工业、手工业”对应的 1 条记录。

（5）删除“矿业工程”，“石油、天然气工业”，“机械、仪表工业”和“建筑科学”对应的 4 行记录。

【任务实施】

1. 查看数据表

（1）打开【记录编辑】窗格

在【对象资源管理器】窗口中依次展开“数据库”→“bookDB03”→“表”文件夹，右键单击数据表名称“dbo.图书类型”，在弹出的快捷菜单中选择【编辑前 200 行】命令。在【SQL Server Management Studio】主窗口的右窗格中打开【记录编辑】窗格，同时在主菜单上添加 1 个“查询设计器”菜单，如图 3-25 所示。

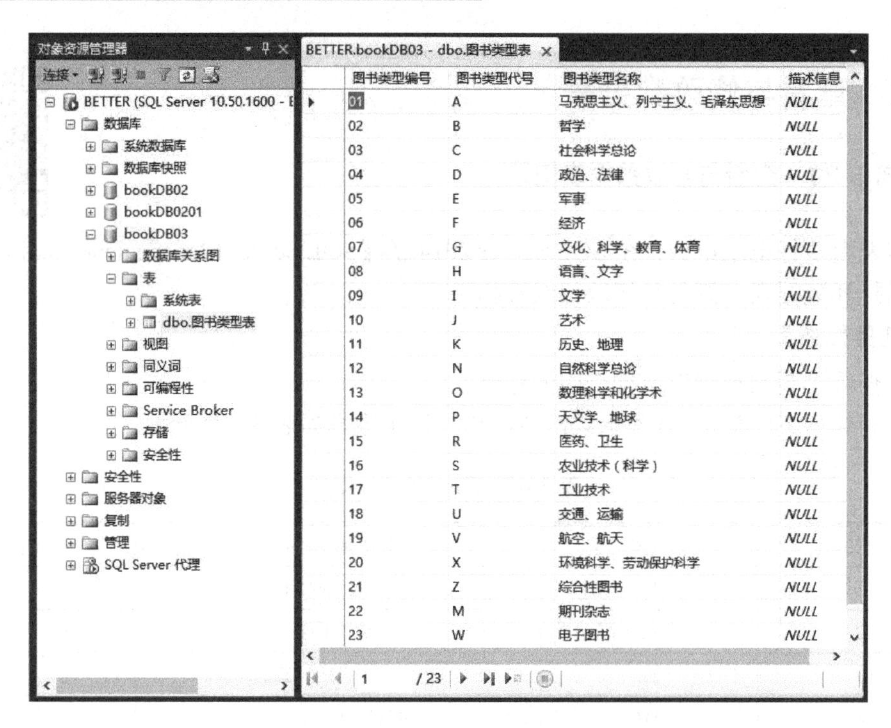

图 3-25　打开【记录编辑】窗格和显示“查询设计器”菜单

（2）查看数据表中的记录

在【记录编辑】窗格中查看“图书类型”数据表中的记录，包括 23 条记录和 4 个字段，字段“描述信息”中没有输入内容，其值为“NULL”。当前记录标有“▶”，最后 1 条标有“*”，为输入新记录的位置，正在输入数据的记录标有“✎”。

2．向数据表中添加记录

将光标置于最后一行空记录位置，然后依次输入数据即可，如图 3-26 所示已输入了 1 条记录数据。

图 3-26　向数据表中添加 1 条新记录

依次向“图书类型”数据表中输入表 3-4 中的数据，且保存输入的记录，如图 3-27 所示。

3．修改数据表中的记录

（1）复制与粘贴记录

在“工业技术”对应的记录选择区域中右键单击，在弹出的快捷菜单中选择【复制】命令，如图 3-28 所示。

然后，在最后一条空记录的记录选择区域中右键单击，在弹出的快捷菜单中选择【粘贴】命令，如图 3-29 所示。此时，复制的记录数据便粘贴到空记录的各个字段中，逐个修改粘贴的数据，然后保存新增的记录数据和修改的数据。

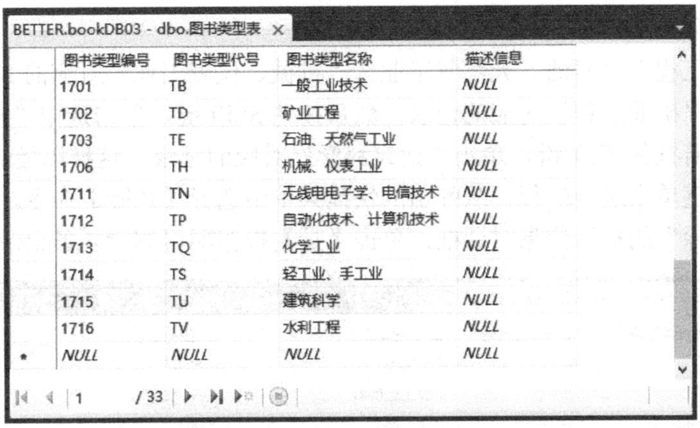

BETTER.bookDB03 - dbo.图书类型表

	图书类型编号	图书类型代号	图书类型名称	描述信息
	1701	TB	一般工业技术	NULL
	1702	TD	矿业工程	NULL
	1703	TE	石油、天然气工业	NULL
	1706	TH	机械、仪表工业	NULL
	1711	TN	无线电电子学、电信技术	NULL
	1712	TP	自动化技术、计算机技术	NULL
	1713	TQ	化学工业	NULL
	1714	TS	轻工业、手工业	NULL
	1715	TU	建筑科学	NULL
	1716	TV	水利工程	NULL
*	NULL	NULL	NULL	NULL

1 / 33

图 3-27 “图书类型”数据表中新增的 9 条记录

执行 SQL(X)　Ctrl+R
剪切(T)　Ctrl+X
复制(Y)　Ctrl+C
粘贴(P)　Ctrl+V
删除(D)　Del
窗格(N)
清除结果(L)
属性(R)　Alt+Enter

图 3-28 在快捷菜单中选择【复制】命令

图 3-29 在快捷菜单中选择【粘贴】命令

提 示

也可以逐个字段复制数据内容，然后进行粘贴操作。

（2）修改描述信息

在【记录编辑】窗格中将光标置于“工业技术”对应的“描述信息”字段中，单击选中“NULL”，然后输入“任务描述”中要求输入的内容，接着保存修改的记录数据。

4．删除记录

（1）删除 1 条记录

在【记录编辑】窗格的“轻工业、手工业”对应的记录选择区域中右键单击，在弹出的快捷菜单中选择【删除】命令，出现如图 3-30 所示的“确认删除”的提示信息对话框，单击【是】按钮则会将选中的记录从数据表删除。

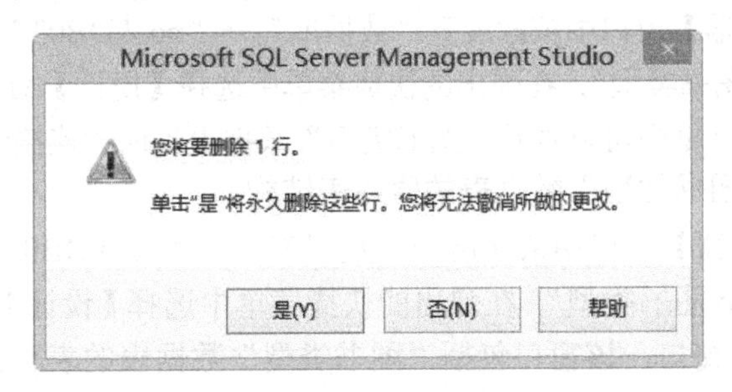

图 3-30 “确认删除”的提示信息对话框

（2）1 次删除多条记录

由于“矿业工程”，“石油、天然气工业”，“机械、仪表工业”对应的 3 条记录为连续记录，可以先选中“矿业工程”对应的记录，然后按住 Shift 键，单击选中“机械、仪表工业”对应的记录。接着按住 Ctrl 键，单击“建筑科学”对应的记录，这样以最快的速度选中了 4 条记录。然后右键单击选中的行，从弹出的快捷菜单中选择【删除】命令，如图 3-31 所示。将出现“确认删除”的提示信息对话框，单击【是】按钮即可删除 4 条记录。

BETTER.bookDB03 - dbo.图书类型表 ×

图书类型编号	图书类型代号	图书类型名称	描述信息
23	W	电子图书	NULL
1701	TB	一般工业技术	NULL
1702	TD	矿业工程	NULL
1703	TE	石油、天然气工业	
1706	TH	机械、仪表工业	
1711	TN	无线电电子学、电信技术	
1712	TP	自动化技术、计算机技术	
1713	TQ	化学工业	
1715	TU	建筑科学	
1716	TV	水利工程	
NULL	NULL	NULL	

执行 SQL(X) Ctrl+R
剪切(T) Ctrl+X
复制(Y) Ctrl+C
粘贴(P) Ctrl+V
删除(D) Del
窗格(N)
清除结果(L)
属性(R) Alt+Enter

31 / 32

图 3-31 选中 4 条记录与选择【删除】命令

单击【记录编辑】窗格右上角的【关闭】按钮☒关闭该窗格即可。

【任务 3-3】 查看与修改数据表结构

数据表创建后，还可以对数据表结构进行必要的修改，例如增加新的字段、删除不需要的字段，修改字段的名称、数据类型、长度、是否允许为 NULL 值、默认值等属性。

【任务描述】

（1）查看“图书类型”数据表的属性。

（2）查看与分析“图书类型”数据表的原始表结构。

（3）修改“图书类型”数据表的表结构。

【任务实施】

1．查看“图书类型”数据表的属性

在【对象资源管理器】窗口中依次展开“数据库”→“bookDB03”→“表”文件夹，右键单击数据表名称“dbo.图书类型”，在弹出的快捷菜单中选择【属性】命令，打开【表属性-图书类型】对话框，在该对话框中可以查看“图书类型”数据表当前的连接参数，创建日期等信息。

2．查看与分析“图书类型”数据表的原始表结构

在【对象资源管理器】窗口中依次展开“数据库”→“bookDB03”→“表”文件夹，右键单击数据表名称“dbo.图书类型”，在弹出的快捷菜单中选择【设计】命令，如图 3-32 所示，打开【表结构设计器】窗口，该窗口包括“图书类型”数据表的表结构和列属性，表结构数据位于上方，当前选中字段的列属性位于下方，如图 3-33 所示。

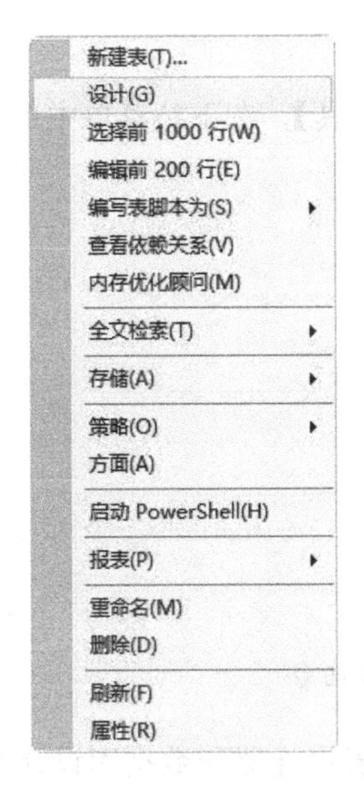

图 3-32 在快捷菜单中选择【设计】命令

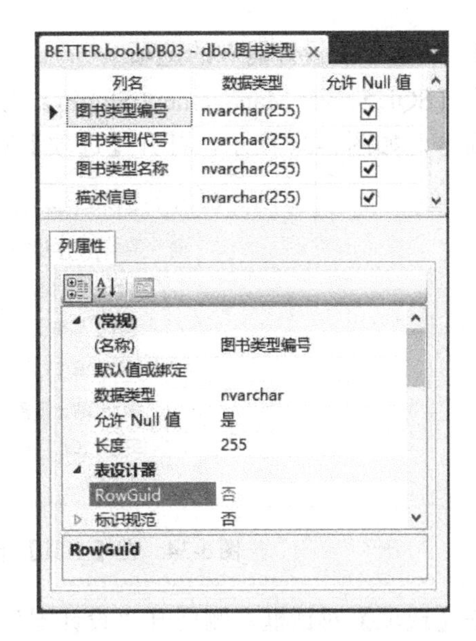

图 3-33 查看“图书类型”数据表的表结构和列属性

由图 3-33 可以看出，表结构的内容主要包括“列名”即字段名称、“数据类型”和数据长度、“允许 NULL 值”。由于“图书类型”数据表是通过“导入数据”方式创建的，“列名”与 Excel 工作表的列名相同，“数据类型”全为“nvarchar”。数据长度全为 255，并且所有字段都允许空，这些结构数据都是在导入数据过程中由 SQL Server 自动定义的，显然不合适，在下一步对表结构进行修改。

在修改“图书类型”数据表的表结构之前，我们先对“图书类型”的数据类型、数据长度和是否允许 NULL 值进行分析和调整。

（1）“图书类型编号”、“图书类型代号”、“图书类型名称”和“描述信息”4 个字段的内容都为字符串类型，这里不考虑是否需要存放 unicode 字符，4 个字段都定义为“varchar”类型。这里暂不考虑设置“图书类型编号”为主键，所以其类型暂设置为“varchar”类型。

（2）“图书类型编号”只考虑一级图书类型和二级图书类型，其长度设置为 4；“图书类型代号”只考虑一级图书类型和二级图书类型，其长度设置为 2；“图书类型名称”根据已有图书类型名称的字符数最长的类型确定，其长度设置为 50；“描述信息”主要存储图书类型的说明性文字，长度设置为 100。

（3）对于图书类型数据，“图书类型编号”、“图书类型代号”和“图书类型名称”在实际使用时都不允许为空，而“描述信息”字段允许为 NULL 值。

“图书类型”数据表的结构数据如表 3-5 所示。

表 3-5 “图书类型”数据表的结构数据

字段名称	数据类型	字段长度	是否允许 Null 值
图书类型编号	varchar	4	否
图书类型代号	varchar	2	否
图书类型名称	varchar	50	否
描述信息	varchar	100	是

3．调整“表设计器”的选项

在【SQL Server Management Studio】主窗口单击主菜单【工具】，在下拉菜单中单击【选项】命令，如图 3-34 所示。打开【选项】对话框。

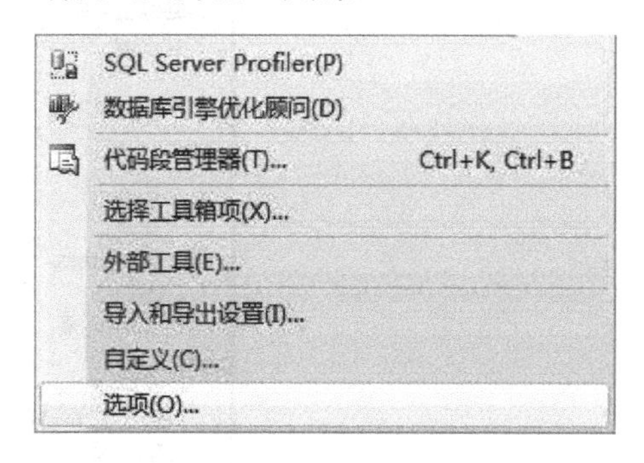

图 3-34　在【工具】下拉菜单中选择【选项】命令

在【选项】对话框左侧展开“设计器”节点，然后单击“表设计器和数据库设计器”节点，在右侧的“表选项”区域中取消“阻止保存要求重新创建表的更改”复选框的选中状态，选中“出现 Null 主键时警告”复选框，如图 3-35 所示。

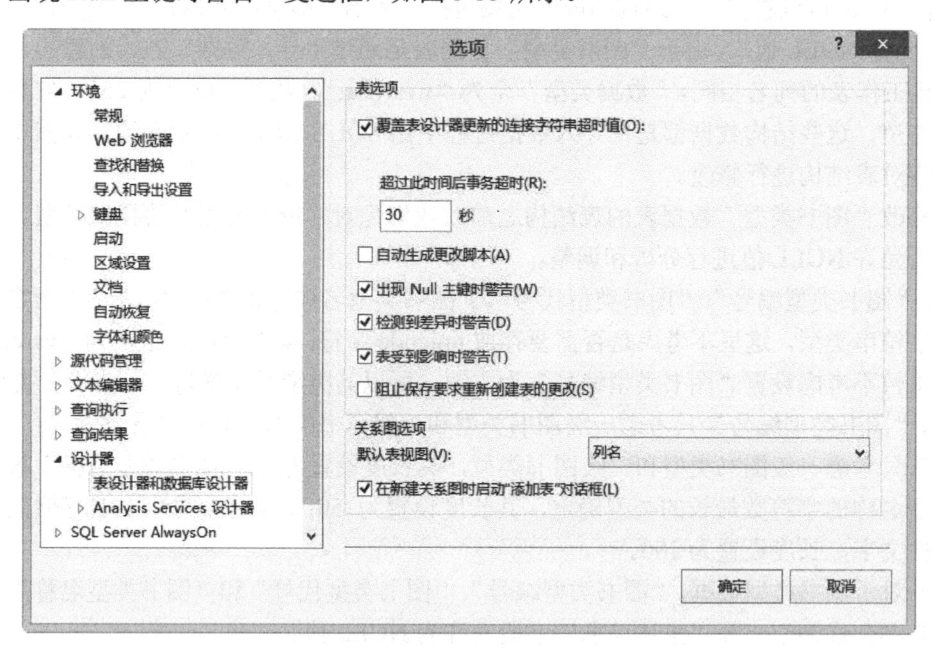

图 3-35　在【选项】对话框中设置表选项

提 示

如果没有取消“阻止保存要求重新创建表的更改”复选框的选中状态，修改数据表的结构数据，保存时会弹出【无法保存表结构更改】对话框。

4．修改“图书类型”数据表的表结构

根据前一步对“图书类型”表结构的分析和调整，对“图书类型”数据表的表结构进行修改。

在【表结构设计器】窗口中将光标置于第 1 个字段的“数据类型”列中，然后单击▼按钮，在“数据类型”下拉列表框中选择所需要的数据类型“varchar”，如图 3-36 所示。

“图书类型编号”字段保持选中状态，将光标置“列属性”区域的“长度”文本框中输入“4”，如图 3-37 所示。

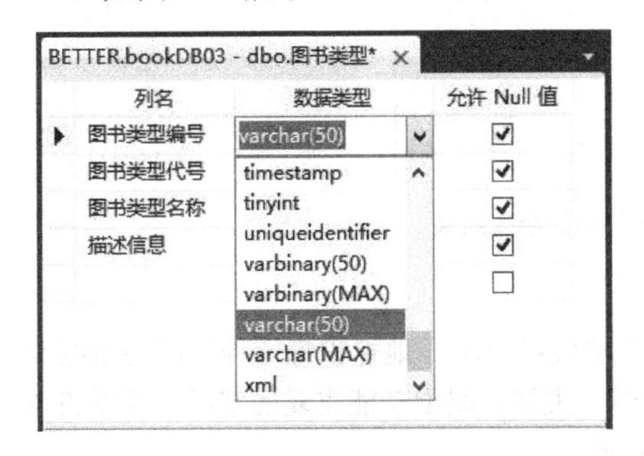

图 3-36　修改“图书类型编号”的数据类型

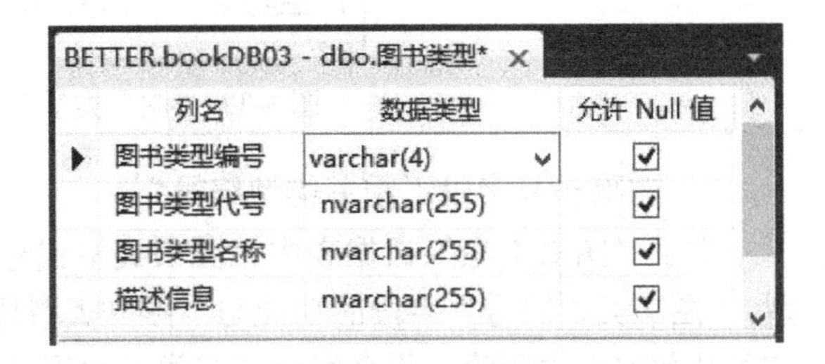

图 3-37　修改“图书类型编号”的长度

单击【标准】工具栏中的【保存】按钮保存表结构的修改，也可以在【文件】菜单中单击【保存 图书类型】命令进行保存。

由于修改了字段类型和长度，保存时会弹出如图 3-38 所示的“可能丢失数据”的【验证警告】对话框，在对话框中单击【是】按钮即可。

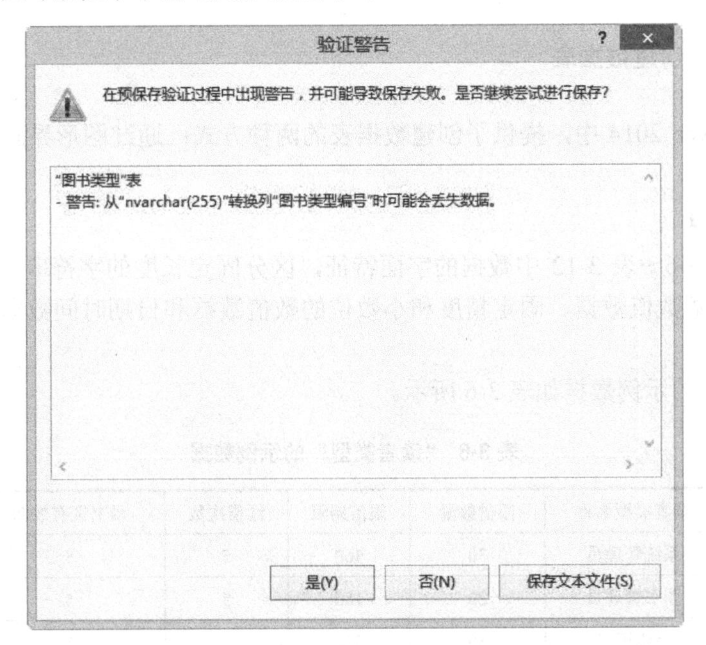

图 3-38　“可能丢失数据”的【验证警告】对话框

以同样的方法，修改其他 3 个字段的数据类型和长度，对于“描述信息”字段在“允许 Null 值”列保持复选框的选中状态，即允许为空，而其他 3 个字段则取消“允许 Null 值”复选框的选中状态，即不允许为空。

“图书类型”表结构的修改结果如图 3-39 所示，单击【标准】工具栏中的【保存】按钮保存表结构的修改，会弹出“可能丢失数据”的【验证警告】对话框，在该对话框中单击【是】按钮即可。

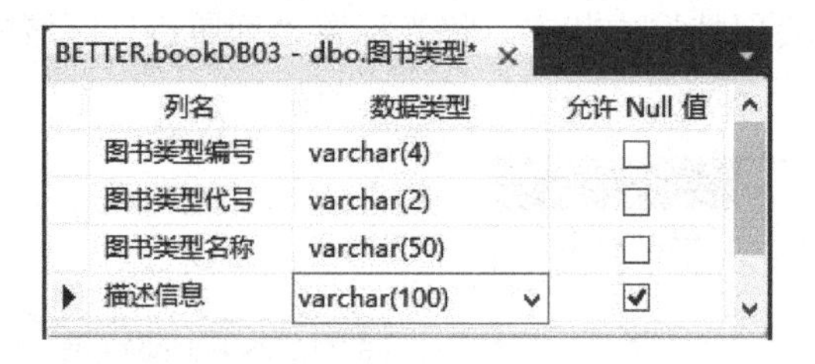

图 3-39 “图书类型”表结构的修改结果

5. 删除已有字段“图书类型编号”

由于“图书类型”数据表中“图书类型代号”字段可以唯一地标识每一种不同的数据类型，“图书类型编号”字段的功能与“图书类型代号”类似，属于功能重复的字段，可以将该字段从数据表中删除，不会影响图书类型数据的存储。

在【表结构设计器】窗口中右键单击待删除的字段“图书类型编号”，在弹出的快捷菜单中单击【删除】命令则可以删除该字段，单击【标准】工具栏中的【保存】按钮保存表结构的修改。

3.3 创建数据表

【任务 3-4】 创建数据表

在 SQL Server 2014 中，提供了创建数据表的两种方式：通过图形界面创建和使用 SQL 语句创建。

【任务描述】

（1）分析表 3-6～表 3-12 中数据的字面特征，区分固定长度的字符串数据、可变长度的字符串数据、整数数值数据、固定精度和小数位的数值数据和日期时间数据，并分类列表加以说明。

“读者类型”的示例数据如表 3-6 所示。

表 3-6 “读者类型”的示例数据

读者类型编号	读者类型名称	限借数量	限借期限	续借次数	借书证有效期	超期日罚金
01	系统管理员	30	360	5	5	1.00
02	图书管理员	20	180	5	5	0.50
03	特殊读者	30	360	5	5	1.00
04	一般读者	20	180	3	3	0.50
05	教师	20	180	5	5	0.50
06	学生	10	180	2	3	0.10

“图书信息”的示例数据如表 3-7 所示，表 3-7 中没有包含“封面图书”和“图书简介”两列数据。

表 3-7 “图书信息”的示例数据

ISBN 编号	图书名称	作者	价格	出版社	出版日期	图书类型
9787121201478	Oracle 11g 数据库应用、设计与管理	陈承欢	37.50	4	2014/7/1	T
9787040393293	实用工具软件任务驱动式教程	陈承欢	26.10	1	2014/11/1	T
9787040302363	网页美化与布局	陈承欢	38.50	1	2015/8/1	T
9787115217806	UML 与 Rosc 软件建模案例教程	陈承欢	25	2	2015/3/1	T
9787115374035	跨平台的移动 Web 开发实战	陈承欢	47.30	2	2015/3/1	T
9787121052347	数据库应用基础实例教程	陈承欢	29	4	2008/12/31	T

“藏书信息”的示例数据如表 3-8 所示。

表 3-8 “藏书信息”的示例数据

图书编号	ISBN 编号	总藏书量	馆内剩余	藏书位置	入库时间
TP7040273144	9787121201478	30	30	A-1-1	2015/6/10
TP7040281286	9787040393293	20	20	A-1-1	2015/9/12
TP7040302363	9787040302363	30	30	A-1-1	2015/9/17
TP7115217806	9787115217806	20	20	A-1-1	2015/9/17
TP7115189579	9787115374035	20	20	A-1-1	2015/5/18
TP7121052347	9787121052347	20	20	A-1-1	2014/9/12
TP7302187363	9787302187363	30	30	A-1-1	2014/10/26
TP7111229827	9787111220827	20	20	A-1-1	2014/5/18

“出版社”的示例数据如表 3-9 所示。

表 3-9 “出版社”的示例数据

出版社 ID	出版社名称	出版社简称	出版社地址	邮政编码	出版社 ISBN
1	高等教育出版社	高教	北京西城区德外大街 4 号	100011	7-04
2	人民邮电出版社	人邮	北京市崇文区夕照寺街 14 号	100061	7-115
3	清华大学出版社	清华	北京清华大学学研大厦	100084	7-302
4	电子工业出版社	电子	北京市海淀区万寿路 173 信箱	100036	7-121
5	机械工业出版社	机工	北京市西城区百万庄大街 22 号	100037	7-111

“借阅者信息”的示例数据如表 3-10 所示。

表 3-10 “借阅者信息”的示例数据

借阅者编号	姓　名	性　别	部门名称
A4488	吉林	男	网络中心
201407320110	安徽	男	软件 1601
A4505	河南	女	计算机系
A4491	黄山	女	图书馆

续表

借阅者编号	姓　名	性　别	部门名称
A4492	张家界	男	计算机系
201507310113	宁夏	女	计算机系
A4495	苏州	男	图书馆

“借书证”的示例数据如表3-11所示，表中省略了“证件编号”数据。

表3-11 “借书证”的示例数据

借书证编号	借阅者编号	姓名	办证日期	读者类型	借书证状态	证件类型	办证操作员
0016584	A4488	吉林	2014/9/21	01	1	身份证	夏天
0016585	201407320110	安徽	2014/10/21	06	1	身份证	夏天
0016586	A4505	河南	2014/9/21	05	1	工作证	夏天
0016587	A4491	黄山	2014/9/21	02	1	身份证	夏天
0016588	A4492	张家界	2014/9/21	05	1	工作证	夏天
0016589	201507310113	宁夏	2014/10/21	06	1	学生证	夏天
0016590	A4495	苏州	2014/9/21	02	1	身份证	夏天

“图书借阅”的示例数据如表3-12所示。

表3-12 “图书借阅”的示例数据

借阅ID	借书证编号	图书编号	借出数量	借出日期	应还日期	借阅操作员	归还操作员	图书状态
1	201507310113	TP7040273144	1	2015/12/20	2011/6/18	吴云	吴云	0
2	201507310113	TP7040281286	1	2015/12/20	2011/6/18	吴云	吴云	1
4	201407320158	TP7040302363	1	2015/12/20	2011/6/18	吴云	吴云	0
5	201507310102	TP7115217806	1	2015/12/20	2011/6/18	吴云	吴云	0
7	201407320111	TP7115189579	1	2015/12/20	2011/6/18	向海	向海	0
8	201407320114	TP7121052347	1	2015/9/21	2011/3/20	向海	向海	0
9	201407320152	TP7302187363	1	2015/9/21	2011/3/20	向海	向海	0
10	201407320152	TP7111229827	1	2015/12/20	2011/6/18	向海	向海	3

（2）深入理解和探讨【知识导读】环节的在SQL Server 2014中确定数据表字段数据类型的方法，归纳几条选择数据类型的基本方法，然后根据所归纳的基本方法设计“读者类型”、“图书信息”、“藏书信息”、“出版社”、“借书证”、“借阅者信息”和“图书借阅”等数据表的列名、数据类型、长度和是否允许Null值。

（3）利用【SQL Server Management Studio】的【表设计器】窗口创建“读者类型”、“图书信息”、“藏书信息”、“出版社”、“借书证”、“借阅者信息”和“图书借阅”等数据表，这里不考虑数据库中数据的完整性问题。“读者类型”数据表只添加6个字段，“借书证有效期”暂不添加。

（4）修改“读者类型”数据表，增加一个字段“借书证有效期”。

（5）利用【SQL Server Management Studio】的【记录编辑】窗口，输入“读者类型”数据表的全部记录，其数据如表3-6所示。

（6）利用【SQL Server Management Studio】的“数据导入”功能，从 Excel 文件 bookDB03.xls 对应工作表导入全部数据。

（7）修改完善数据表中的数据。

【任务实施】

1．分析数据的字面特征和区分数据类型

分析表 3-6～表 3-12 中数据的字面特征，按固定长度的字符串数据、可变长度的字符串数据、整数数值数据、固定精度和小数位的数值数据和日期时间数据对这些数据进行分类，如表 3-13 所示。

表 3-13　对表 3-6～表 3-12 中的数据进行分类

数据类型		数据名称
字符串	固定长度	读者类型编号、邮政编码、性别、读者类型
	可变长度	读者类型名称、ISBN 编号、出版社、图书名称、作者、图书编号、图书类型、图书简介、藏书位置、出版社 ID、出版社名称、出版社简称、出版社地址、出版社 ISBN、借书证编号、借阅者编号、姓名、联系电话、部门名称、证件类型、证件编号、借阅 ID、借阅操作员、归还操作员、办证操作员、封面图片
数值	整数	限借数量、限借期限、续借次数、借书证有效期、总藏书量、馆内剩余、借出数量、是否归还、借书证状态
	固定精度和小数位	超期日罚金、价格
日期时间数据		出版日期、入库日期、借出日期、应还日期、办证日期

2．归纳选择数据类型的基本方法

对【知识导读】环节阐述的在 SQL Server 2014 中确定数据表字段数据类型的方法进行深入理解和探讨，选择数据类型的基本方法归纳如下。

（1）不同的数据类型有其特定的用途，例如日期时间类型存储日期、时间类数据；数值类型存储数值类数据，但对于 ISBN 编号、证件编号、借书证编号、电话号码、邮政编码虽然其字面全为数字，但并不是具有数学含义的数值，定义为字符串类型更合适；借阅 ID、出版社 ID 将定义为自动编号的标识列，其数据类型应定义数值类型。Unicode 字符要比标准字符占用更多的存储空间，SQL Server 将为 Unicode 字符分配双倍的存储空间，只有当真正需要存储 Unicode 字符时，才使用数据类型名称前缀为 *n* 的数据类型。

（2）char(*n*)数据类型是固定长度的。如果定义一个列为 20 个字符长，则将存储 20 个字符。当输入少于定义的字符数 *n* 时，剩余的长度将被空格填满。只有当列中的数据是固定长度（例如邮政编码、电话号码、银行账户等）时才使用这种数据类型。当用户输入的字符串的长度大于定义的字符数 *n* 时，SQL Server 自动截取长度为 *n* 的字符串。例如性别字段定义为 char(2)，这说明该列的数据长度为 2，只允许输入 2 个半角字符或 1 个全角字符（例如“男”或“女”），如果只输入了 1 个半角字符也会占用 2 个字符空间，如果输入的字符多于 2 个半角字符，SQL Server 会从左至右自动截取 2 个字符。

（3）varchar(*n*)数据类型是可变长度，每一条记录允许不同的字符数，最大字符数为定义的最大长度，数据的实际长度为输入字符串的实际长度，而不一定是 *n*。例如一个列定义为 varchar(50)，这说明该列中的数据最多可以有 50 个字符长，即允许输入 50 个半角字符、25

个全角字符或汉字。然而，如果列中只存储了 3 个字符长的字符串，则只会使用 3 个字符的存储空间。这种数据类型适宜于数据长度不固定的情形，例如图书名称、姓名、图书简介等，此时并不在意存储的数据项的长度。varchar 列的最大长度为 8000 字符，如果没有显式指定大小，则默认长度为 1。如果数据数可能会超过 8000 字符，则使用 varbinary(max)数据类型。

（4）在 SQL Server 未来版本中，text、ntext 和 image 三种数据类型可能会删除，建议使用 varchar(max)替代 text 数据类型，使用 nvarchar(max)替代 ntext 数据类型，使用 varbinary(max)替代 image 数据类型。

（5）既然变长数据类型占用存储空间为输入的实际长度，使用非常灵活，为什么还要使用定长数据类型？是因为 SQL Server 排序和操作定长列远比排序和操作变长列快得多。

下面根据所总结的基本方法设计数据表结构。

（1）“读者类型”数据表的结构数据如表 3-14 所示。

表 3-14 “读者类型”数据表的结构数据

字段名称	数据类型	字段长度	是否允许 Null 值
读者类型编号	char	2	否
读者类型名称	varchar	30	否
限借数量	smallint		否
限借期限	smallint		否
续借次数	smallint		否
借书证有效期	smallint		否
超期日罚金	money		否

（2）“图书信息”数据表的结构数据如表 3-15 所示。

表 3-15 “图书信息”数据表的结构数据

字段名称	数据类型	字段长度	是否允许 Null 值
ISBN 编号	varchar	20	否
图书名称	varchar	100	否
作者	varchar	40	是
价格	money		否
出版社	varchar	4	否
出版日期	date		是
图书类型	varchar	2	否
封面图片	varchar	50	是
图书简介	text		是

表 3-15 中的“封面图片”的数据类型定义为“varchar”，用于存储封面图片的存放路径和图片文件名，这里并非存储图片的二进制数据。

（3）“藏书信息”数据表的结构数据如表 3-16 所示。

表 3-16 “藏书信息”数据表的结构数据

字段名称	数据类型	字段长度	是否允许 Null 值
图书编号	char	12	否
ISBN 编号	varchar	20	否
总藏书量	smallint		否
馆内剩余	smallint		否
藏书位置	varchar	20	否
入库时间	datetime		是

（4）“出版社”数据表的结构数据如表 3-17 所示。

表 3-17 “出版社”数据表的结构数据

字段名称	数据类型	字段长度	是否允许 Null 值
出版社 ID	varchar	4	否
出版社名称	varchar	50	否
出版社简称	varchar	16	是
出版社地址	varchar	50	是
邮政编码	char	6	是
出版社 ISBN	varchar	10	是

（5）“借书证”数据表的结构数据如表 3-18 所示。

表 3-18 “借书证”数据表的结构数据

字段名称	数据类型	字段长度	是否允许 Null 值
借书证编号	varchar	7	否
借阅者编号	varchar	20	否
姓名	varchar	20	否
办证日期	date		是
读者类型	char	2	否
借书证状态	char	1	否
证件类型	varchar	20	是
证件编号	varchar	20	是
办证操作员	varchar	20	是

（6）“借阅者信息”数据表的结构数据如表 3-19 所示。

表 3-19 “借阅者信息”数据表的结构数据

字段名称	数据类型	字段长度	是否允许 Null 值
借阅者编号	varchar	20	否
姓名	varchar	20	否

续表

字段名称	数据类型	字段长度	是否允许 Null 值
性别	char	2	是
部门名称	varchar	20	是

（7）“图书借阅”数据表的结构数据如表 3-20 所示。

表 3-20 “图书借阅”数据表的结构数据

字段名称	数据类型	字段长度	是否允许 Null 值
借阅 ID	varchar	6	否
借书证编号	varchar	7	否
图书编号	char	12	否
借出数量	smallint		否
借出日期	date		否
应还日期	date		否
借阅操作员	varchar	20	是
归还操作员	varchar	20	是
图书状态	char	1	否

3. 利用【SQL Server Management Studio】的【表设计器】创建数据表

以创建“读者类型”数据表为例，说明在【SQL Server Management Studio】中创建数据表的方法。

（1）打开【表设计器】

在【对象资源管理器】窗口中依次展开“数据库”→“bookDB03”文件夹，右键单击数据表名称“表”，在弹出的快捷菜单中选择【新建】→【表】命令，如图 3-40 所示，打开【表设计器】，系统创建 1 个默认名称为“Table_1”的数据表，如图 3-41 所示。【表设计器】中的“列名”就是数据表的字段名，“数据类型”是字段值的类型，“允许 Null 值”用来设置该字段中的值是否可以为空。

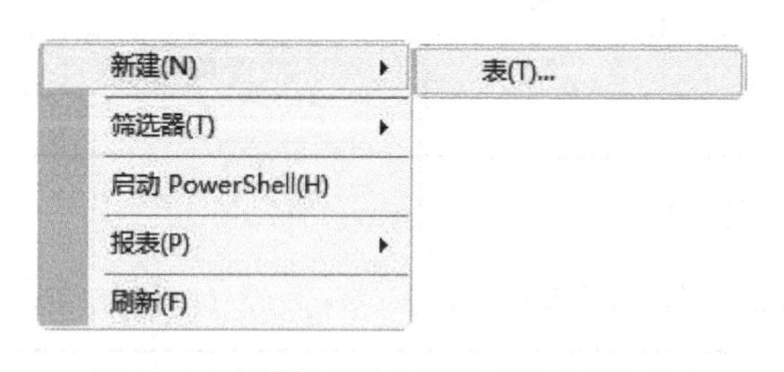

图 3-40 在快捷菜单中选择【新建表】命令

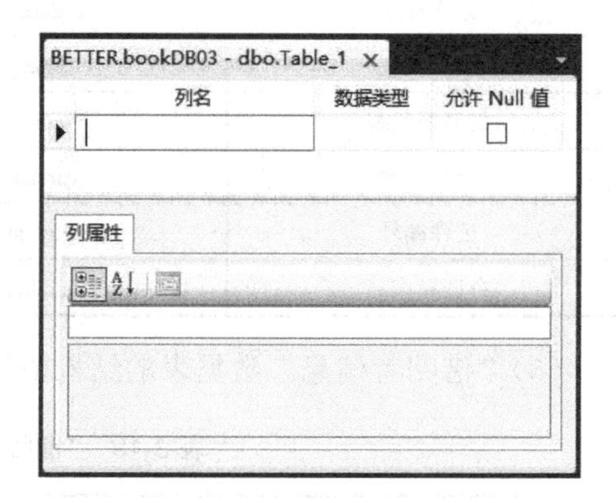

图 3-41 【表设计器】的初始状态

（2）输入数据表的结构数据

首先将光标置于【表设计器】的“列名”单元格中输入字段名“读者类型编号”，然后在

“数据类型”下拉列表框中选择指定的数据类型“char”，接着在“列属性”区域的“长度”文本框中输入“2”，取消“允许 Null 值”对应复选框的选中状态，如图 3-42 所示。

也可以直接在“数据类型”列中括号内输入长度“2”。

按照类似方法，输入表 3-14“读者类型”数据表的结构数据，包括“读者类型名称”、“限借数量”、“限借期限”、“续借次数”和“超期日罚金”等字段，完整的表结构如图 3-43 所示。

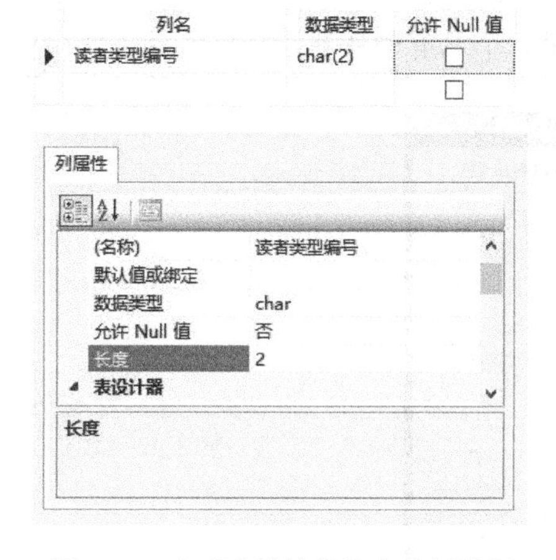

图 3-42　在【表设计器】中选择数据类型和设置长度

列名	数据类型	允许 Null 值
读者类型编号	char(2)	☐
读者类型名称	varchar(...	☐
限借数量	smallint	☐
限借期限	smallint	☐
续借次数	smallint	☐
超期日罚金	money	☐

图 3-43　【表设计器】中“读者类型”数据表的结构数据

（3）保存数据表的结构数据

单击【标准】工具栏中的【保存】按钮或者选择【文件】菜单中的【保存】命令保存数据表的结构数据。在弹出的【选择名称】对话框中输入表名称“读者类型”，如图 3-44 所示，然后单击【确定】按钮即可。

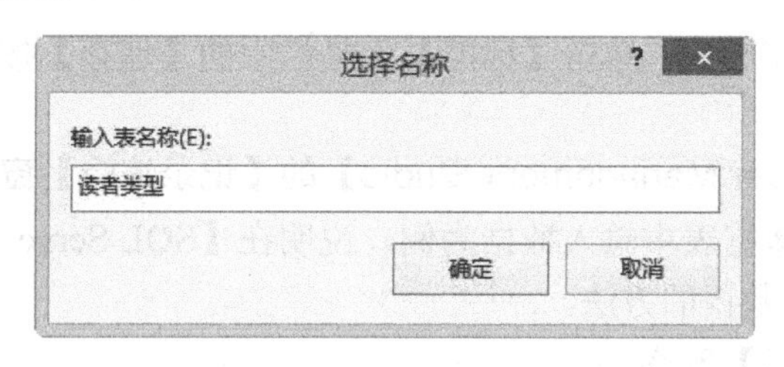

图 3-44　在【选择名称】对话框中输入表名称

在【表设计器】中定义表结构中暂没有为数据表设置主键，将在【任务 3-6】维护数据库的数据完整性中再介绍。

以同样的方法创建“图书信息”、“藏书信息”、“出版社”、“借阅者信息”和“图书借阅”数据表，这里不赘述详细过程。

4．在数据表中插入列

以修改“读者类型”数据表为例，说明在【SQL Server Management Studio】中修改数据表的结构数据的方法。

在【对象资源管理器】窗口中依次展开"数据库"→"bookDB03"→"表"文件夹，右键单击数据表名称"dbo.读者类型"，在弹出的快捷菜单中选择【设计】命令，打开【表设计器】，右键单击"超期日罚金"字段，如图 3-45 所示。在弹出的快捷菜单中单击【插入列】命令则可以插入一个新的字段，在新字段位置的文本框中输入"借书证有效期"，在"数据类型"列表框中选择"smallint"，取消"允许 Null 值"复选框的选中状态。

如果在快捷菜单中单击【删除】命令则可以删除一个已有的字段。

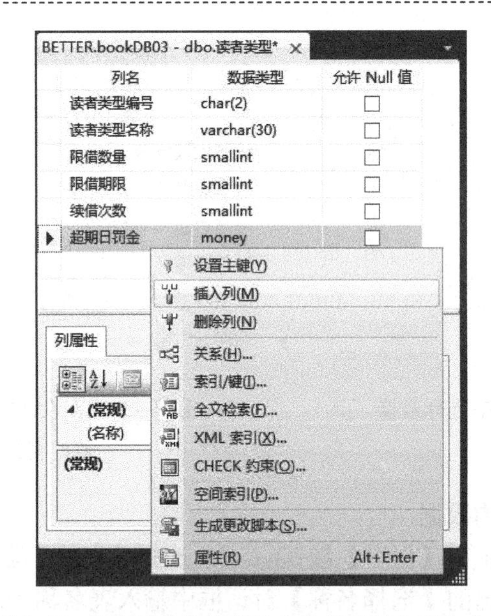

图 3-45　在字段的快捷菜单中选择【插入列】命令

数据表的结构修改完成后，单击【标准】工具栏中的【保存】按钮，保存对结构数据的修改。

5. 利用【SQL Server Management Studio】的【记录编辑】窗格输入数据

以向"读者类型"数据表中输入数据为例，说明在【SQL Server Management Studio】的【记录编辑】窗格中输入数据的方法。

（1）打开【记录编辑】窗格

在【对象资源管理器】窗口中依次展开"数据库"→"bookDB03"→"表"文件夹，右键单击数据表名称"dbo.读者类型"，在弹出的快捷菜单中选择【编辑前 200 行】命令。打开【记录编辑】窗格，如图 3-46 所示。

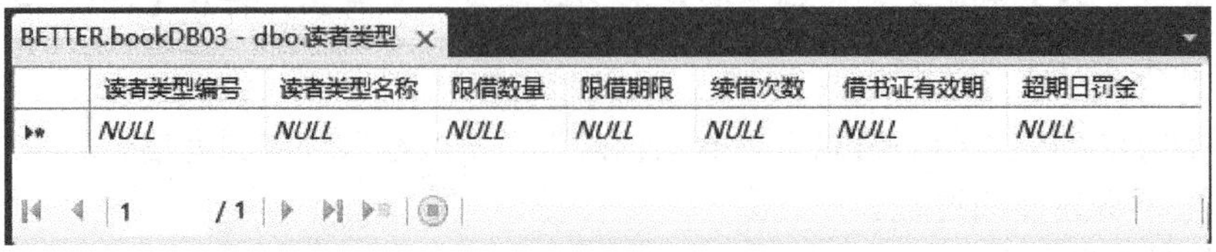

BETTER.bookDB03 - dbo.读者类型

	读者类型编号	读者类型名称	限借数量	限借期限	续借次数	借书证有效期	超期日罚金
▸*	NULL	NULL	NULL	NULL	NULL	NULL	NULL

1 /1

图 3-46　【记录编辑】窗格的初始状态

（2）输入记录数据

在第1行的“读者类型编号”单元格中单击，自动选中“NULL”，然后输入“01”。接着按“→”键，光标移到下一个单元格中输入“系统管理员”，依次按“→”键光标移到其他单元格或者在单元格中直接单击然后输入该记录的其他数据。

光标移到下一行分别输入表3-6中其他的记录数据，数据输入完成后如图3-47所示。

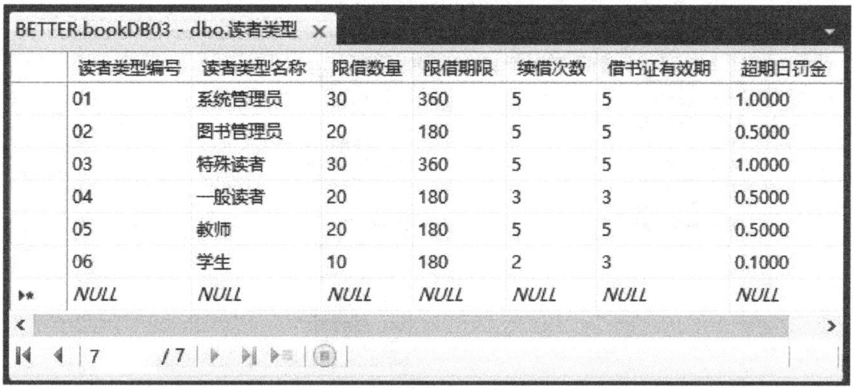

BETTER.bookDB03 - dbo.读者类型

	读者类型编号	读者类型名称	限借数量	限借期限	续借次数	借书证有效期	超期日罚金
	01	系统管理员	30	360	5	5	1.0000
	02	图书管理员	20	180	5	5	0.5000
	03	特殊读者	30	360	5	5	1.0000
	04	一般读者	20	180	3	3	0.5000
	05	教师	20	180	5	5	0.5000
	06	学生	10	180	2	3	0.1000
▸*	NULL	NULL	NULL	NULL	NULL	NULL	NULL

7 /7

图3-47　在【记录编辑】窗格中输入的“读者类型”数据

（3）保存新增的记录数据

单击工具栏中的【执行 SQL】按钮 ! 保存新增的记录数据。

（4）关闭【记录编辑】窗格

单击【记录编辑】窗格右上角的【关闭】按钮 ×，则可以关闭【记录编辑】窗格。

提 示

右键单击【记录编辑】窗格的标题行，在弹出的快捷菜单中选择【关闭】命令也可以关闭当前处于选中状态的【记录编辑】窗格。直接单击【SQL Server Management Studio】主窗口的菜单命令【文件】→【关闭】也可以关闭当前处于选中状态的【记录编辑】窗格。

6. 向已创建的数据表中导入数据

在【SQL Server Management Studio】主窗口的【对象资源管理器】窗口展开“数据库”文件夹，右键单击数据库名称“bookDB03”，在弹出的快捷菜单中选择命令【任务】→【导入数据】，启动【SQL Server 导入和导出向导】，并出现“欢迎”界面。

在【SQL Server 导入和导出向导】的“欢迎”界面单击【下一步】按钮，进入“选择数据源”界面，在“数据源”下拉列表框中选择“Microsoft Excel”选项，在“Excel 文件路径”文本框右侧单击【浏览】按钮，在弹出的【打开】对话框中选择导入数据的Excel文件“bookDB03.xls”，然后单击【打开】按钮，返回【选择数据源】界面。在“Excel版本”列表框中选择“Microsoft Excel 97-2003”，选中复选框“首行包含列名称”。

单击【下一步】按钮，进入“选择目标”界面，在“目标”列表框中选择“SQL Server Native Client 10.0”，在“服务器名称”列表框中选择“BETTER”，“身份验证”选择“使用 Windows 身份验证”，在“数据库”列表框中选择“bookDB03”。

单击【下一步】按钮，进入“指定表复制或查询”界面，选择单选按钮“复制一个或多个表或视图的数据”。

单击【下一步】按钮，进入“选择源表和源视图”界面，在该界面分别选择源工作表“藏书信息”、“出版社”、“借书证”、“借阅者信息”、“图书借阅”和“图书信息”，同时在“目标”下拉列表框中选择对应的目标数据表名称，如图3-48所示。

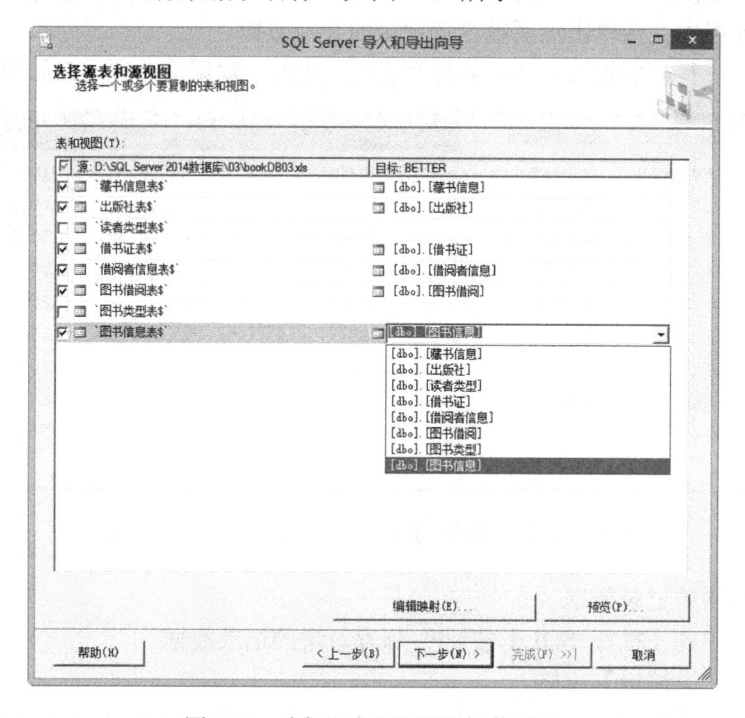

图3-48　选择源表和设置目标数据表

单击【编辑映射】按钮，打开【列映射】对话框，在该对话框中如果向目标表中追加行，则选中“向目标表中追加行”单选按钮；如果需要删除目标表中原有的行，则选中“删除目标表中的行”单选按钮，如图3-49所示，然后单击【确定】按钮关闭该对话框。

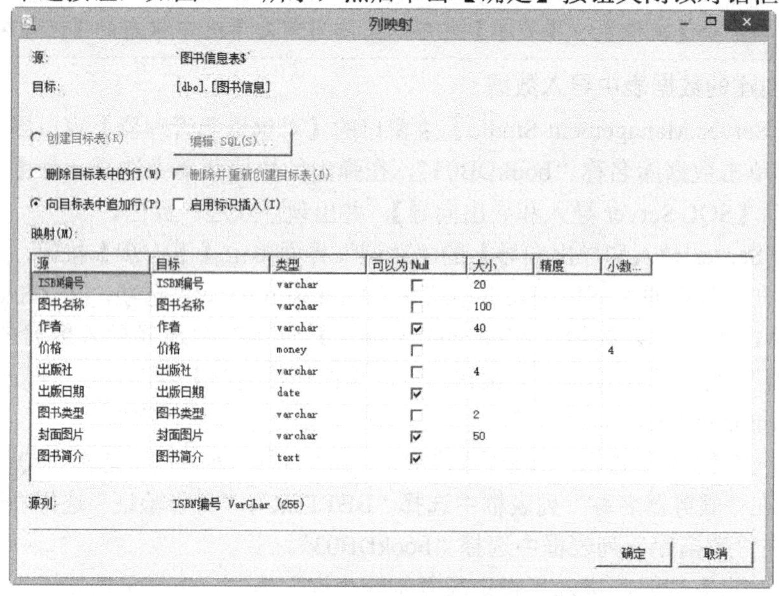

图3-49　【列映射】对话框

单击【下一步】按钮，进入“查看数据类型映射”界面，在该界面查看数据类型映射到目标中的数据类型的方式，同时选择处理转换问题的方式，如图 3-50 所示。

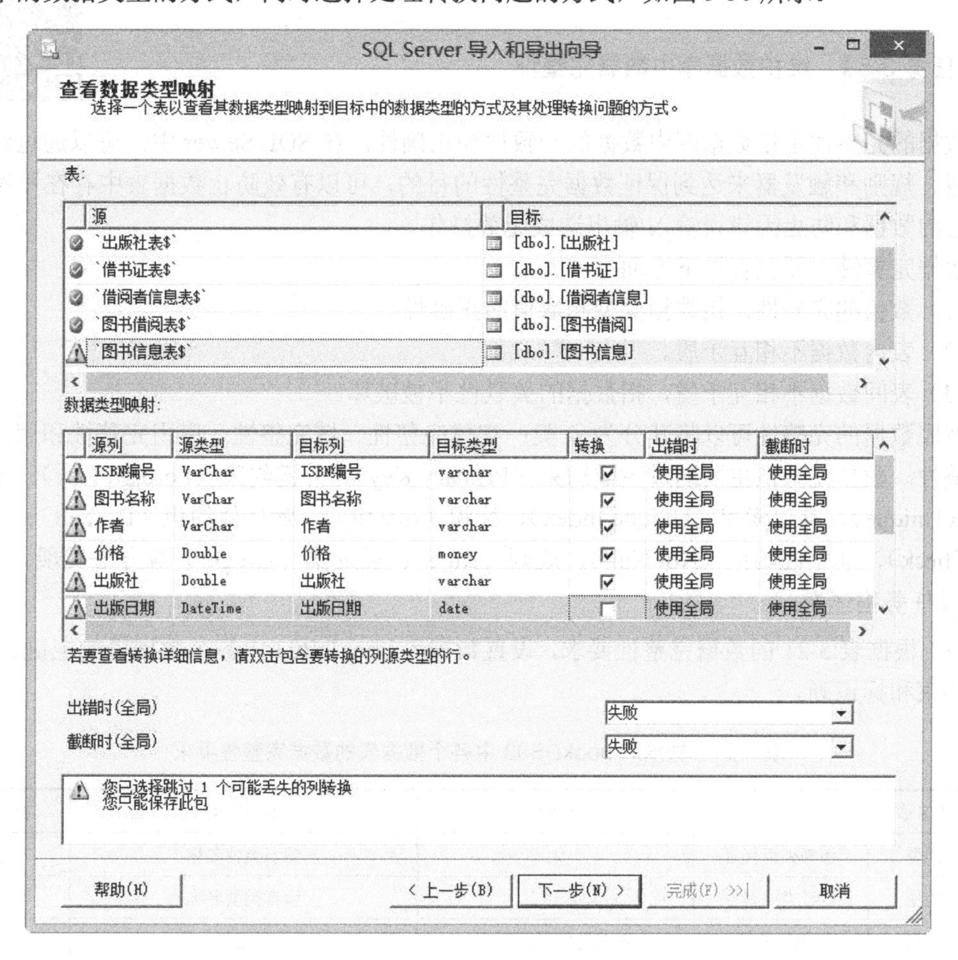

图 3-50　导入数据的“查看数据类型映射”界面

单击【下一步】按钮，进入“保存并运行包”界面，默认选中复选框“立即运行”。

在“保存并运行包”界面中单击【下一步】按钮，进入“验证向导中选择的选项”界面。单击【完成】按钮，开始导入数据，导入数据执行成功后，会出现“执行成功”界面，单击【关闭】按钮即可。

7. 修改数据表的数据

右键单击待修改数据表的名称，在弹出的快捷菜单中选择【编辑前 200 行】命令，打开【记录编辑】窗格，然后进行编辑修改或输入新的数据即可。

如果要删除某一条记录，先单击选中该行数据（如果要删除多条记录，则可以在按住 Ctrl 键的同时，依次选择每行），然后右键单击选中的行，从弹出的快捷菜单中选择【删除】命令，将会弹出“确认删除”的提示信息对话框，在该对话框中单击【是】按钮即可将选中的记录删除。

3.4 维护数据表

【任务 3-5】 维护数据库中数据完整性

数据的完整性是指数据库中数据的一致性和正确性。在 SQL Server 中，可以通过约束、默认值、规则和触发器来达到保证数据完整性的目的，可以有效防止数据表中存在不符合语义规定的数据和防止因错误输入/输出造成无效操作。

数据完整性主要包含以下方面：

（1）数值的完整性，指数据类型和取值的正确性。

（2）表内数据不相互矛盾。

（3）表间数据不相互矛盾，指数据的关联性不被破坏。

按照数据的完整性可以将其分为 4 类：实体完整性、域完整性、引用完整性和用户定义的完整性。数据完整性主要通过主键约束（Primary Key）、外键约束（Foreign Key）、唯一性约束（Unique）、唯一索引（Unique Index）、标识（Identity）、默认值约束（Default）、检查约束（Check）、非空性约束（Not Null）、规则（Rule）、触发器（Trigger）等方法实现。

【任务描述】

（1）根据表 3-21 的数据完整性要求，设置数据库 bookDB03 中各个数据表的主键、外键、唯一约束和标识列。

表 3-21　数据库 bookDB03 中各个数据表的数据完整性要求

数据表名称	主键	外键	唯一约束	标识列
图书类型	图书类型代号	无	图书类型名称	无
读者类型	读者类型编号	无	读者类型名称	无
图书信息	ISBN 编号	图书类型、出版社	无	无
藏书信息	图书编号	ISBN 编号	ISBN 编号	无
出版社	出版社 ID	无	出版社名称、出版社简称	出版社 ID
借书证	借书证编号	借阅者编号，读者类型	证件编号	无
借阅者信息	借阅者编号	无	无	无
图书借阅	借阅 ID	借阅者编号、图书编号	无	借阅 ID

（2）设置“借书证”数据表中“证件类型”的默认值为“身份证”。

（3）设置“图书借阅”数据表中“借出数量”的默认值为“1”，设置“图书状态”只能为“0、1、2、3”四种状态之一。

（4）设置“借阅者信息”数据表中的“性别”字段值限制为“男”或者“女”。

（5）设置“藏书信息”数据表中的“馆内剩余”必须小于或者等于“总藏书量”。

（6）设置“藏书信息”数据表中的“入库时间”必须小于当前系统日期。设置“图书信息”数据表中的“出版日期”，“图书借阅”数据表中的“借出日期”和“应还日期”，“借书证”数据表中的“办证日期”都必须小于当前日期。

NULL 和 NOT NULL 约束已在创建数据表时设置时，本任务不再介绍。

【任务实施】

1．设置数据库 bookDB03 中各个数据表的主键

（1）设置“图书类型”数据表的主键

在【对象资源管理器】窗口中依次展开“数据库”→“bookDB03”→“表”文件夹，右键单击数据表名称“dbo.图书类型”，在弹出的快捷菜单中选择【设计】命令，打开【表设计器】。

在【表设计器】中，选中字段“图书类型代号”，然后在【表设计器】工具栏中单击【设置主键】按钮，设置“图书类型代号”字段为该数据表主键，被设置的主键字段左端会出现一个“钥匙”形状的标识。单击“标准”工具栏中的【保存】按钮，保存主键的设置。如果设置的主键没有保存，关闭【表设计器】时会弹出如图 3-51 所示的“提示保存更改”的对话框。

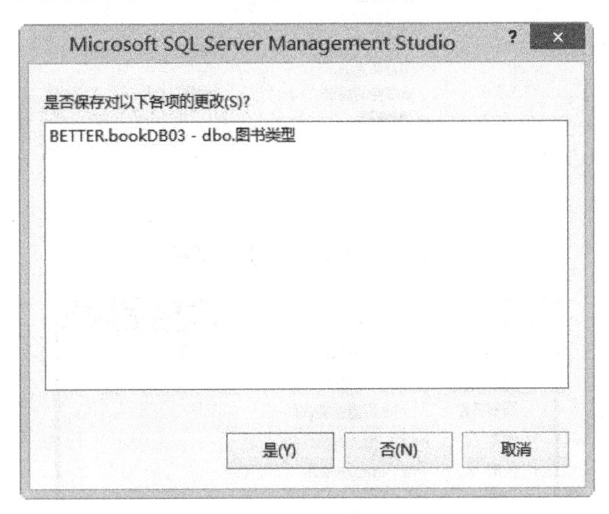

图 3-51　“提示保存更改”的对话框

提 示

此时，【表设计器】工具栏中的【设置主键】按钮便变为【删除主键】按钮，选中主键字段，单击工具栏中的【删除主键】按钮即可取消主键设置。

（2）设置“读者类型”数据表的主键

打开“读者类型”数据表的【表设计器】窗口，选中字段“读者类型编号”，然后选择菜单命令【表设计器】→【设置主键】，如图 3-52 所示，接着保存主键的设置即可。

设置好数据表的主键后，如果需要修改主键的设置，则在【表设计器】窗格中单击右键，在弹出的快捷菜单中选择【索引/键】命令，打开【索引/键】对话框，从对话框左侧列表中选中主键，在对话框右侧进行相应属性的修改，如图 3-53 所示。修改完成后，单击【关闭】按钮即可。

图 3-52　在菜单【表设计器】中选择【设置主键】命令

（3）设置“图书信息”数据表的主键

打开“图书信息”数据表的【表设计器】窗口，右键单击字段“ISBN 编号”，在弹出的快捷菜单中选择【设置主键】命令，如图 3-54 所示，然后保存主键的设置即可。

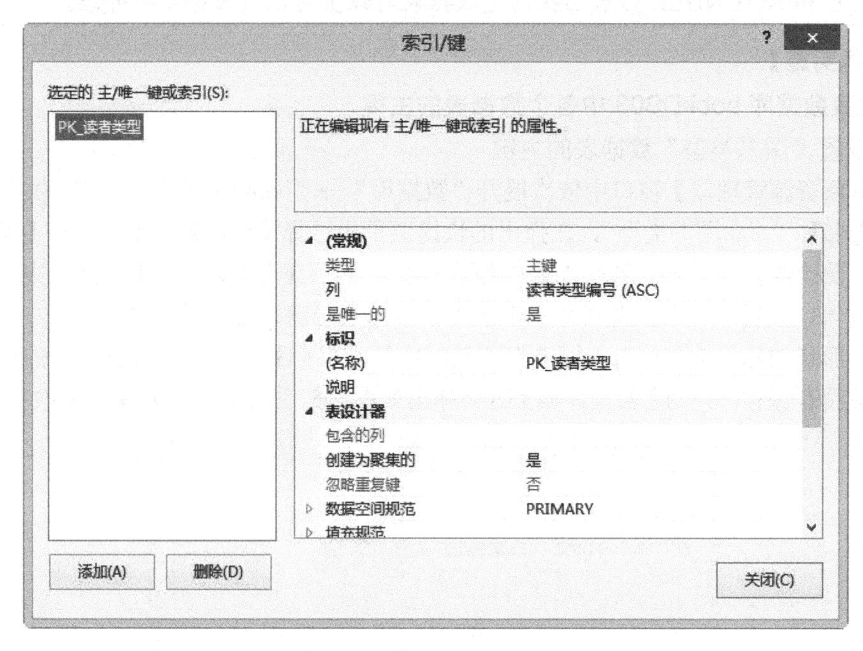

图 3-53 【索引/键】对话框

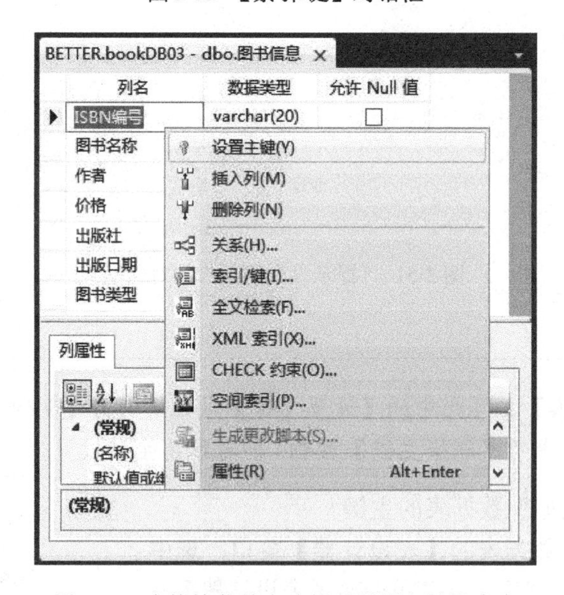

图 3-54 在快捷菜单中选择【设置主键】命令

选择合适的方法为“藏书信息”、“出版社”、“借阅者信息”和“图书借阅”数据表设置主键。

2. 设置数据表外键

“图书信息”数据表的外键分别为“图书类型”和“出版社”，分别对应“图书类型”数据表的“图书类型代号”和“出版社”数据表“出版社 ID”，下面利用【SQL Server Management Studio】设置外键。

打开“图书信息”数据表的【表设计器】，右键单击字段“图书类型”，从弹出的快捷菜单中选择【关系】命令，弹出的【外键关系】对话框如图 3-55 所示。在该对话框中单击左下角的【添加】按钮。

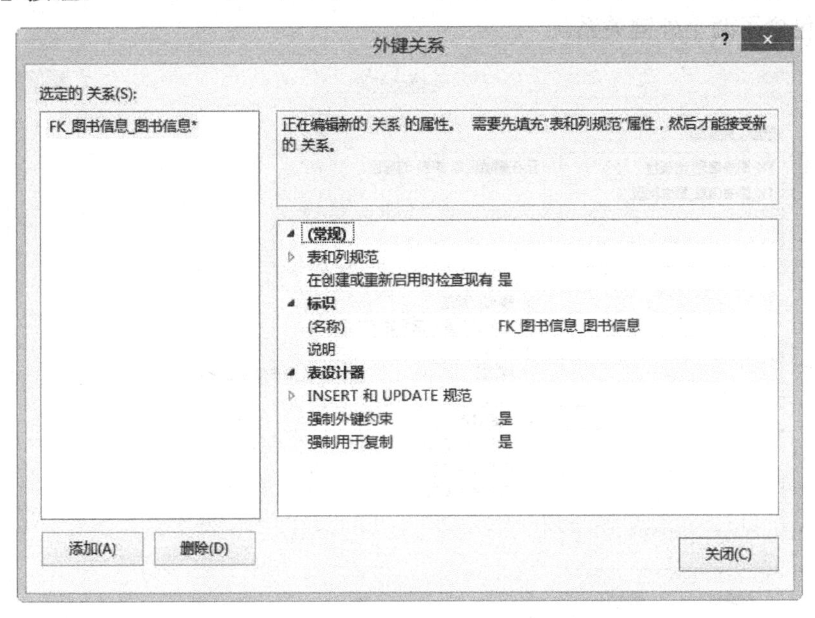

图 3-55　在【外键关系】对话框中添加关系

打开【外键关系】对话框，在该对话框中将光标置于右侧窗格的“表和列规范”单元格中，然后单击右侧的按钮，弹出【表和列】对话框，在该对话框设置“关系名”为“FK_图书信息_图书类型”，在“主键表”下拉列表框中选择“图书类型”，“主键表”选择“图书类型代号”，“外键表”选择“图书信息”表中的“图书类型”，如图 3-56 所示，然后单击【确定】按钮返回【外键关系】对话框。

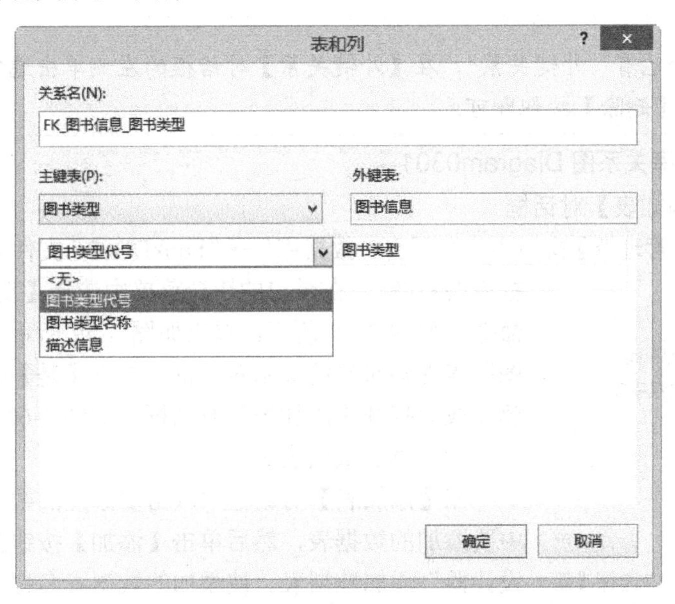

图 3-56　【表和列】对话框

在【外键关系】对话框中单击【关闭】按钮关闭该对话框，然后单击【标准】工具栏中的【保存】按钮，创建该外键关系。

按照同样的操作方法，创建另一个外键“出版社”，【外键关系】对话框如图3-57所示，该对话框中包含了两个外键关系。

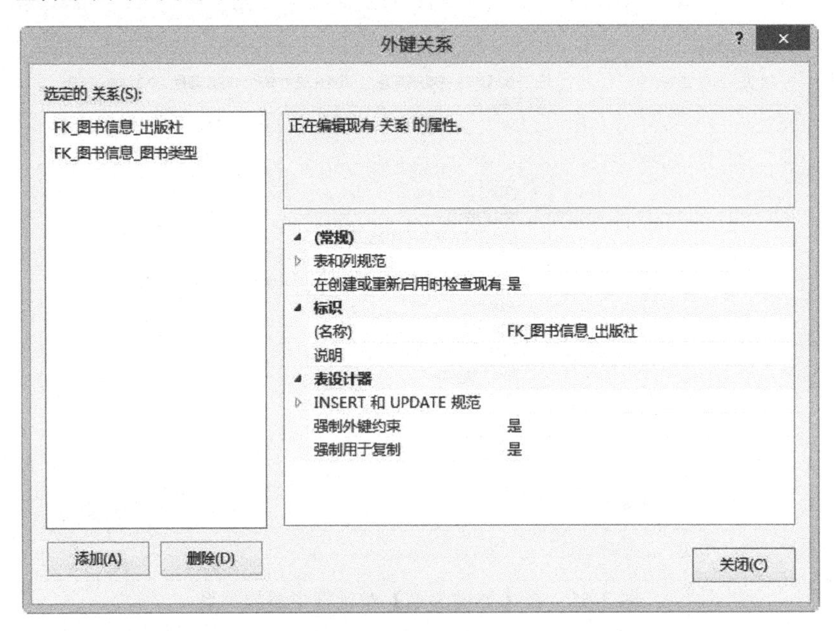

图3-57　添加两个“外键关系”的【外键关系】对话框

根据表3-21中的外键要求分别创建“图书信息”表与“藏书信息”表之间的“外键关系”、“借阅者信息”表与“借书证”表之间的“外键关系”、“图书借阅”表与“借阅者信息”表及“图书信息”表之间的“外键关系”。

提 示

如果要删除已有“外键关系”，在【外键关系】对话框的左侧单击选中一个“外键关系”，然后单击【删除】按钮即可。

3. 创建数据库关系图Diagram0301

（1）打开【添加表】对话框

在【对象资源管理器】窗口中依次展开“数据库”→“bookDB03”文件夹，右键单击“数据库关系图”，在弹出的快捷菜单中选择【新建数据库关系图】命令，如图3-58所示，弹出如图3-59所示的创建数据库关系图所需支持对象的提示对话框，单击【是】按钮，支持对象创建完成后打开【添加表】对话框，如图3-60所示。

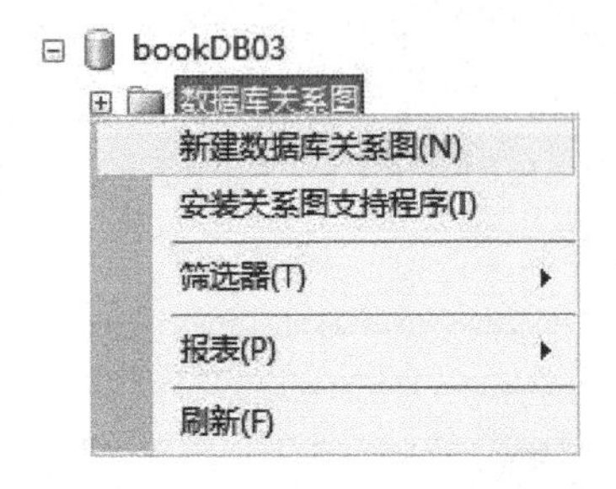

图3-58　在快捷菜单中选择【新建数据库关系图】命令

（2）添加数据表

在【添加表】对话框中双击要添加的数据表名称，或者选中要添加的数据表，然后单击【添加】按钮都可以向“关系图设计器”添加数据表。被添加的数据表名称将不再出现在【添加表】对话框中，数据表添加完成后单击【关闭】按钮即可。

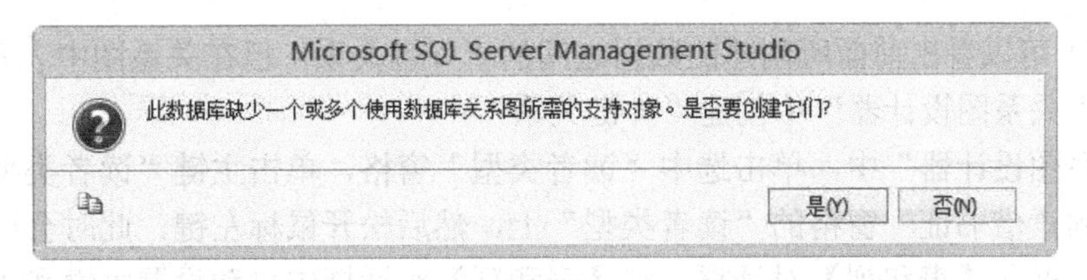

图 3-59　创建数据库关系图所需支持对象的提示对话框

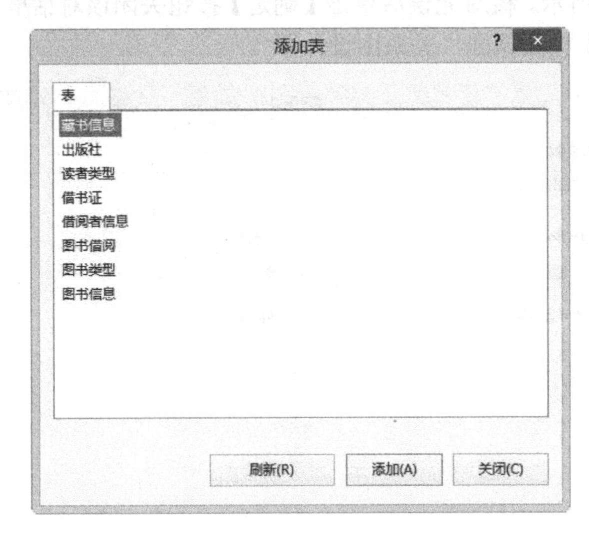

图 3-60　在【添加表】对话框中添加所需的数据表

（3）在关系图中查看已有的“外键关系”

在“关系图设计器”中调整各个数据表窗格的大小和位置，如图 3-61 所示。

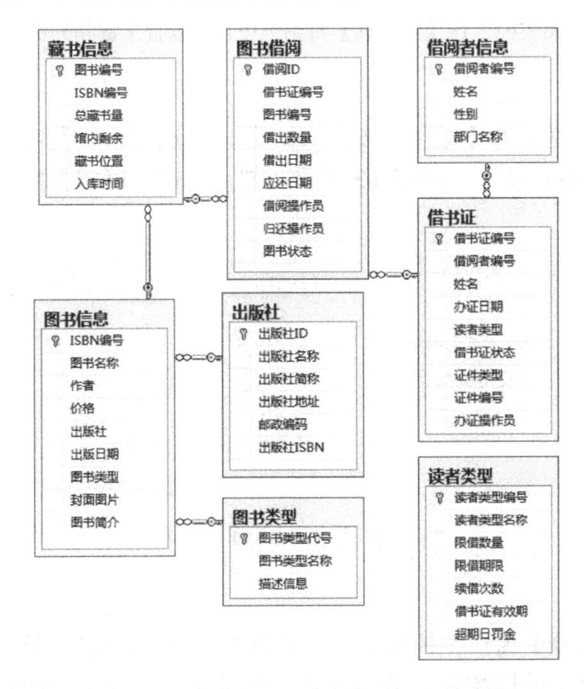

图 3-61　“关系图设计器”中的多个数据表窗格

由图 3-61 可以看出前面所创建的数据之间的“外键关系”已在关系图中表示出来。

（4）在“关系图设计器”中创建“外键关系”

在“关系图设计器”中，单击选中“读者类型”窗格，单击主键“读者类型编号”并按住左键拖动到“借书证”窗格的“读者类型”上，然后松开鼠标左键，此时会同时弹出【外键关系】对话框和【表和列】对话框。在【表和列】对话框中自动设置主键和外键，同时显示关系名，如图 3-62 所示。核对无误后单击【确定】按钮关闭该对话框，然后在【外键关系】对话框中单击【确定】按钮返回“关系图设计器”。

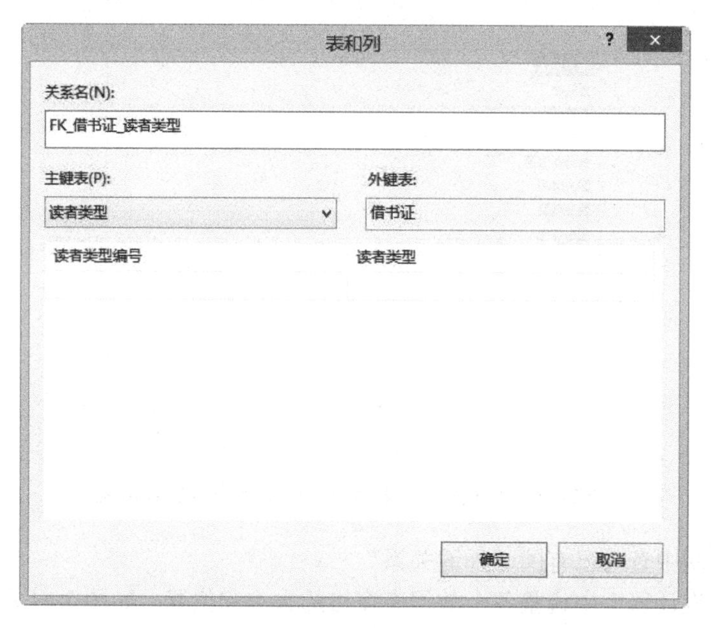

图 3-62　在【表和列】对话框中自动设置主键和外键

（5）保存关系图

单击【标准】工具栏中的【保存】按钮，弹出【选择名称】对话框，在该对话框中输入关系图名称“Diagram0301”，如图 3-63 所示。然后单击【确定】按钮，保存创建的关系图和外键关系。

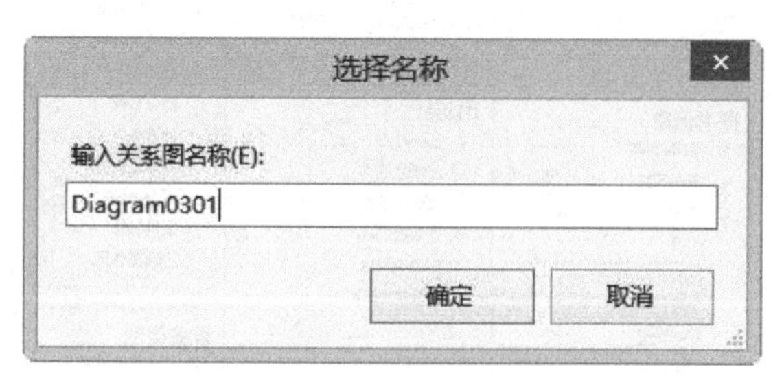

图 3-63　【选择名称】对话框

4．创建唯一约束

在【对象资源管理器】窗口中依次展开“数据库”→“bookDB03”→“表”文件夹，右键单击数据表名称“dbo.图书类型”，在弹出的快捷菜单中选择【设计】命令，打开【表设计器】对话框。在该对话框中右键单击需要创建唯一约束的字段“图书类型名称”，从弹出的快捷菜单中选择【索引/键】命令，如图 3-64 所示，弹出【索引/键】对话框。

图 3-64　在弹出的快捷菜单中选择【索引/键】命令

在【索引/键】对话框中，单击【添加】按钮，在左侧列表框中添加一个“IX_图书类型”，在右侧窗格的“类型”下拉列表框中选中“唯一键”即可，如图 3-65 所示。

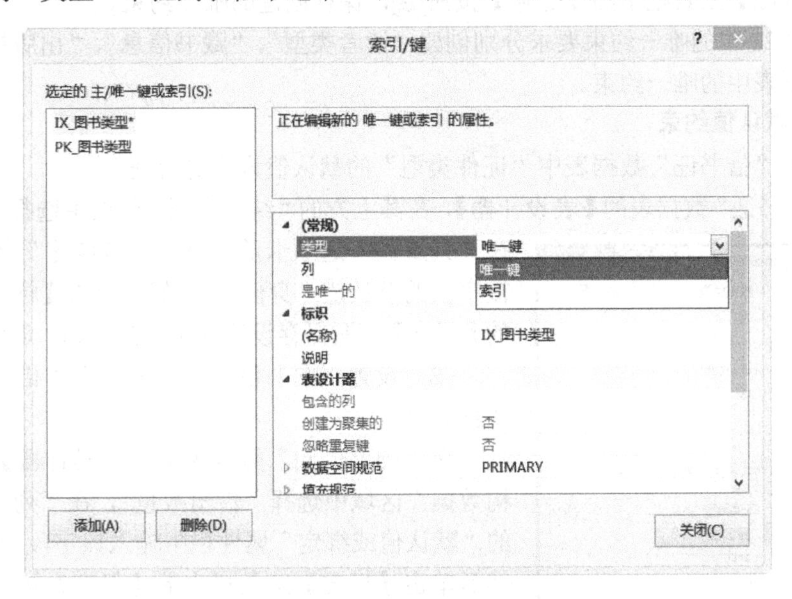

图 3-65　在【索引/键】对话框中添加唯一约束

在【索引/键】对话框中，单击“列”选项右侧的...按钮，在弹出的【索引列】对话框中选择“列名”为“图书类型名称”，此外还可设置排序方式，如图 3-66 所示。然后单击【确定】按钮关闭【索引列】对话框，返回【索引/键】对话框。

在【索引/键】对话框的“(名称)”选项栏中设置索引名称，然后单击【关闭】按钮返回【表设计器】中。

提 示

如果需要删除唯一键，则在【索引/键】对话框的左侧列表框选中需删除的唯一键，然后单击【删除】按钮即可。

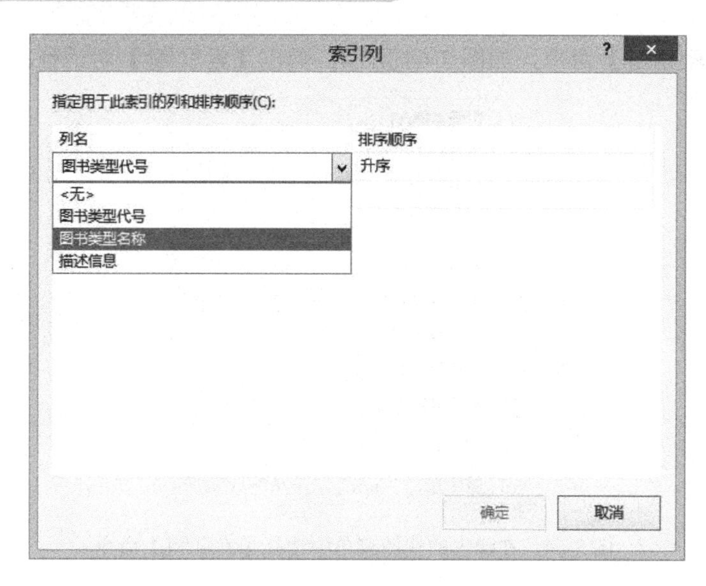

图 3-66　在【索引列】对话框中选择“列名”

单击【标准】工具栏中的【保存】按钮，保存创建的唯一约束。

根据表 3-21 中的唯一约束要求分别创建“读者类型”、“藏书信息”、“出版社”和“借阅者信息”数据表中的唯一约束。

5. 设置默认值约束

（1）设置“借书证”数据表中“证件类型”的默认值为“身份证”。

打开“借书证”数据表的【表设计器】，在其上方的“结构数据”区域中选择“证件类型”，在“列属性”选项卡的“默认值或绑定”属性栏中输入该字段的默认值“身份证”，然后单击【标准】工具栏中的【保存】按钮保存设置的字段默认值，如图 3-67 所示。

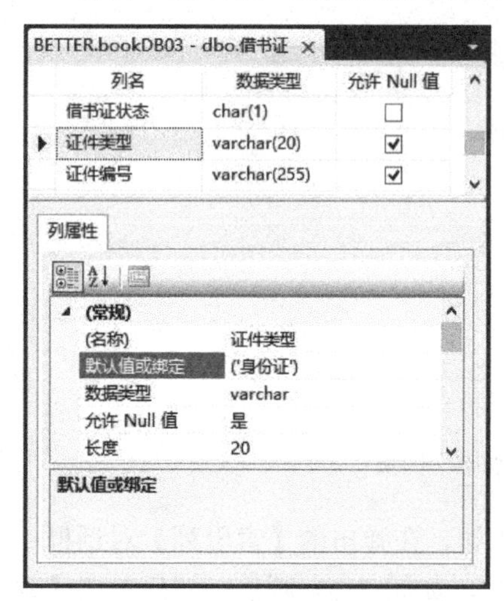

图 3-67　在“列属性”选项卡中设置默认值

（2）设置“图书借阅”数据表中“借出数量”的默认值为“1”。

在“图书借阅”数据表的【表设计器】上方的“结构数据”区域中选择“借出数量”，在“列属性”选项卡的“默认值或绑定”属性栏中输入该字段的默认值“1”，然后单击【标准】工具栏中的【保存】按钮保存设置的字段默认值。

6. 设置自动编号的标识列

SQL Server 为自动进行顺序编号引入了自动编号的 Identity 属性。具有 Identity 属性的字段称为标识列，其取值称为标识值，具有如下特点：

Identity 列的数据类型只能为 tinyint、smallint、int、bigint、decimal 和 numeric。当为 decimal 和 numeric 类型时，不允许有小数位。当向表中插入新的一行记录时，不必也不能向具有 Identity 属性的列输入数据，系统将自动在该列添加一个按规定间隔递增或递减的数据。每个数据表至多有一列具有 Identity 属性，且该列不能为空，不允许具有默认值、不能由用户更新。

打开“图书借阅”数据表的【表设计器】，首先修改“借阅ID”的数据类型为“int”，然后在“列属性”选项卡中单击“标识规范”左侧的“+”，展开该节点，然后在“(是标识)”下拉列表框中选择“是”，此时“标识增量”和“标识种子”自动设置为“1”，如图3-68所示，在此也可以修改标识增量和标识种子的值。

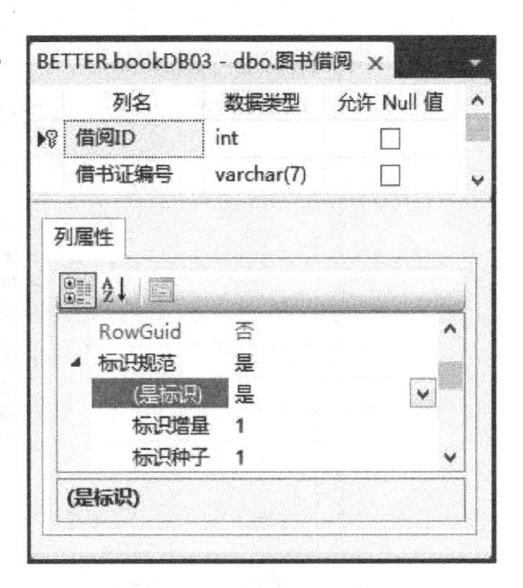

图3-68　在【表设计器】中设置自动编号的标识列

然后单击【标准】工具栏中的【保存】按钮保存设置的标识列。

按照同样的方法为“出版社”数据表的“出版社ID”字段设置标识列。

7. 设置检查约束（Check约束）

Check约束用来限制输入一列或多列的可能值，从而强制实现域的完整性。也就是说，一个列的输入内容必须满足Check约束的条件，否则无法正常输入数据。可以在单个列上设置多个Check约束，还可以通过在表级创建Check约束，将一个Check约束应用于多个列。

（1）设置“借阅者信息”数据表中“性别”字段值限制为“男”或者“女”。

打开“借阅者信息”数据表的【表设计器】，右键单击字段“性别”，从弹出的快捷菜单中选择【CHECK约束】命令，弹出【CHECK 约束】对话框。在该对话框中单击左侧的【添加】按钮，在右侧窗格的“表达式”文本框中直接输入CHECK约束的表示式，即“性别='男' OR 性别='女'”，也可以单击“表达式”右侧的...按钮，在弹出的【CHECK 约束表达式】对话框中编辑CHECK约束的表达式，如图3-69所示，表达式编辑完成后单击【确定】按钮关闭该对话框返回【CHECK 约束】对话框。

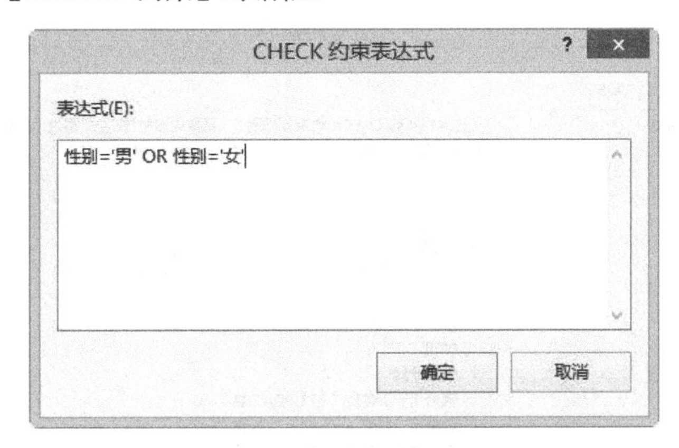

图3-69　在【CHECK 约束表达式】对话框中编辑CHECK约束的表达式

在“(名称)”文本框中设置约束名称“CK_借阅者信息”，也可以采用默认的约束名称，在“说明”文本框中输入描述约束的文字“性别只能为男或者女”，然后在“表设计器”区域中设置应用约束的时机，如图3-70所示。设置完成后单击【关闭】按钮返回【表设计器】，然后单击【标准】工具栏中的【保存】按钮保存设置的CHECK约束。

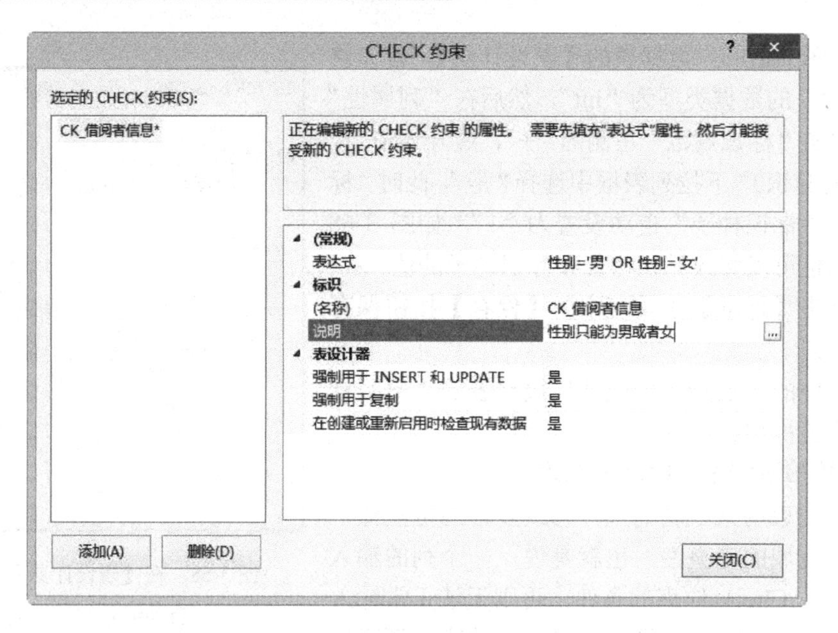

图 3-70 在【CHECK 约束】对话框中设置“性别”字段的检查约束

（2）设置“图书借阅”数据表的“图书状态”只能为“0、1、2、3”四种状态之一。

“图书管理系统”中的“图书状态”一般有四种：借出、续借、损坏、丢失，分别用 0、1、2、3 表示。

打开“图书借阅”数据表的【表设计器】，右键单击字段“图书状态”，从弹出的快捷菜单中选择【CHECK 约束】命令，弹出【CHECK 约束】对话框，在该对话框中先添加一个 CHECK 约束，然后设置 CHECK 约束的表示式为“图书状态 between 0 and 3”或者“图书状态>=0 and 图书状态<=3”，如图 3-71 所示。

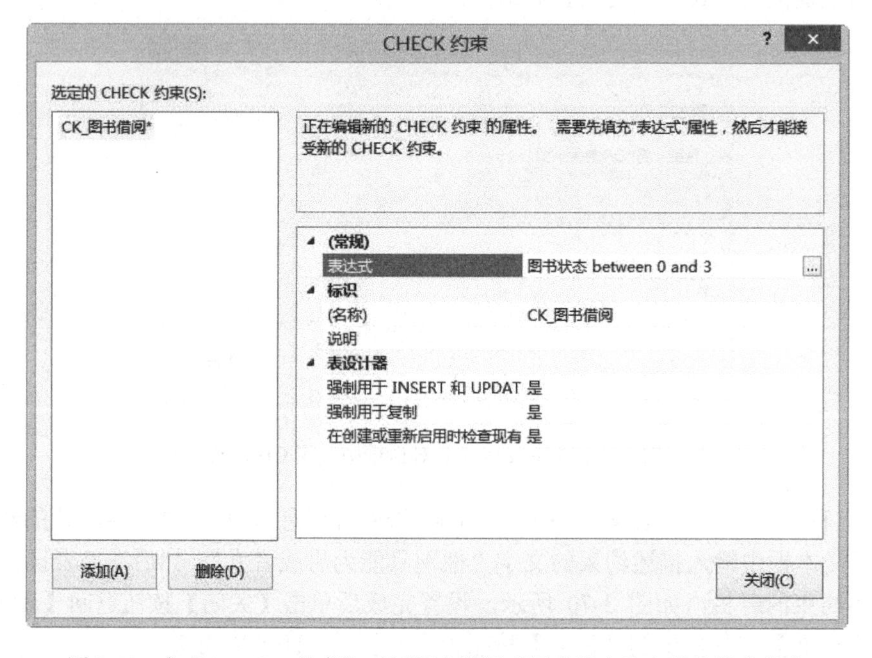

图 3-71 在【CHECK 约束】对话框中设置“图书状态”字段的检查约束

设置完成后单击【关闭】按钮返回【表设计器】，然后单击【标准】工具栏中的【保存】按钮保存设置的CHECK约束。

（3）设置“藏书信息”数据表中的“馆内剩余”必须小于或者等于“总藏书量”。

打开“藏书信息”数据表的【表设计器】，右键单击字段“馆内剩余”，从弹出的快捷菜单中选择【CHECK 约束】命令，弹出【CHECK 约束】对话框，在该对话框中先添加一个CHECK约束，然后设置CHECK约束的表示式为“馆内剩余<总藏书量”。

设置完成后单击【关闭】按钮返回【表设计器】，然后单击【标准】工具栏中的【保存】按钮保存设置的CHECK约束。

（4）设置检查日期的CHECK约束。

打开“藏书信息”数据表的【表设计器】，右键单击字段“入库时间”，从弹出的快捷菜单中选择【CHECK 约束】命令，弹出【CHECK 约束】对话框，在该对话框中先添加一个CHECK约束，然后设置CHECK约束的表示式为“入库时间<=getdate()”。

以类似方法设置“图书信息”数据表中的“出版日期”，“图书借阅”数据表中的“借出日期”和“应还日期”，“借书证”数据表中的“办证日期”都必须小于当前日期。

设置完成后单击【关闭】按钮返回【表设计器】，然后单击【标准】工具栏中的【保存】按钮保存设置的CHECK约束。

【任务3-6】维护数据表

创建数据表后，随着系统应用及用户需求的改变，可能需要修改表名称、修改表结构、修改表数据或删除数据表等。数据表的修改操作也可以在【表设计器】中完成。

【任务描述】

（1）查看数据表“出版社”与其他数据表之间的依赖关系。

（2）试着修改数据表的名称。

（3）试着删除数据表。

【任务实施】

1. 查看数据表“出版社”与其他数据表之间的依赖关系

在【对象资源管理器】窗口中依次展开“数据库”→“bookDB03”→“表”文件夹，右键单击数据表名称“dbo.出版社”，在弹出的快捷菜单中选择【查看依赖关系】命令，打开【对象依赖关系】对话框，依次展开具有依赖关系的数据表，如图3-72所示。

2. 试着修改数据表的名称

在【对象资源管理器】窗口中依次展开“数据库”→“bookDB03”→“表”文件夹，右键单击数据表名称，从弹出的快捷菜单中选择【重命名】命令，然后输入新表名即可。

> **提示**
>
> 由于数据库表间存储某种依赖关系，另外在数据库应用程序可能以数据表的原名进行访问，如果修改数据表名称，可以会产生错误，修改表名称时一定要小心。

3. 试着删除数据表

在【对象资源管理器】窗口中依次展开“数据库”→“bookDB03”→“表”文件夹，右键单击数据表名称，从弹出的快捷菜单中选择【删除】命令，在打开的【删除对象】对话框中单击【确定】按钮即可删除一个数据表。

提 示

删除数据表会将表结构和表中的数据全部删除，如果误删除则会造成不良后果，删除数据表时一定要小心行事。

图 3-72　在【对象依赖关系】对话框中查看表之间的依赖关系

单元习题

（1）数据表是由行和列组成的二维结构，表中的一列称为一个________，它决定了数据的类型，表中的一行称为一条________，它包含了实际的数据。

（2）在 SQL Server 2014 中，系统数据类型主要分为________、字符/字符串、________和特殊类型 4 种。

（3）数据完整性按照数据完整性的功能可以将其分为 4 类，分别为________、域完整性、________和用户定义的完整性。

（4）一个表中最多只能有________个主键约束，________个外键约束。在定义主键、外键时，应该首先定义________，然后再定义________。

（5）一个表只能有一个主键，如果有多列或多个列组合需要实施数据唯一性，可以采用________约束。

（6）SQL Server 为自动进行顺序编号而引入了自动编号的________属性。

单元 4

检索与操作数据表数据

使用数据库和数据表的主要目的是存储数据，以便在需要时进行检索、统计数据或输出数据。使用关系数据库的主要优点是，可以通过构造多个数据表来有效地消除数据冗余，即把数据存储在不同的数据表中，以防止出现数据冗余、更新复杂等问题，然后使用连接查询或视图，获取多个数据表的数据。通过 Transact-SQL 语句可以从表或视图中迅速、方便地检查数据。在 SQL Server 2014 中，可以使用 Select 语句来完成数据查询，按照用户要求从数据库中检索特定信息，并将查询结果以表格形式返回。还可以为查询结果排序、分组和统计运算。

教学目标	（1）熟悉基本查询的创建 （2）学会创建连接查询，包括创建基本连接查询、内连接查询和外连接查询 （3）学会创建嵌套查询 （4）学会创建相关子查询 （5）熟悉视图的创建与使用 （6）熟悉索引的创建与使用 （7）熟练掌握 Select 语句的语法格式及使用 （8）熟悉视图的含义和作用 （9）理解索引的含义、了解 SQL Server 2014 中索引的分类以及与约束的关系
教学方法	任务驱动法、分组讨论法、理论实践一体化
课时建议	8 课时

在操作实战之前，将配套资源的“起点文件”文件夹中的“04”子文件夹及相关文件复制到本地硬盘中，然后附加已有的数据库“bookDB04”。本单元主要针对该数据库中各个对象进行相关操作。

另外，还要准备 2 个 Excel 文件 bookDB04.xls 和 reader04.xls，这些 Excel 文件中包含了多个工作表，本单元各个数据表的数据来自这些 Excel 文件。

1. Select 语句的语法格式及功能

（1）Select 语句的一般格式

Select 语句的一般格式如下：

```
Select      谓词 | 字段名或表达式列表
From        数据表名或视图名
Where       检索条件表达式
Group By    分组的字段名或表达式
Having      筛选条件
Order By    排序的字段名或表达式   ASC | DESC
```

（2）Select 语句的功能

根据 Where 子句的检索条件表达式，从 From 子句指定的数据表中找出满足条件的记录，再按 Select 子句选出记录中的字段值，把查询结果以表格的形式返回。

（3）Select 语句的说明

Select 关键字后面跟随的是要检索的字段列表，并且指定字段的顺序。SQL 查询子句顺序为 Select、Into、From、Where、Group By、Having 和 Order By 等。其中，Select 子句和 From 子句是必需的，其余的子句均可省略，而 Having 子句只能和 Group By 子句搭配起来使用。From 子句返回初始结果集，Where 子句排除不满足搜索条件的行，Group By 子句将选定的行进行分组，Having 子句排除不满足分组聚合后搜索条件的行。

① 谓词包括 All、Distinct、Top。使用谓词来限定返回记录的数量，如果没有指定谓词，默认值为 All，All 允许省略不写。

② From 子句是 Select 语句所必需的子句，用于标识从中检索数据的一个或多个数据表或视图。

③ Where 子句用于设定检索条件以返回需要的记录。

④ Group By 子句用于将查询结果按指定的一个字段或多个字段的值进行分组统计，分组字段或表达式的值相等的被分为同一组。

⑤ Having 子句与 Group By 子句配合使用，用于对由 Group By 子句分组的结果进一步限定搜索条件。

⑥ Order By 子句用于将查询结果按指定的字段进行排序。排序包括升序和降序，其中 ASC 表示记录按升序排序，DESC 表示记录按降序排序，默认状态下，记录按升序方式排列。

2. 视图的含义及作用。

视图是一种常用的数据库对象，可以把它看成从一个或几个基本表导出的虚表或存储在数据库中的查询。数据库中只存放视图的定义，即 SQL 语句，而不存放与视图对应的数据。数据存放在源表中，当源表中的数据发生变化时，从视图中查询出的数据也会随之改变。

视图一经定义后，就可以像基本表一样被查询和删除。视图为查看和存取数据提供了另外一种途径，对于查询完成的大多数操作，使用视图一样可以完成；使用视图还可以简化数据操作；当通过视图修改数据时，相应的基本表的数据也会发生变化；同时，若基本表的数据发生变化，则这种变化也可以自动地同步反映到视图中。

视图具有以下作用。

（1）简化操作

视图大大简化了用户对数据的操作，如果一个查询非常复杂，跨越多个数据表，则将这个复杂查询定义为视图，这样在每一次执行相同的查询时，只要有一条简单的查询视图语句即可。可见，视图向用户隐藏了表与表之间复杂的连接操作。

（2）提高数据安全性

视图创建一种可以控制的环境，为不同的用户定义不同的视图，使每个用户只能看到他有权看到的部分数据。那些不必要的、敏感的或不适合的数据都被从视图中排除了，用户只能查询和修改视图中显示的数据。

（3）屏蔽数据库的复杂性

用户不必了解数据库中复杂的表结构，视图将数据库设计的复杂性和用户的使用方式屏蔽了。数据库管理员可以在视图中将那些难以理解的列替换成数据库用户容易理解和接受的名称，从而为用户使用提供极大便利，并且数据库中表的更改也不会影响用户对数据库的使用。

（4）数据即时更新

当视图所基于的数据表发生变化时，视图能够即时更新，提供了与数据表一致的数据。

3．查看 SQL 文件中的 SQL 语句

在【SQL Server Management Studio】主窗口中单击【标准】工具栏中的【打开文件】按钮，在弹出的【打开文件】对话框选择 1 个 SQL 文件，然后单击【打开】按钮，打开【SQL 编辑器】，该 SQL 文件的 SQL 语句也会显示在【SQL 编辑器】中。

4．SQL Server 2014 的基本索引

索引是一种重要的数据对象，它由一行行的记录组成，而每一行记录都包括数据表中一列或若干列值的集合，而不是数据表中的所有记录，因而能够提高数据的查询效率。此外，使用索引还可以确保列的唯一性，从而保证数据的完整性。

SQL Server 2014 中包含两种最基本的索引：聚集索引和非聚集索引。此外，还有唯一索引、包含索引、索引视图、全文索引和 XML 索引等。在这些索引类型中，聚集索引和非聚集索引是数据库引擎最基本的索引。

（1）聚集索引

聚集索引也称为簇索引或簇集索引，在聚集索引中，表中行的物理存储顺序和索引顺序完全相同，类似于图书目录与正文内容之间的关系。聚集索引对表的物理数据页按列进行排序，然后再重新存储到磁盘上。由于聚集索引对表中的数据一一进行了重新排序，因此使用聚集索引查找数据时，速度快。但由于聚集索引对数据表中的数据一一进行了重新排序，它所需要的空间也就特别大，大约相当于数据表中数据所占空间的 1.2 倍。由于数据表的数据行只能以一种排序方式存储在磁盘上，所以一个表只能有一个聚集索引。为数据表建立聚集索引后，改变了数据表中数据行存储的物理顺序，使得数据表的物理顺序与索引顺序一致。

（2）非聚集索引

非聚集索引的数据存储在一个位置，索引存储在另一个位置，索引带有指针指向数据的存储位置。索引中的索引码按索引值的顺序存储，而数据表中的数据按另一种顺序存储。也就是说，当创建非聚集索引时，SQL Server 创建需要的索引页，但不会重新整理数据表中的数据，并且其他索引也不会被删除。理论上，一个数据表最多可以建立 249 个非聚集索引，而只有一个聚集索引。

4.1 创建与使用查询

【任务 4-1】 查询时选择与设置列

Select 语句使用通配符“*”选择数据表中所有的字段，使用“All”谓词表示选择所有记录，“All”一般省略不写。Select 关键字与第一个字段名之间使用半角空格分隔，可以使用多个半角空格，其效果等效于一个空格。SQL 语句中各部分之间必须使用空格分隔，SQL 语句中的空格必须是半角空格，如果输入全角空格，则会出现错误提示信息。

> **注 意**
>
> SQL 查询语句中应尽量避免使用“*”表示输出所有的字段，其原因是使用“*”输出所有的字段不利于代码的维护，该语句并没有表明哪些字段正在实际使用，这样当数据库的模式发生改变时，不容易知道已编写的代码将会怎样改变。所以明确地指出要在查询中使用的字段可以增加代码的可读性，并且代码更易于维护。当对表的结构不太清楚时或要快速查看表中的记录时，使用“*”表示输出所有列是很方便的。

使用 Select 语句查询时，返回结果中的列标题与表或视图中的列名相同。查询时可以使用“As”关键字来为查询中的字段或表达式指定标题名称，这些名称既可以用来改善查询输出的外观，也可以用来为一般情况下没有标题名称的表达式分配名称，称为别名。使用 As 为字段或表达式分配标题名称，只是改变输出结果中的列标题的名称，对该列显示的内容没有影响。使用 As 为字段和表达式分配标题名称相当于实际的列名，是可以再被其他的 SQL 语句使用的。

在查询中经常需要对查询结果数据进行再次计算处理，在 SQL Server 2014 中允许直接在 Select 子句中对列进行计算。运算符主要包括+（加）、-（减）、×（乘）、/（除）等。计算列并不存在于数据表中，它是通过对某些列的数据进行计算得到的。

在 Select 语句中 Select 关键字后面可以使用表达式作为检索对象，表达式可以出现在检索的字段列表的任何位置，如果表达式是数学表达式，则显示的结果是数学表达式的计算结果。要求计算每一种图书的总金额，可以使用表达式“价格*数量”计算，并且使用“金额”作为输出结果的列标题。如果没有为计算列指定列名，则返回的结果看不到列标题的。

【任务 4-1-1】 查询数据表所有的列

【任务描述】

利用【SQL 编辑器】查询“图书类型”数据表中所有的图书类型数据。

【任务实施】

（1）打开【SQL 编辑器】

在【SQL Server Management Studio】主窗口的【对象资源管理器】窗口中，单击【标准】工具栏中的【新建查询】按钮，如图 4-1 所示。打开【SQL 编辑器】，同时在主菜单中显示“查询”菜单，在工具栏中显示【SQL 编辑器】工具栏，如图 4-2 所示。

图 4-1　在【标准】工具栏中单击【新建查询】按钮

图 4-2　【SQL 编辑器】工具栏

（2）设置当前数据库为 bookDB04

在【SQL 编辑器】工具栏中的数据库下拉列表框中选择“bookDB04”数据库，如图 4-3 所示。或者使用“Use bookDB04”语句，打开“bookDB04”数据库。

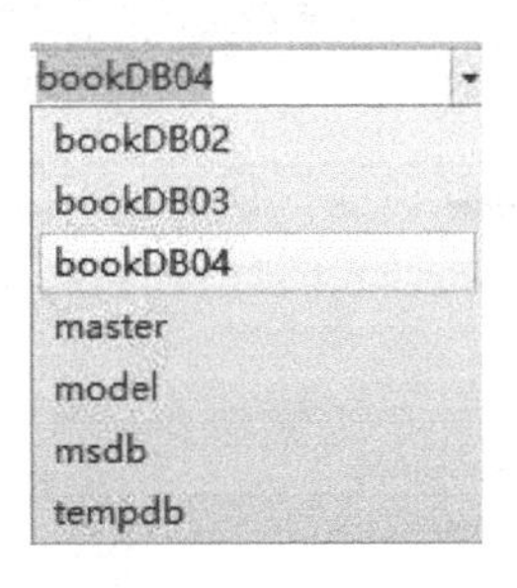

图 4-3　设置当前数据库为 bookDB04

（3）在【SQL 编辑器】中输入查询语句

将光标置于【SQL 编辑器】中，在输入“select * from 图”时会自动弹出一个对话框，并且自动选中匹配的数据表名称，如图 4-4 所示。此时，直接按 Tab 键或者继续输入完整的查询语句。

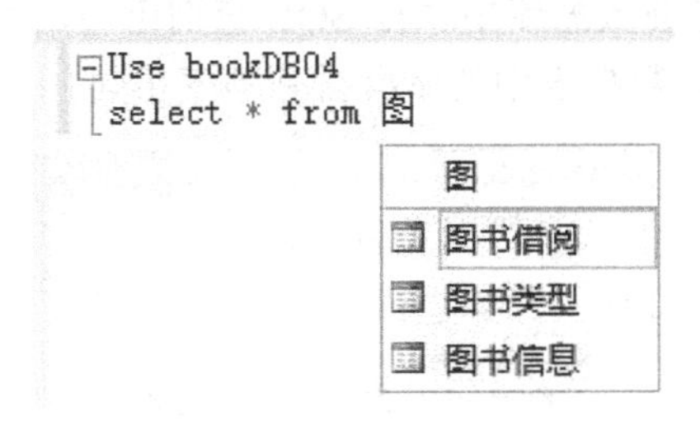

图 4-4　在数据表下拉列表中匹配对应的数据表名称

完整的 SQL 查询语句如下：

```
select * from 图书类型
```

（4）分析查询语句的正确性

单击【SQL 编辑器】工具栏中的【分析】按钮✓或者选择菜单命令【查询】→【分析】，

对 SQL 查询语句进行语法分析，分析结果如图 4-5 所示。在“结果”窗格中出现“命令已成功完成。”的提示信息，表示当前的查询语句没有语法错误。

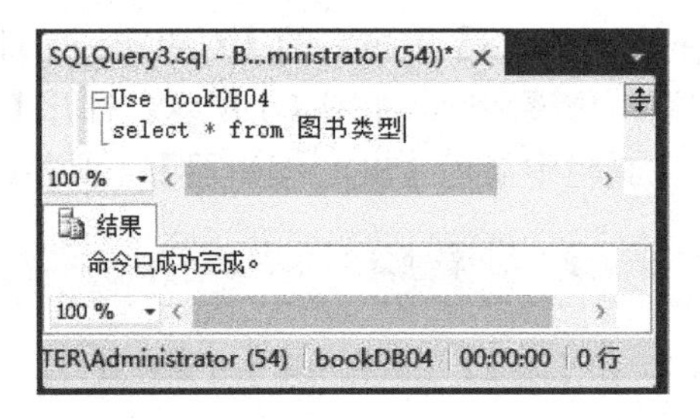

图 4-5　分析查询语句的正确性

（5）保存 SQL 语句

单击【标准】工具栏中的【保存】按钮或者选择菜单命令【文件】→【保存】，打开【另存文件为】对话框，在该对话框中定位到保存 SQL 语句的文件夹，输入文件名“040101SQLQuery.sql”，如图 4-6 所示，然后单击【保存】按钮即可。

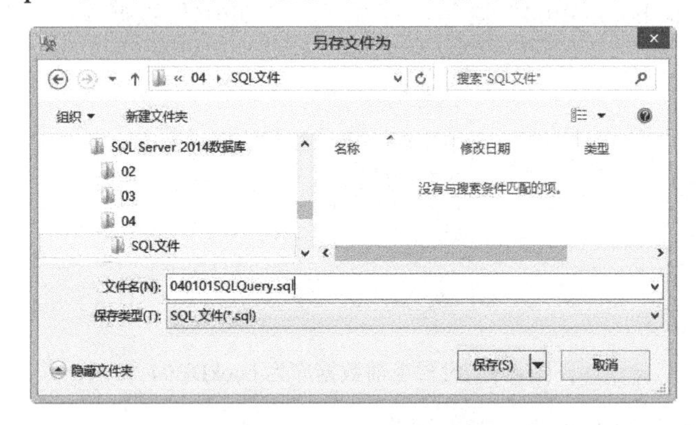

图 4-6　保存 SQL 查询

（6）执行查询语句与查看查询结果

单击【SQL 编辑器】工具栏中的【执行】按钮 ! 执行(X) 或者选择菜单命令【查询】→【执行】或者直接按 F5 键，在当前数据库中执行 SQL 查询语句，查询结果如图 4-7 所示。查询结果中各个字段的输出顺序与数据表中的字段排列顺序相同。

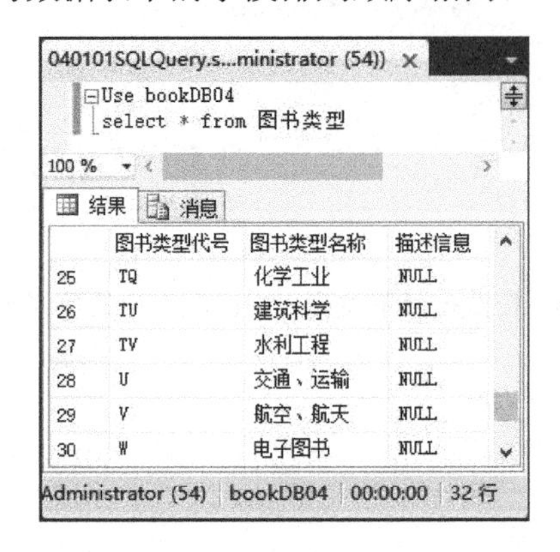

图 4-7　在当前数据库中执行 SQL 查询语句的结果

【任务 4-1-2】 查询数据表指定的列

要查询指定的列时，只需要在 Select 子句后面输入相应的列名，就可以把指定的列值从数据表中检索出来。当目标列不止一个时，使用半角“,”隔开。

【任务描述】

利用【查询设计器】查询“出版社”数据表中所有的出版社，查询结果只包含“出版社名称”、“出版社简称”和“出版社地址”3 列数据。

【任务实施】

（1）打开【SQL 编辑器】

在【SQL Server Management Studio】主窗口中单击【标准】工具栏中的【新建查询】按钮 新建查询(N)，打开【SQL 编辑器】。

（2）设置当前数据库为 bookDB04

在【SQL 编辑器】工具栏中的数据库下拉列表框中选择“bookDB04”数据库，或者使用 Use bookDB04 语句，将当前数据库修改为“bookDB04”数据库。

（3）打开【查询设计器】

在【SQL 编辑器】中右键单击，在弹出的快捷菜单中选择【在编辑器中设计查询】命令或者选择菜单命令【查询】→【在编辑器中设计查询】，如图 4-8 所示。同时打开【查询设计器】和【添加表】对话框，在【添加表】对话框中选择数据表“出版社”，如图 4-9 所示。然后单击【添加】按钮，将选择的数据表添加到【查询设计器】中。然后单击【添加表】对话框中的【关闭】按钮关闭该对话框进入【查询设计器】中。

提 示

在【添加表】对话框中直接双击数据表名称，也可以将数据表添加到【查询设计器】中。

图 4-8　在快捷菜单中选择【在编辑器中设计查询】命令

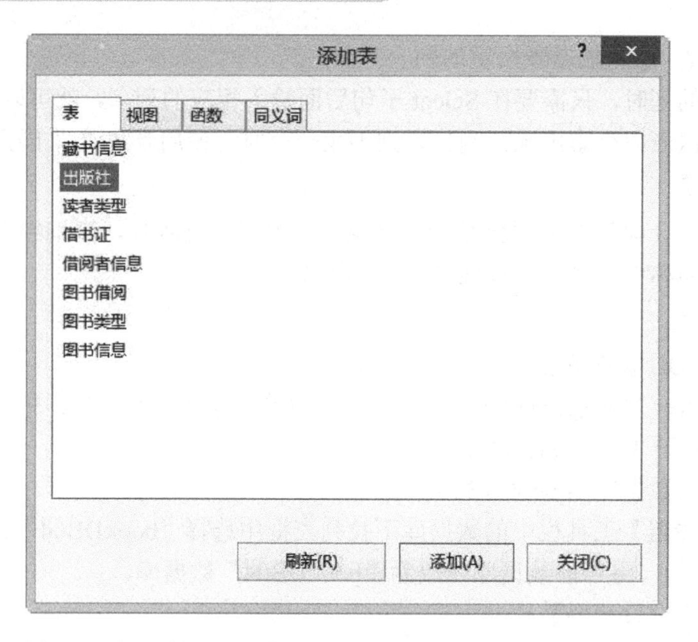

图 4-9　在【添加表】对话框中选择待添加的数据表“出版社”

（4）在【查询设计器】中选择字段和进行必要的设置

【查询设计器】分为上、中、下三个组成部分，上部为数据表关系图窗格，中部为条件设计窗格，下部为 SQL 语句显示窗格。

在【查询设计器】上部的数据表关系图窗格中选择需要输出的列，直接单击选中字段名左侧的复选框即可。分别选择“出版社名称”、“出版社简称”和“出版社地址”，如图 4-10 所示。

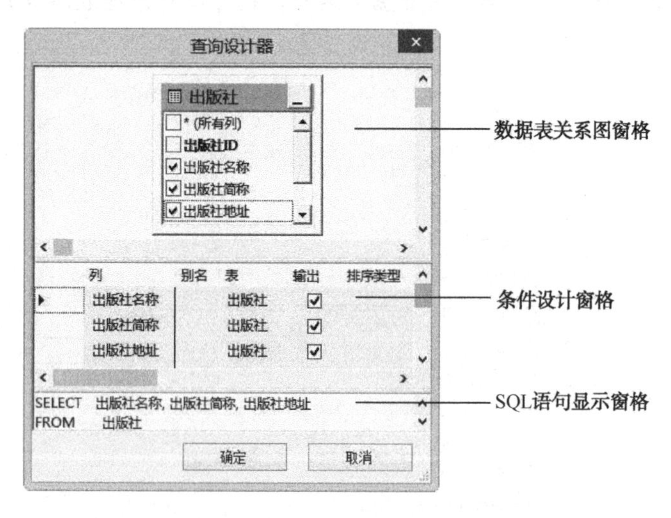

图 4-10　在【查询设计器】中选择字段和进行必要的设置

也可以在中间窗格中，单击“列”右侧的▼按钮，在弹出的“列”下拉列表框中选择需要字段名，例如“出版社名称”，如图 4-11 所示。

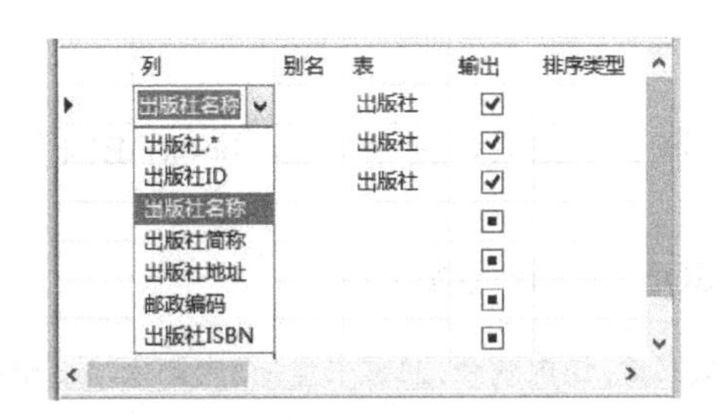

图 4-11　选择待输出的列

在下部窗格中会自动显示相应的 SQL 语句，如下所示。

```
SELECT 出版社名称, 出版社简称, 出版社地址
FROM    出版社
```

需要输出的列选择完成，相应的查询条件也设置完成，单击【确定】按钮返回【SQL 编辑器】。

以后各步骤分别为分析查询语句的正确性、保存 SQL 查询和执行查询语句。

将该查询的脚本保存为 SQL 文件，文件名为“040102SQLQuery.sql”。

提 示

这里详细介绍了如何利用【SQL 编辑器】和【查询设计器】设计 SQL 查询语句，查看查询结果。由于教材篇幅的限制，本单元以后对各个查询操作不再详细说明实现查询的具体过程，只是列出 SQL 查询语句，也不再列出查询结果，请读者在 SQL Server 2014 中执行查询操作时，分析 SQL 查询语句的正确性，观察查询结果。

【任务 4-1-3】查询时更改列标题

**【任务描述】**

检索“图书信息”数据表中的全部图书，查询结果只包含“ISBN 编号”、“图书名称”和“出版社”3 列数据，要求这 3 个字段输出时分别以“ISBN”、“bookName”和“publishingHouse”英文名称作为其标题。

【任务实施】

以下操作在【SQL 编辑器】中完成，使用“Use bookDB04”语句，先打开“bookDB04”数据库。

实现【任务 4-1-3】的 SQL 查询语句如下：

```
Select ISBN编号 As ISBN,图书名称 As bookName,出版社 As publishingHouse
From 图书信息
```

将该查询的脚本保存为 SQL 文件，文件名为“040103SQLQuery.sql”。

【任务 4-1-4】 查询时使用计算列

**【任务描述】**

从“藏书信息”数据表中查询图书借出数量，查询结果包含“ISBN 编号”、“总藏书量”、“馆内剩余”和“借出数量”。其中，“借出数量”为计算字段，计算公式为“总藏书量-馆内剩余”。

【任务实施】

以下操作在【SQL 编辑器】中完成，使用“Use bookDB04”语句，先打开“bookDB04”数据库。

实现【任务 4-1-4】的 SQL 查询语句如下：

```
Select ISBN编号,总藏书量,馆内剩余,总藏书量-馆内剩余 As 借出数量
From 藏书信息
```

查询结果如图 4-12 所示。

SQLQuery6.sql - B...ministrator (54))*

```
Select ISBN编号,总藏书量,馆内剩余,总藏书量-馆内剩余 As 借出数量
From 藏书信息
```

	ISBN编号	总藏书量	馆内剩余	借出数量
1	9787501163723	50	32	18
2	9787207058594	10	8	2
3	978753573880X	10	6	4
4	9787543836165	20	15	5
5	9787100034159	20	12	8
6	9787562136300	10	6	4

BETTER (10.50 RTM) | BETTER\Administrator (54) | bookDB04 | 00:00:00 | 100 行

图 4-12　【任务 4-1-4】的查询结果

将该查询的脚本保存为 SQL 文件，文件名为“040104SQLQuery.sql”。

【任务 4-2】查询时选择行

使用 Select 语句查询时，有多种方法可以选择行，获取表中前 *n* 行记录使用 Top 关键字，检索符合特定条件的记录使用 Where 子句，去掉查询结果中重复出现的行则使用 Distinct 关键字。

【任务 4-2-1】 使用 Top 关键字查询

从数据表查询数据时，有时需要获取表中的前 *n* 行记录，这就需要使用 Select 子句中的 Top 关键字，使用 Top 关键字返回的结果一定是数据表中从上往下的 *n* 条记录。

【任务描述】

（1）从“出版社”数据表中检索前 5 个出版社的“出版社名称”、“出版社简称”和“出版社地址”。

（2）从“图书信息”数据表中检索前 10%的图书数据。

【任务实施】

以下操作在【SQL 编辑器】中完成，使用“Use bookDB04”语句，先打开“bookDB04”数据库。

（1）任务 1 对应的 SQL 查询语句如下：

```
Select Top 5 出版社名称, 出版社简称, 出版社地址 From 出版社
```

查询语句中的“Top 5”表示返回最前面的 5 条记录，将该查询的脚本保存为 SQL 文件，文件名为“04020101SQLQuery.sql”。

（2）任务 2 对应的 SQL 查询语句如下：

```
Select Top 10 Percent * From 图书信息
```

查询语句中的“Top 10 Percent”表示返回最前面的 10%行记录，由于“图书信息”数据表中有 100 条记录，所以只返回前面的 10 行记录。将该查询的脚本保存为 SQL 文件，文件名为“04020102SQLQuery.sql”。

【任务 4-2-2】 使用 Distinct 关键字查询

由于“图书信息”数据表中的“图书类型”字段包括了大量的重复值，一种图书类型包含了多种图书，为了剔除查询结果中的重复记录，值相同的记录的只返回其中的第一条记录，可以使用 Distinct 关键字实现本查询要求。使用 Distinct 关键字时，如果表中存在多个为 NULL 的记录，它们将作为重复值被处理。

【任务描述】

从“图书信息”数据表中检索所有图书的图书类型，并消去重复记录。

【任务实施】

以下操作在【SQL 编辑器】中完成，使用“Use bookDB04”语句，先打开“bookDB04”数据库。

对应的 SQL 查询语句如下：

```
Select Distinct 图书类型 From 图书信息
```

由于“图书信息”数据表中只有 4 种不同类型的图书，所以该查询语句只返回 4 条记录。将该查询的脚本保存为 SQL 文件，文件名为“040202SQLQuery.sql”。

【任务 4-2-3】 使用 Where 条件查询

Where 子句后面是一个逻辑表达式表示的条件，用来限制 Select 语句检索的记录，即查询结果中的记录都应该是满足该条件的记录。使用 Where 子句并不会影响所要检索的字段，Select 语句要检索的字段由 Select 关键字后面的字段列表决定。数据表中所有的字段都可以出现在 Where 子句的表达式中，不管它是否出现在要检索的字段列表中。

Where 子句后面的逻辑表达式中可以使用比较运算符（=、<>、!=、>、!>、<、!<、<=、>=等）、逻辑运算符（And 、Or、Not）、范围运算符（Between、Not Between、In、Not In）、模糊匹配（Like、Not Like）、Is Null、Is Not Null 等。对于比较运算符“=”，就是比较两个值是否相等，若相等，则表达式的计算结果为“逻辑真”。

Where 子句后面的逻辑表达式中可以包含数字、货币、字符/字符串、日期/时间等类型的字段和常量。对于日期时间类型的常量，必须使用单引号（'　'）作为标记，例如'1/1/2011'，对于字符/字符串类型的常量（即字符串），必须使用单引号（'　'）作为标记，例如'电子工业出版社'。

【任务描述】

（1）从“图书信息”数据表中检索作者为“陈承欢”的图书信息。

（2）从“图书信息”数据表中检索出版日期在2015年及2015年之前的图书信息。

（3）从“图书信息”数据表中检索作者为“陈承欢”、出版日期在“2014”年之后的图书信息。

（4）从“图书信息”数据表中检索出版日期在“2015-1-1”～“2016-1-1”之间的图书信息。

（5）从“图书信息”数据表中检索出“陈承欢”，“陈启安”，“陈海林”三位作者编写的图书信息。

（6）从“图书信息”数据表中检索出作者姓“陈”的图书信息。

（7）从“图书信息”数据表中检索出作者姓名只有3个汉字并且不是姓“陈”的图书信息。

（8）从“图书信息”数据表中检索“图书简介”不为空的图书信息。

【任务实施】

以下操作在【SQL 编辑器】中完成，使用“Use bookDB04”语句，先打开“bookDB04”数据库。

1．使用比较运算符构成查询条件

任务1对应的SQL查询语句如下：

```
Select * From 图书信息 Where 作者='陈承欢'
```

当比较运算符连接的数据类型不是数字时，要用单引号把比较运行符后面的数据引起来，并且运算符两边表达式的数据类型必须保持一致。

将该查询的脚本保存为SQL文件，文件名为“04020301SQLQuery.sql”。

任务2对应的SQL查询语句如下：

```
Select * From 图书信息 Where year(出版日期)<2015
```

查询语句中的函数year()返回指定日期的“年”部分的整数。

将该查询的脚本保存为SQL文件，文件名为“04020302SQLQuery.sql”。

2．使用逻辑运算符构成查询条件

逻辑运算符包括逻辑与And、逻辑或Or和逻辑非Not。其中，逻辑与And表示多个条件都为真时才返回结果，逻辑或Or表示多个条件中有一个条件为真时返回结果，逻辑非Not表示当表达式不成立时才返回结果。

任务3对应的SQL查询语句如下：

```
Select * From 图书信息 Where 作者='陈承欢' And year(出版日期)>2014
```

该查询语句必须在两个简单查询条件同时成立时才返回结果。将该查询的脚本保存为SQL文件，文件名为“04020303SQLQuery.sql”。

3．使用范围运算符构成查询条件

Where子句中可以使用范围运算符指定查询范围，范围运算符主要有2个：Between和Not Between，即查询介于两个值之间的记录信息。

任务4对应的SQL查询语句如下：

```
Select * From 图书信息 Where 出版日期 Between '2015-1-1' And '2016-1-1'
```

查询条件中的表达式“出版日期 Between '2015-1-1' And '2016-1-1'”也可以用表达式“出版日期 >='2015-1-1' And 出版日期<='2016-1-1'”代替。

使用日期作为范围条件时，必须使用单引号引起来，并且使用的日期格式必须是“年-月-日”。将该查询的脚本保存为 SQL 文件，文件名为“04020304SQLQuery.sql”。

4．使用 In 关键字构成查询条件

在 Where 子句中，使用 In 关键字可以方便地限制检查数据的范围，灵活使用 In 关键字，可以使用简洁的语句实现结构复杂的查询。使用 In 关键字可以确定表达式的取值是否属于某一值列表。同样，在查询表达式不属于某一值列表时可使用 Not In 关键字。

任务 5 对应的 SQL 查询语句如下：

```
Select * From 图书信息 Where 作者 In ('陈承欢','陈启安','陈海林')
```

查询条件中的表达式“作者 In ('陈承欢','陈启安','陈海林')”也可以用表达式“(作者='陈承欢') Or (作者='陈启安') Or (作者='陈海林')”代替，不过使用 In 关键字时表达式简单且可读性更好。将该查询的脚本保存为 SQL 文件，文件名为“04020305SQLQuery.sql”。

在 Where 子句中使用 In 关键字时，如果值列表有多个，使用半角逗号分隔，并且值列表中不允许出现 Null 值。

5．使用模糊匹配构成查询条件

在 Where 子句中，使用字符匹配符 Like 或 Not Like 可以把表达式与字符串进行比较，从而实现模糊查询。所谓模糊查询就是查找数据表中与用户输入关键字相近或相似的记录信息。模糊匹配通常与通配符一起使用，使用通配符时必须将字符串和通配符都用单引号引起来。SQL Server 2014 提供了如表 4-1 所示的模糊匹配的通配符。

表 4-1　模糊匹配的通配符

通配符	含　义	示　例
%	表示 0～n 个任意字符	'XY%'：匹配以 XY 开始的任意字符串，'%X'：匹配以 X 结束的任意字符，'X%Y'：匹配包含 XY 的任意字符串
_	表示单个任意字符	'_X'：匹配以 X 结束的 2 个字符的字符串
[]	表示方括号内列出的任意一个字符	'[X-Y]_'：匹配 2 个字符的字符串，首字符的范围为 X～Y，第 2 个字符为任意字符
[^]	表示不在方括号内列出的任意一个字符	'X [^A]%'：匹配以“X”开始，第 2 个字符不是 A 的任意长度的字符串

任务 6 对应的 SQL 查询语句如下：

```
Select * From 图书信息 Where 作者 Like '陈%'
```

该查询语句的查询条件表示匹配“作者”列第 1 个字是“陈”，长度为任意个字符。

将该查询的脚本保存为 SQL 文件，文件名为“04020306SQLQuery.sql”。

任务 7 对应的 SQL 查询语句如下：

```
Select * From 图书信息 Where 作者 Like '[^陈]__'
```

作者姓名为 3 个汉字使用 3 个“_”通配符，由于要求查询结果不包含姓“陈”的作者，所以第 1 个汉字使用“[^陈]”通配符，后面只需要 2 个“_”通配符即可。将该查询的脚本保存为 SQL 文件，文件名为“04020307SQLQuery.sql”。

6．使用 Is Null 构成查询条件

在 Where 子句中使用 Is Null 条件可以查询数据表中为 Null 的值，使用 Is Not Null 可以查询数据表中不为 Null 的值。

任务 8 对应的 SQL 查询语句如下：

```
Select * From 图书信息 Where 图书简介 Is Not Null
```

将该查询的脚本保存为 SQL 文件，文件名为“04020308SQLQuery.sql”。

【任务 4-2-4】 使用聚合函数查询

聚合函数对一组数据值进行计算并返回单一值，所以也被称为组合函数。Select 子句中可以使用聚合函数进行计算，计算结果作为新列出现在查询结果集中。在聚合运算的表达式中，可以包括字段名、常量以及由运算符连接起来的函数。常用的聚合函数如表 4-2 所示。

表 4-2 常用的聚合函数

函 数 名	功 能	函 数 名	功 能
Count(*)	统计数据表中的总行数	Count	统计满足条件的记录数
Avg	计算各值的平均值	Sum	计算所有值的总和
Max	计算表达式的最大值	Min	计算表达式的最小值

在使用聚合函数时，Count、Sum、Avg 可以使用 Distinct 关键字，以保证计算时不包含重复的行。

【任务描述】

（1）从“图书信息”数据表中查询价格在“20 元”～“45 元”之间的图书种数。

（2）从“藏书信息”数据表中查询图书的藏书总数量。

（3）从“藏书信息”数据表中查询无重复的藏书位置的数量。

（4）从“图书信息”数据表中查询图书的最高价、最低价和平均价格。

【任务实施】

以下操作在【SQL 编辑器】中完成，使用“Use bookDB04”语句，先打开“bookDB04”数据库。

任务 1 对应的 SQL 查询语句如下：

```
Select COUNT(*) As 图书种数 From 图书信息 Where 价格 Between 20 And 45
```

查询语句中使用 COUNT(*)统计数据表中符合条件的数。

将该查询的脚本保存为 SQL 文件，文件名为“04020401SQLQuery.sql”。

任务 2 对应的 SQL 查询语句如下：

```
Select SUM(总藏书量) As 藏书总数量 From 藏书信息
```

查询语句利用函数 SUM（总藏书量）计算藏书总数量。

将该查询的脚本保存为 SQL 文件，文件名为“04020402SQLQuery.sql”。

任务 3 对应的 SQL 查询语句如下：

```
Select Count(Distinct(藏书位置)) As 藏书位置数量 From 藏书信息
```

查询语句中利用函数 Count()计算数据表特定列中值的数量，还利用 Distinct 关键字控制计算结果不包含重复的行。

将该查询的脚本保存为 SQL 文件，文件名为“04020403SQLQuery.sql”。

任务 4 对应的 SQL 查询语句如下：

```
Select MAX(价格) As 最高价, MIN(价格) As 最低价, AVG(价格) As 平均价
From 图书信息
```

查询语句中利用 MAX()函数计算最高价，利用 MIN()函数计算最低价，利用 AVG()函数计算平均价格。

将该查询的脚本保存为 SQL 文件，文件名为“04020404SQLQuery.sql”。

【任务 4-3】 查询时的排序操作

从数据表中查询数据，结果是按照数据被添加到数据表时的顺序显示的，在实际编程时，需要按照指定的字段进行排序显示，这就需要对查询结果进行排序。

使用 Order By 子句可以对查询结果集的相应列进行排序，排序方式分为升序和降序，ASC 关键字表示升序，DESC 关键字表示降序，默认情况下为 ASC，即按升序排列。Order By 子句可以同时对多个列进行排序，当有多个排序列时，每个排序列之间用半角逗号分隔，而且每个排序列后可以跟一个排序方式关键字。对多列进行排序时，会先按第 1 列进行排序，然后使用第 2 列对前面的排序结果中相同的值再进行排序。

使用 Order By 子句查询时，若存在 NULL 值，按照升序排序时含 NULL 值的记录在最后显示，按照降序排序时则在最前面显示。

【任务描述】

（1）从“图书信息”数据表中检索价格在 30 元以上的图书信息，要求按价格的升序输出。

（2）从“图书信息”数据表中检索 2014 年以后出版的图书信息，要求按作者姓名的降序输出。

（3）从“图书信息”数据表中检索所有的图书信息，要求按出版日期的升序输出，出版日期相同的按价格的降序输出。

【任务实施】

以下操作在【SQL 编辑器】中完成，使用“Use bookDB04”语句，先打开“bookDB04”数据库。

任务 1 对应的 SQL 查询语句如下：

```
Select * From 图书信息 Where 价格>30 Order By 价格
```

该 Order By 子句省略了排序关键字，表示按升序排列，也就是价格低的图书排在前面，价格高的图书排在后面。

将该查询的脚本保存为 SQL 文件，文件名为“040301SQLQuery.sql”。

任务 2 对应的 SQL 查询语句如下：

```
Select * From 图书信息 Where year(出版日期)>2014 Order By 作者 DESC
```

该 Order By 子句中排序关键字为 DESC，也就是按作者姓名拼音字母的降序排列，例如将“向传杰”排在“王付华”之前。

将该查询的脚本保存为 SQL 文件，文件名为“040302SQLQuery.sql”。

任务 3 对应的 SQL 查询语句如下：

```
Select * From 图书信息 Order By 出版日期 ASC,价格 DESC
```

该 Order By 子句中第 1 个排序关键字为 ASC，第 2 个排序关键字为 DESC，表示先按“出版日期”的升序排列，即出版日期早的排在前面，出版日期晚的排在后，当出版日期相同时，价格高的排在前面，价格低的排在后。

将该查询的脚本保存为 SQL 文件，文件名为“040303SQLQuery.sql”。

【任务 4-4】 查询时的分组与汇总操作

一般情况下，使用统计函数返回的是所有行数据的统计结果。如果需要按某一列数据值进行分类，在分类的基础上再进行查询，就要使用 Group By 子句。如果要对分组或聚合指定查询条件，则可以使用 Having 子句，该子句用于限定于对统计组的查询。一般与 Group By 子句一起使用，对分组数据进行过滤。

【任务描述】

（1）在“图书信息”数据表中统计各个出版社出版的图书的平均定价和图书种数。

（2）在“图书信息”数据表中查询图书平均定价在 20 元并且图书种数在 6 种以上的出版社，查询结果按平均定价降序排列。

（3）将上一步的查询结果保存到数据表“出版社 0401”中。

【任务实施】

以下操作在【SQL 编辑器】中完成，使用“Use bookDB04”语句，先打开“bookDB04”数据库。

任务 1 对应的 SQL 查询语句如下：

```
Select 出版社, AVG(价格) As 平均定价,COUNT(*) As 图书种数 From 图书信息
Group By 出版社
```

该查询语句，先对图书按出版社进行分组，然后计算各组的平均价格和统计各组的图书种数。

将该查询的脚本保存为 SQL 文件，文件名为“040401SQLQuery.sql”。

任务 2 对应的 SQL 查询语句如下：

```
Select 出版社,AVG(价格) As 平均定价,COUNT(*) As 图书种数 From 图书信息
Group By 出版社
Having AVG(价格)>20 And COUNT(*)>6
Order By 平均定价 DESC
```

从逻辑上来看，该查询语句的执行顺序如下：

第1步，执行 From 图书信息，把图书信息数据表中的数据全部检索出来。

第2步，对上一步中的数据按 Group By 出版社进行分组，计算每一组的平均价格和图书种数。

第3步，执行 Having AVG(价格)>20 And COUNT(*)>6 子句，对上一步中的分组数据进行过滤，只有平均价格大小20并且图书种数超过6的数据才能出现在最终的结果集中。

第4步，对上一步获得的结果进行降序排列。

第5步，按照 Select 子句指定列输出结果。

将该查询的脚本保存为 SQL 文件，文件名为“040402SQLQuery.sql”。

任务3对应的 SQL 查询语句如下：

```
Select 出版社,AVG(价格) As 平均定价,COUNT(*) As 图书种数
Into 出版社0401
From 图书信息
Group By 出版社
Having AVG(价格)>20 And COUNT(*)>6
Order By 平均定价 DESC
```

使用 Into 子句时，Into 子句必须位于 From 子句之前。执行该查询后，将在数据库“bookDB04”中创建1个数据表“出版社0401”，可以在【对象资源管理器】窗口中查看该数据表。

将该查询的脚本保存为 SQL 文件，文件名为“040403SQLQuery.sql”。

【任务4-5】创建连接查询

前面主要介绍了在1张数据表中进行查询。在实际查询中，例如，查询图书的详细清单，包括图书名称、ISBN 编号、出版社名称、图书类型名称、价格和出版日期等信息，就需要在3张数据表之间进行查询，使用连接查询实现。因为“图书信息”数据表中只有“出版社编号”和“图书类型代号”，不包括“出版社名称”和“图书类型名称”，“出版社名称”在“出版社”数据表中，“图书类型名称”在“图书类型”数据表中。

实现从两个或两个以上数据表中查询数据且结果集中出现的列来自两个或两个以上的数据表的检索操作称为连接查询。连接查询实际上是通过各个数据表之间的共同列的相关性来查询数据，首先要在这些数据表中建立连接，然后再在数据表中查询数据。

连接的类型分为内连接、外连接和交叉连接。其中，外连接包括左外连接、右外连接和全外连接3种。

交叉连接又称为笛卡儿积，返回的结果集的行数等于第1个数据表的行数乘以第2个数据表的行数。例如，“图书类型”数据表有23条记录，“图书信息”数据表有100条记录，那么交叉连接的结果集会有2300（23×100）条记录。交叉连接使用 Cross Join 关键字来创建。交叉连接只用于测试一个数据库的执行效率，在实际应用中使用机会较少。

连接查询的格式有如下2种。

格式一：

```
Select <输出字段或表达式列表>
From <表1> , <表2>
[Where <表1.列名> <连接操作符> <表2.列名>]
```

连接操作符可以是：=、<>、!=、>、!>、<、!<、<=、>=，当操作符是“=”时表示等值连接。

格式二：

```
Select <输出字段或表达式列表>
From <表1>  <连接类型>  <表2>  [On  (<连接条件>)]
```

连接类型用于指定所执行的连接类型，内连接为 Inner Join，外连接为 Out Join，交叉连接为 Cross Join，左外连接为 Left Join，右外连接为 Right Join，完整外连接为 Full Join。

在<输出字段或表达式列表>中使用多个数据表来源且有同名字段时，就必须明确定义字段所在的数据表名称。

【任务 4-5-1】 创建基本连接查询

基本连接操作就是在 Select 语句的字段名或表达式列表中引用多个数据表的字段，其 From 子句用半角“,”将多个数据表的名称分隔。使用基本连接操作时，一般使用主表中的主键列与从表中的外键列保持一致，以保持数据的参照完整性。

【任务描述】

（1）在数据库 bookDB04 中，从“图书信息”和“出版社”两个数据表中，查询图书的详细信息。要求查询结果中包含 ISBN 编号、图书名称、作者、价格、出版社名称、出版日期等字段。

（2）在数据库 bookDB04 中，从“藏书信息”、“图书信息”和“出版社”3 个数据表中，查询图书的详细信息。要求查询结果中包含图书编号、ISBN 编号、图书名称、出版社名称、总藏书量等字段。

【任务实施】

以下操作在【SQL 编辑器】中完成，使用“Use bookDB04”语句，先打开“bookDB04”数据库。

1. 两个数据表之间的连接查询

任务 1 对应的 SQL 查询语句如下：

```
Select 图书信息.ISBN编号, 图书信息.图书名称, 图书信息.作者, 图书信息.价格,
       出版社.出版社名称, 图书信息.出版日期
From   图书信息, 出版社
Where  图书信息.出版社 = 出版社.出版社ID
```

在上述的 Select 语句中，Select 子句列表中的每个列名前都指定了源表的名称，以确定每个列的来源。在 From 子句中列出了两个源表的名称“图书信息”和“出版社”，使用半角“,”隔开，Where 子句中创建了一个等值连接。

将该查询的脚本保存为 SQL 文件，文件名为“040501SQLQuery.sql”。

为了简化 SQL 查询语句，增强可读性，在上述 Select 语句中使用 As 关键字为数据表指定别名，当然也可以省略 As 关键字。“图书信息”的别名为“b”，“出版社”的别名为“p”，使用别名的 SQL 查询语句如下所示，其查询结果与前一条查询语句完全相同。

```
Select b.ISBN编号, b.图书名称, b.作者, b.价格, p.出版社名称, b.出版日期
From   图书信息 As b, 出版社 As p
Where  b.出版社 = p.出版社ID
```

将该查询的脚本保存为SQL文件，文件名为“040502SQLQuery.sql”。

由于“图书信息”和“出版社”两个数据表没有同名字段，上述查询语句的各个列名之前的表名也可以省略，不会产生歧义，查询结果也相同。省略表名的查询语句如下：

```
Select ISBN编号,图书名称,作者,价格,出版社名称,出版日期
From   图书信息, 出版社
Where  出版社 = 出版社ID
```

为了增强SQL查询语句的可读性，避免产生歧义，多表查询时要保留字段名称前面的表名。

2. 多表连接查询

在多个数据表之间创建连接查询与两个数据表之间创建连接查询相似，只是在Where子句中需要使用And关键字连接两个连接条件。

任务2对应的SQL查询语句如下：

```
Select 藏书信息.图书编号, 藏书信息.ISBN编号, 图书信息.图书名称,
       出版社.出版社名称, 藏书信息.总藏书量
From   藏书信息, 图书信息, 出版社
Where  藏书信息.ISBN编号 = 图书信息.ISBN编号
       And 图书信息.出版社 = 出版社.出版社ID
```

在上述的Select语句中，From子句中列出了3个源表，Where子句中包含了两个等值连接条件，当这两个连接条件都为True时，才返回结果。

将该查询的脚本保存为SQL文件，文件名为“040503SQLQuery.sql”。

如果只需查询“电子工业出版社”所出版图书的信息，SQL查询语句如下：

```
Select 藏书信息.图书编号, 藏书信息.ISBN编号, 图书信息.图书名称,
       出版社.出版社名称, 藏书信息.总藏书量
From   藏书信息, 图书信息, 出版社
Where  藏书信息.ISBN编号 = 图书信息.ISBN编号
       And 图书信息.出版社 = 出版社.出版社ID
       And 出版社.出版社名称='电子工业出版社'
```

Where子句中包含了两个等值连接条件和1个查询条件。

将该查询的脚本保存为SQL文件，文件名为“040504SQLQuery.sql”。

【任务4-5-2】 创建内连接查询

内连接是组合两个表的常用方法。内连接使用比较运算符进行多个源表之间数据的比较，并返回这些源表中与连接条件相匹配的数据行。一般使用Join或者Inner Join关键字实现内连接。内连接执行连接查询后，要从查询结果中删除在其他表中没有匹配行的所有记录，所以使用内连接可能不会显示数据表的所有记录。

内连接可以分为等值连接、非等值连接和自然连接。在连接条件中使用的比较操作符为“=”时，该连接操作称为等值连接。在连接条件使用其他运算符（包括<、>、<=、>=、<>、Between等）的内连接称为非等值连接。当等值连接中的连接字段相同且在Select语句中去除了重复字段时，该连接操作称为自然连接。

【任务描述】

（1）创建等值内连接查询

从“借书证”和“图书借阅”两个数据表中查询已办理了借书证且使用借书证借阅了图

书的借阅者信息，要求查询结果显示姓名、借书证编号、图书编号、借出数量。

（2）创建非等值连接查询

从“图书信息”和“图书类型”两个数据表中查询从2014年1月1日到2016年1月1日之间出版的价格在30元以上的“工业技术”类型的图书信息，要求查询结果显示图书名称、价格、出版日期和图书类型名称4列数据。

【任务实施】

1．创建等值内连接查询

以下操作在【SQL 编辑器】中完成，使用“Use bookDB04”语句，先打开“bookDB04”数据库。

对应的SQL查询语句如下：

```
Select 借书证.姓名, 图书借阅.借书证编号, 图书借阅.图书编号, 图书借阅.借出数量
From   借书证  INNER JOIN  图书借阅
       ON  借书证.借书证编号 = 图书借阅.借书证编号
```

分析：有关借书证的数据存放在“借书证”数据表中，有关图书借阅的数据存放在“图书借阅”数据表中，本查询语句涉及“借书证”和“图书借阅”两个数据表，这两个表之间通过共同的字段“借书证编号”连接起来，所以From子句为“From 借书证 INNER JOIN 图书借阅 ON 借书证.借书证编号 = 图书借阅.借书证编号”。由于查询的列来自不同的数据表，故在Select子句中需写明源表名。

将该查询的脚本保存为SQL文件，文件名为“040505SQLQuery.sql”。

2．创建非等值连接查询

以下操作在【SQL 编辑器】中完成，使用“Use bookDB04”语句，先打开“bookDB04”数据库。

对应的SQL查询语句如下：

```
Select 图书信息.图书名称,图书信息.出版日期,图书信息.价格,图书类型.图书类型名称
From   图书信息 INNER JOIN 图书类型
       On 图书信息.图书类型 = 图书类型.图书类型代号
       And 图书信息.出版日期 Between '2014-1-1' And '2016-1-1'
       And 图书信息.价格>30
       And 图书类型.图书类型名称='工业技术'
```

分析：由于“出版日期”数据存放在“图书信息”数据表中，“图书类型名称”数据存放在“图书类型”数据表中，本查询需要涉及2个数据表，On关键字后的连接条件使用了Between范围运算符和“>”运算符。

将该查询的脚本保存为SQL文件，文件名为“040506SQLQuery.sql”。

【任务4-5-3】 创建外连接查询

在内连接中，只有在两个数据表中匹配的记录才能在结果集中出现；而在外连接中，可以只限制一个数据表，而对另一数据不加限制（即所有的行都出现在结果集中）。参与外连接查询的数据表有主、从表之分。主表的每行数据去匹配从表中的数据行，如果符合连接条件，则直接返回到查询结果中。如果主表中的行在从表中没有找到匹配的行，那么主表的行仍然保留，相应地，从表中的行被填入NULL值并

返回到查询结果中。

外连接分为左外连接、右外连接和全外连接。只包括左表的所有行、不包括右表的不匹配行的外连接称为左向外连接；只包括右表的所有行、不包括左表的不匹配行的外连接称为右向外连接；既包括左表不匹配的行，也包括右表不匹配的行的连接称为完整外连接。

【任务描述】

（1）创建左外连接查询

从“图书类型”和“图书信息”两个数据表中查询所有图书类型的图书信息，查询结果显示图书类型名称、图书名称和价格 3 列数据。

（2）创建右外连接查询

从“图书借阅”和“借书证”两个数据表中查询所有借书证的借书情况，查询结果显示借书证编号、姓名、图书编号和借出数量 4 列数据。

【任务实施】

1. 创建左外连接查询

在左外连接查询中，左表就是主表，右表就是从表。左外连接返回关键字 Left Join 左边表中的所有行，但是这些行必须符合查询条件。如果左表的某些数据行没有在右表中找到相应的匹配数据行，则在结果集中右表的对应位置填入 NULL 值。

以下操作在【SQL 编辑器】中完成，使用“Use bookDB04”语句，先打开“bookDB04”数据库。

对应的 SQL 查询语句如下：

```
Select 图书类型.图书类型名称, 图书信息.图书名称, 图书信息.价格
From   图书类型 left Join 图书信息
       ON 图书类型.图书类型代号 = 图书信息.图书类型
```

分析：在上面的 Select 语句中，“图书类型”数据表为主表，即左表；“图书信息”表为从表，即右表；On 关键字后面是左外连接的条件。由于要查询所有的图书类型，所以所有图书类型都会出现在结果集中，同一种图书类型在“图书信息”表中有多条记录的，图书类型会重复出现多次。

将该查询的脚本保存为 SQL 文件，文件名为“040508SQLQuery.sql”。

2. 创建右外连接查询

在右外连接查询中，右表就是主表，左表就是从表。右外连接返回关键字 Right Join 右边表中的所有行，但是这些行必须符合查询条件。右外连接是左外连接的反向，如果右表的某些数据行没有在左表中找到相应的匹配的数据行，则在结果集中左表的对应位置填入 NULL 值。

以下操作在【SQL 编辑器】中完成，使用“Use bookDB04”语句，先打开“bookDB04”数据库

对应的 SQL 查询语句如下：

```
Select 图书借阅.图书编号, 图书借阅.借出数量, 借书证.借书证编号, 借书证.姓名
From   图书借阅 Right Join 借书证
       ON 图书借阅.借书证编号 = 借书证.借书证编号
```

分析：在上面的 Select 语句中，“借书证”是主表，“图书借阅”是从表，On 关键字后面的是右外连接的条件。由于要查询所有借书证的借书情况，所以采用右外连接查询。

将该查询的脚本保存为SQL文件，文件名为“040508SQLQuery.sql”。

【任务4-5-4】 创建完全外连接查询

完全外连接查询返回左表和右表中所有行的数据。当一个表中某些行在另一个表中没有匹配行时，则将另一个表与之对应的列值填入NULL值。如果表之间没有匹配行，则整个结果集包含基表的数据值。

【任务描述】

从“借书证”、“图书借阅”、“藏书信息”和“图书信息”4个数据表中查询所有借书证的借阅图书情况和所有图书被借阅的情况，查询结果包括借书证编号、借出日期、图书名称和总藏书量4列数据。

【任务实施】

以下操作在【SQL 编辑器】中完成，使用“Use bookDB04”语句，先打开“bookDB04”数据库。

对应的SQL查询语句如下：

```
Select 借书证.借书证编号,图书借阅.借出日期,图书信息.图书名称,藏书信息.总藏书量
From   借书证 Full Join 图书借阅 On 借书证.借书证编号 = 图书借阅.借书证编号
              Full Join 藏书信息 On 图书借阅.图书编号 = 藏书信息.图书编号
              Full Join 图书信息 On 藏书信息.ISBN编号 = 图书信息.ISBN编号
```

分析：在“图书借阅”数据表中存放了已借阅图书的借书证数据，没有借阅图书的借书证数据则没有。同时，“图书借阅”数据表存放了已被借出的图书数据，没有被借出的图书数据则没有。如果需要在查询结果中显示没有借阅图书的借书证数据和没有被借出的图书数据，则使用全外连接可以实现。在查询结果中，与没有借阅图书的借书证对应的“借出日期”、“图书名称”和“总藏书量”3列都显示为NULL；与没被借出的图书对应的“借书证编号”和“借出日期”2列都显示为NULL；只有借书证所借阅的图书才显示全部4列数据。部分查询结果如图4-13所示。

结果 | 消息

	借书证编号	借出日期	图书名称	总藏书量
97	NULL	NULL	人机交互	10
98	NULL	NULL	电脑故障急救箱	30
99	NULL	NULL	计算机英语	10
100	NULL	NULL	物业管理信息系统	10
101	0016592	NULL	NULL	NULL
102	0016593	NULL	NULL	NULL
103	0016594	NULL	NULL	NULL
104	0016596	NULL	NULL	NULL
105	0016597	NULL	NULL	NULL

图4-13 使用全外连接查询的结果

由于只有部分借书证借阅了图书，如果利用内连接，就会去掉值为NULL的匹配的行，无法显示出所有借阅证的借书情况。利用全外连接可以显示出所有借书证的借书情况，包括没有借阅图书的借书证，图4-13中的第101、102、103、104、105行显示的借书证没有借阅图书。同样也显示了没有被借出的图书信息，图4-13中的第97、98、99、100行显示出的图书没有被借阅。

将该查询的脚本保存为 SQL 文件，文件名为“040510SQLQuery.sql”。

【任务 4-6】创建多表联合查询

联合查询是指将多个不同的查询结果连接在一起组成一组数据的查询方式。联合查询使用 Union 关键字连接各个 Select 子句，联合查询不同于对两个数据表中的列进行连接查询，而是组合两个数据表中的行。使用 Union 关键字进行联合查询时，应保证每个联合查询语句的选择列表中具有相同数量的列，并且对应的列应具有相同的数据类型，或者可以自动将其转换为相同的数据类型。在自动转换数据类型时，对于数值类型，系统将低精度的数据类型转换为高精度的数据类型。

【任务描述】

图书管理数据库中的数据表“借阅者信息”中的数据主要包括教师和学生两大类，而在教务管理数据库中已有“教师”数据表和“学生”数据表。其中，“教师”数据表包括 4 个字段，分别为职工编号、姓名、性别和部门名称；“学生”数据表也包括 4 个字段，分别为学号、姓名、性别和班级名称。使用联合查询将两个数据表的数据合并（教师数据在前，学生数据在后），并存入 1 个新表“借阅者 0401”中，联合查询时增加 1 个新列“借阅者类型”，其值分别为“教师”和“学生”。然后修改新表“借阅者 0401”的字段名称，将“职工编号”修改为“借阅者编号”。

【任务实施】

以下操作在【SQL 编辑器】中完成，使用“Use bookDB04”语句，先打开“bookDB04”数据库。

对应的 SQL 查询语句如下：

```
Select      职工编号,姓名,性别,部门名称,'教师' As 借阅者类型
Into        借阅者 0401
From        教师
Union All
Select      学号,姓名,性别,班级名称,'学生'
From        学生
```

将该查询的脚本保存为 SQL 文件，文件名为“040601SQLQuery.sql”。

然后打开新数据表“借阅者 0401”的【结构设计器】，将字段名“职工编号”修改为“借阅者编号”，然后保存数据表的结构修改即可。

使用 Union 运算符将两个或多个 Select 语句的结果组合成一个结果集时，可以使用关键字“All”，指定结果集中将包含所有行而不删除重复的行。如果省略 All，将从结果集中删除重复的行。使用 Union 联合查询时，结果集的列名与 Union 运算符中第 1 个 Select 语句的结果集中的列名相同，另一个 Select 语句的结果集列名将被忽略。联合查询时，在 SQL 查询语句中允许使用多个 Union 运算符，第 1 个查询可以使用一个 Into 子句，用来创建容纳最终结果集的数据表，但只有第 1 个查询可以使用 Into 子句，如果在联合查询语句中其他位置使用 Into 子句，将会出现错误。

查询语句中除了可以使用 Union 实现联合查询之外，还可以使用 Except 运算符实现差集运算，即从左查询中返回右查询没有找到的所有非重复值。使用 Intersect 运算符实现交集运

算，即返回左、右两个查询都包含的所有非重复值。

【任务 4-7】创建嵌套查询

在实际应用中，经常要用到多层查询。在 SQL 语句中，将一条 Select 语句作为另一条 Select 语句的一部分称为嵌套查询，也可以称子查询。外层的 Select 语句称为外部查询，内层的 Select 语句称为内部查询。

嵌套查询是按照逻辑顺序由里向外执行的，即先处理内部查询，然后将结果用于外部查询的查询条件。SQL 允许使用多层嵌套查询，即在子查询中还可以嵌套其他子查询。

【任务 4-7-1】 创建单值嵌套查询

单值嵌套就是通过子查询返回一个单一的数据值。当子查询返回的结果是单个值时，可以使用比较运算符（包括<、>、<=、>=、!=和<>等）参加相关表达式的运算。

【任务描述】

（1）查找图书《Oracle 11g 数据库应用、设计与管理》是由哪一家出版社出版的。

（2）从“图书信息”数据表中查找价格最低且出版日期最晚的图书信息。

【任务实施】

由于“图书信息”数据表中只存储了“图书名称”和“出版社 ID”，没有存储“出版社名称”，有关出版社的数据存放在“出版社”数据表中。

首先分两次完成查询。

第 1 次，从“图书信息”数据表中查询《实用工具软件任务驱动式教程》的对应出版社 ID，并记下其值，查询语句如下：

```
Select 图书名称,出版社 From 图书信息
                        Where 图书名称='Oracle 11g 数据库应用、设计与管理'
```

执行该查询语句，其查询结果如图 4-14 所示。由图可知，《Oracle 11g 数据库应用、设计与管理》的对应出版社 ID 为“4”。

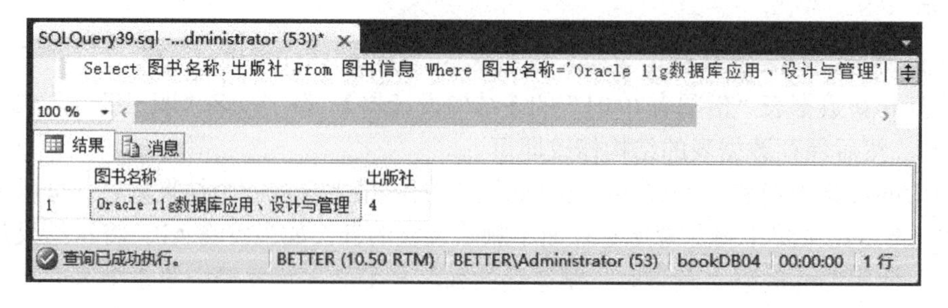

图 4-14 查询《Oracle 11g 数据库应用、设计与管理》的对应出版社 ID

将该查询的脚本保存为 SQL 文件，文件名为“040701SQLQuery.sql”。

第 2 次，从“出版社”数据表中查询出版社 ID 为“4”的出版社名称，查询语句如下：

```
Select 出版社 ID,出版社名称 From 出版社 Where 出版社 ID='4'
```

执行该查询语句，两次查询的结果如图 4-15 所示。由图可知，《Oracle 11g 数据库应用、

设计与管理》的对应出版社名称为“电子工业出版社”。

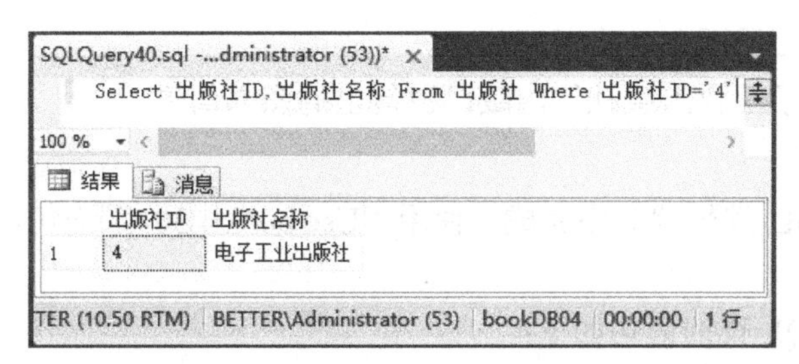

图 4-15　查询《Oracle 11g 数据库应用、设计与管理》的对应出版社名称

将该查询的脚本保存为 SQL 文件，文件名为“040702SQLQuery.sql”。

利用嵌套查询，将以上两次的查询语句组合成一个查询语句，将第 1 次的查询语句作为第 2 次的查询语句的子查询，任务 1 对应的 SQL 查询语句如下：

```
Select 出版社 ID,出版社名称 From 出版社
Where  出版社 ID=(Select 出版社 From 图书信息
                Where 图书名称='Oracle 11g 数据库应用、设计与管理')
```

该查询语句的执行结果如图 4-16 所示。

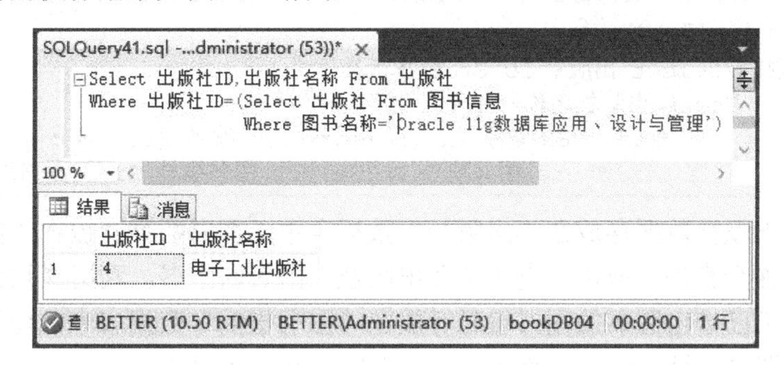

图 4-16　嵌套查询《Oracle 11g 数据库应用、设计与管理》对应的出版社名称

将该查询的脚本保存为 SQL 文件，文件名为“040703SQLQuery.sql”。

任务 2 对应的 SQL 查询语句如下：

```
Select * From 图书信息
Where 出版日期=(Select MAX(出版日期) From 图书信息
              Where 价格=(Select MIN(价格) From 图书信息))
```

该查询语句包含了 3 层嵌套：首先最内层的子查询“Select MIN(价格) From 图书信息”获取图书信息数据表中的最低价格数值；然后作为中层子查询的条件，获取价格最低图书的最晚出版日期；最后外层查询获取价格最低且出版社日期也是最晚的图书信息。

将该查询的脚本保存为 SQL 文件，文件名为“040704SQLQuery.sql”。

【任务 4-7-2】 创建多值嵌套查询

子查询的返回结果是多个值的嵌套查询称为多值嵌套查询。多值嵌套查询经常使用 In 操作符，In 操作符可以测试表达式的值是否与子查询返回结果集中的某一个值相等，如果列值与子查询的结果一致或存在与其匹配的数据行，则查询结果集中就包含该数据行。

【任务描述】

（1）查询所有借阅了图书的借书证信息。

（2）查询由“电子工业出版社”出版已被借出的图书信息。

【任务实施】

以下操作在【SQL 编辑器】中完成，使用“Use bookDB04”语句，先打开“bookDB04”数据库。

任务 1 对应的 SQL 查询语句如下：

```
Select * From 借书证
Where 借书证编号 In(Select 借书证编号 From 图书借阅)
```

分析：由于“图书借阅”数据表中存放了有关图书借阅的信息，若借书证借阅了图书，则此借书证编号就会出现在“图书借阅”数据表中。利用嵌套查询，在“图书借阅”数据表中查询所有已经借阅了图书的借书证编号，然后通过借书证编号到“借书证”数据表中查询对应的借书证信息。

将该查询的脚本保存为 SQL 文件，文件名为“040705SQLQuery.sql”。

任务 2 对应的 SQL 查询语句如下：

```
Select * From 图书信息
Where 出版社=(Select 出版社 ID From 出版社
              Where 出版社名称='电子工业出版社')
                    And ISBN 编号 In (Select ISBN 编号 From 藏书信息
                        Where 图书编号 In(Select 图书编号 From 图书借阅))
```

分析：由于出版社数据存放在“出版社”数据表中，图书数据存放在“图书信息”数据表中，利用 2 层嵌套查询获取由“电子工业出版社”出版的图书。利用 3 层嵌套查询获取已借出的图书，由于已借出图书的图书编号存放在“图书借阅”数据表中，使用内层子查询获取已借出图书的图书编号，中层子查询获取已借出图书的 ISBN 编号，外层获取已被借出且由“电子工业出版社”出版的图书。

将该查询的脚本保存为 SQL 文件，文件名为“040706SQLQuery.sql”。

【任务 4-8】 创建相关子查询

相关子查询不同于嵌套查询，相关子查询的查询条件依赖于外层查询的某个值。在相关子查询中会用到关键字 Exists 引出子查询，Exists 用于在 Where 子句中测试子查询返回的数据行是否存在。如果使用 Exists 操作符查询的结果集不为空，则返回逻辑值，否则返回逻辑假。

【任务描述】

利用相关子查询，查询所有借阅了图书的借书证信息。

【任务实施】

以下操作在【SQL 编辑器】中完成，使用“Use bookDB04”语句，先打开“bookDB04”数据库。

对应的 SQL 查询语句如下：

```
Select 借书证.* From 借书证 Where Exists(Select * From 图书借阅
                                Where 图书借阅.借书证编号=借书证.借书证编号)
```

分析：由于“图书借阅”数据表中存放了图书借阅的数据，若借书证借阅了图书，则该借书证编号就会出现在“图书借阅”数据表中。利用相关子查询，在“图书借阅”数据表中查询所有已借阅图书的借书证编号，然后根据借书证编号到“借书证”数据表中查询对应信息。上面的查询语句中使用了 Exists 关键字，如果子查询中能够返回数据行，即查询成功，则子查询外围的查询也能成功；如果子查询失败，那么外围的查询也会失败，这里 Exists 连接的子查询可以理解为外围查询的触发条件。

将该查询的脚本保存为 SQL 文件，文件名为“040801SQLQuery.sql”。

如使用 Not Exists，当子查询返回空行或查询失败时，外围查询成功；而当子查询成功或返回非空时，则外围查询失败。例如，查询所有没有借阅图书的借书证信息的查询语句如下：

```
Select 借书证.* From 借书证 Where Not Exists(Select * From 图书借阅
                              Where 图书借阅.借书证编号=借书证.借书证编号)
```

将该查询的脚本保存为 SQL 文件，文件名为“040802SQLQuery.sql”。

4.2 创建与使用视图

视图是一种常用的数据库对象，可以把它看成从一个或几个基本表导出的虚表或存储在数据库中的查询，对于视图所引用的源表来说，视图的作用类似于筛选。定义视图的筛选可以来自当前或其他数据库的一个或多个表，或者其他视图。

数据库中只存放了视图的定义，即 SQL 语句，而不存放视图对应的数据，数据存放在源表中，当源表中的数据发生变化时，从视图中查询出的数据也会随之改变。

【任务 4-9】 创建视图

【任务描述】

创建一个名称为“view_电子社 04”的视图，该视图包括由“电子工业出版社”出版的所有图书信息，包括 ISBN 编号、图书名称、作者、价格、出版社名称、图书类型名称等数据。

【任务实施】

1. 打开【视图设计器】

在【SQL Server Management Studio】主窗口的【对象资源管理器】窗口中依次展开“数据库”→“bookDB04”文件夹，右键单击数据表名称“视图”文件夹，在弹出的快捷菜单中选择【新建视图】命令，如图 4-17 所示。弹出【添加表】对话框，同时主菜单中添加了【查询设计器】菜单，显示如图 4-18 所示的【视图设计器】工具栏。

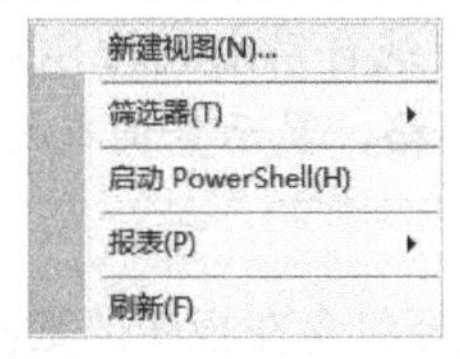

图 4-17　在快捷菜单中选择【新建视图】命令

图 4-18 【视图设计器】工具栏

在【添加表】对话框中，在按住 Ctrl 键的同时，依次单击选择数据表“图书信息”、“出版社”和“图书类型”，如图 4-19 所示。然后单击【添加】按钮，将选择的数据表添加到【视图设计器】中。

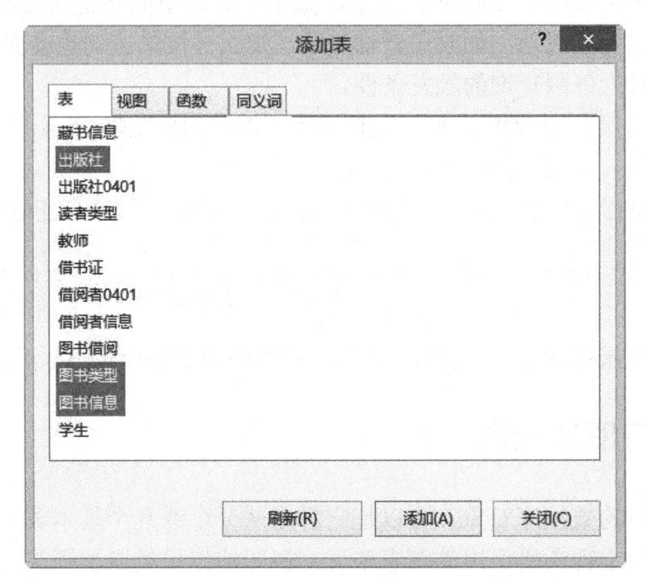

图 4-19 在【添加表】对话框中选 3 个数据表

提 示

在【添加表】对话框中直接双击数据表名称，也可以将数据表添加到【视图设计器】中。

所需的数据表选择完成后，单击【添加表】对话框中的【关闭】按钮关闭该对话框进入【视图设计器】中。

【视图设计器】分为 4 个窗格：数据表关系图窗格、条件窗格、SQL 语句窗格和结果窗格。

说 明

“视图设计器”各组成部分的作用如下。

① “数据表关系图”窗格：显示正在查询的表和其他表对象，每一个矩形代表一个表或者表对象，并显示可用的数据列，连接用矩形之间的连线表示。

② “条件”窗格：显示源数据表的字段，只有选中的字段才会显示在结果中。在显示条件中可以指定相应的选项，例如要显示的数据列、要选择的行、行的分组方式等。

③ “SQL 语句”窗格：显示系统自动生成的 SQL 语句。

④ “结果”窗格：显示一个网格，显示查询或视图检索到的数据。

2. 选择数据列

在“数据表关系图”窗格中，选择包含在视图的数据列：ISBN 编号、图书名称、作者、价格、出版社名称、图书类型名称，此时，“条件”窗格中相应显示了所选择的列名，相应的 SQL 语句也自动显示在“SQL 语句”窗格中。

3．设置输出数据的属性

在“条件”窗格中可以设置字段的别名、排序方式、筛选条件等数据输出属性，这里按“ISBN 编号”的升序排序，在“出版社名称”行的“筛选器”单元格中输入“= '电子工业出版社'”，设置查询条件。

4．运行 SQL 语句

单击【视图设计器】工具栏中的【执行 SQL】按钮，或者选择菜单命令【查询设计器】→【执行 SQL】，开始执行 SQL 语句，在“结果”窗格中就会显示出包含在视图中的数据行，如图 4-20 所示。

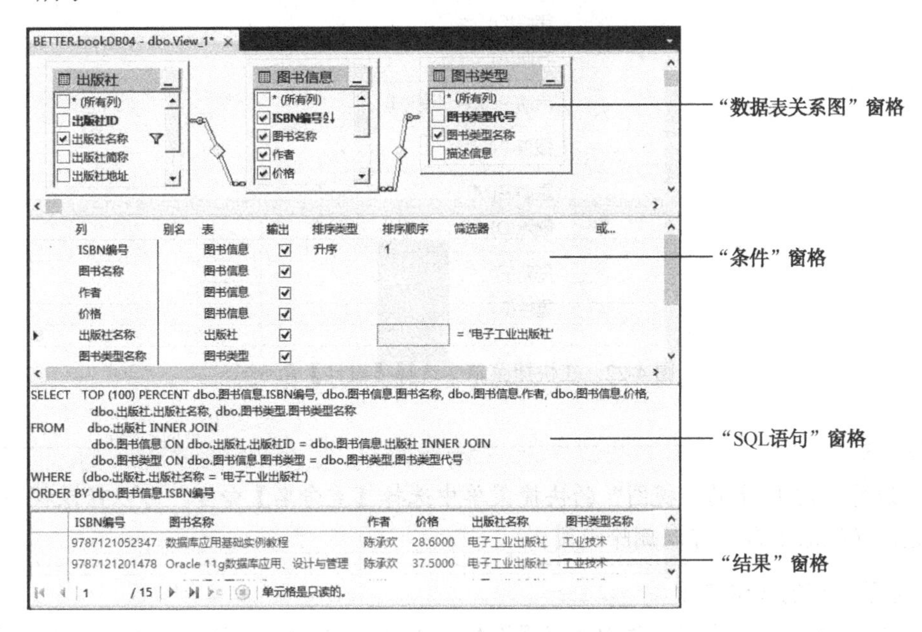

图 4-20　【视图设计器】及查询结果

5．保存视图

单击【标准】工具栏中的【保存】按钮，也可以选择菜单命令【文件】→【保存】，在打开的【选择名称】对话框中输入视图名称“view_电子社 04”，如图 4-21 所示，然后在该对话框单击【确定】按钮即可。

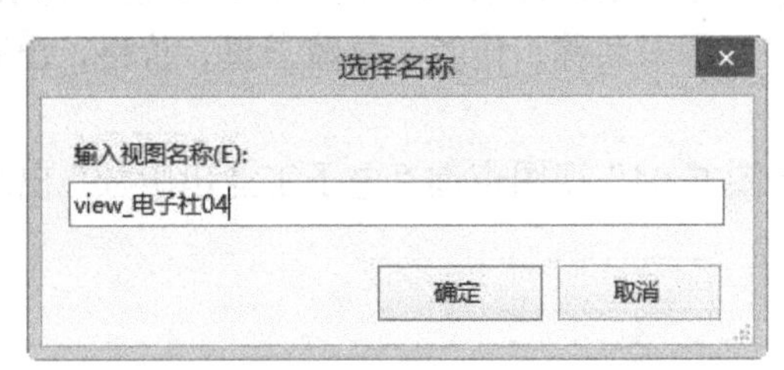

图 4-21　在【选择名称】对话框中输入视图名称

6．修改视图

在【对象资源管理器】窗口中依次展开“数据库”→“bookDB04”→“视图”文件夹，

然后右键单击视图名称“view_电子社 04”，在弹出的快捷菜单中选择【设计】命令，如图 4-22 所示，可以重新打开【视图设计器】窗口，在该窗口中根据进行相应的修改，修改完成后单击工具栏中的【保存】按钮即可。

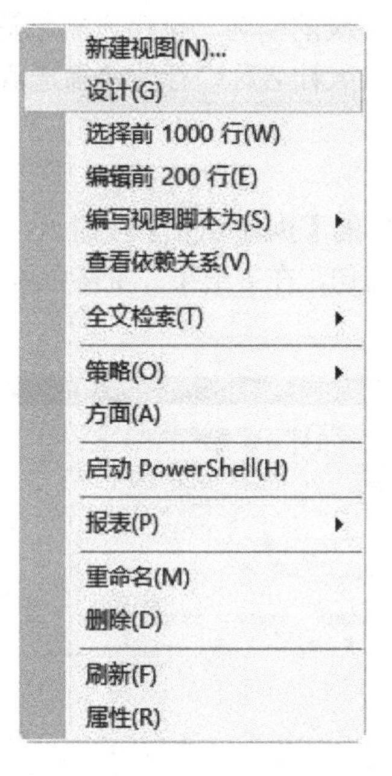

图 4-22　在快捷菜单中选择【设计】命令

提 示

在如图 4-22 所示的“视图”的快捷菜单中选择【重命名】命令，可以修改视图的名称，选择【删除】命令可以删除视图。

7．查看视图的查询结果

在如图 4-22 所示的快捷菜单中选择【选择前 1000 行】命令，可以查看视图的查询结果。

【任务 4-10】使用视图

【任务描述】

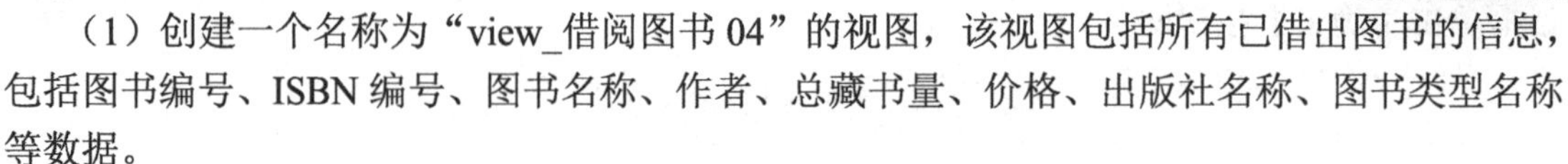

（1）创建一个名称为“view_借阅图书 04”的视图，该视图包括所有已借出图书的信息，包括图书编号、ISBN 编号、图书名称、作者、总藏书量、价格、出版社名称、图书类型名称等数据。

（2）利用“view_借阅图书 04”视图查询“电子工业出版社”出版图书的藏书总数量和总金额。

【任务实施】

1．创建视图

打开【视图设计器】创建一个名为“view_借阅图书 04”的视图，如图 4-23 所示。

2．创建基于视图的查询

打开【SQL 编辑器】，输入以下 SQL 语句：

```
Select SUM(总藏书量) As 藏书总数量,SUM(总藏书量*价格) As 总金额
From view_借阅图书04
Where 出版社名称='电子工业出版社'
```

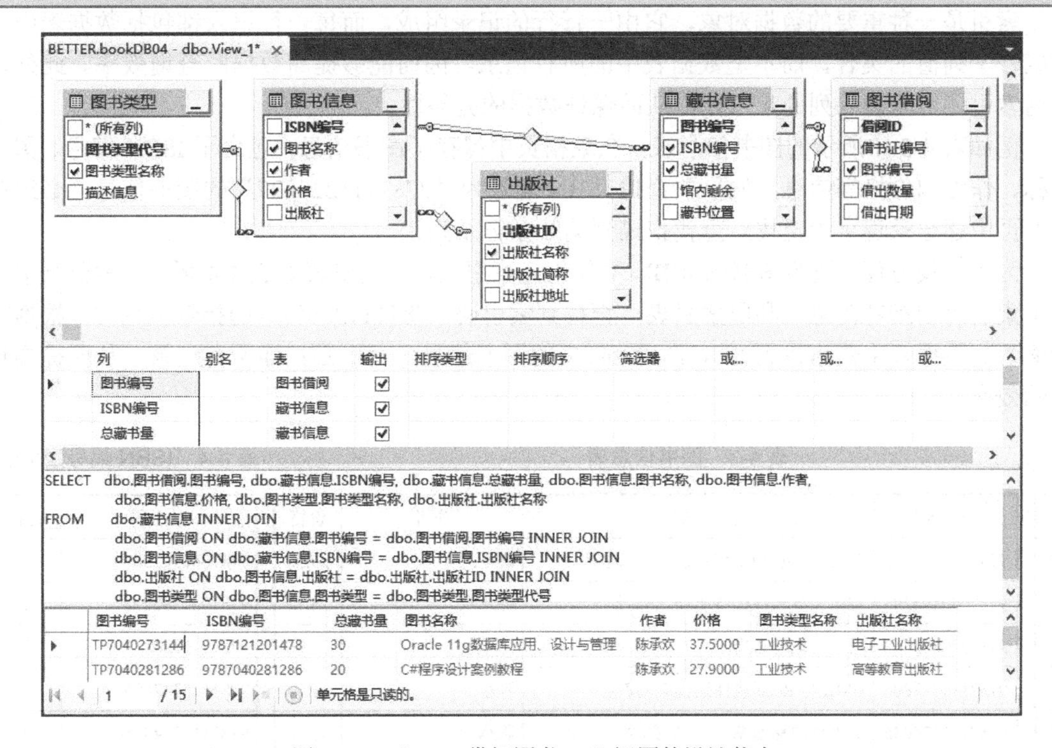

图 4-23　“view_借阅图书 04”视图的设计状态

3. 查看查询结果

单击【SQL 编辑器】工具栏中的【执行】按钮 或者选择菜单命令【查询】→【执行】，在当前数据库中执行 SQL 查询语句，查询结果如图 4-24 所示。

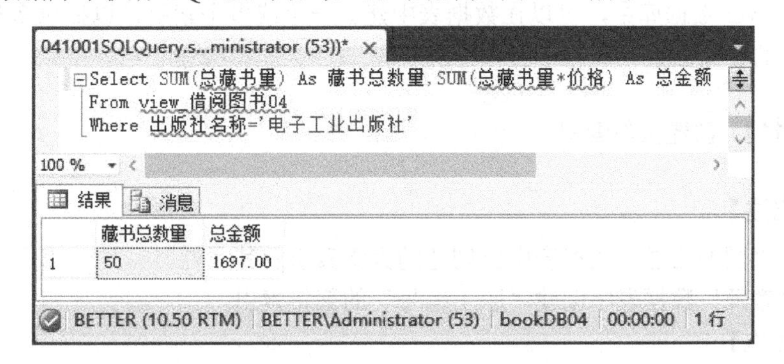

图 4-24　基于视图的查询结果

将该查询的脚本保存为 SQL 文件，文件名为“041001SQLQuery.sql”。

4.3 创建与使用索引

如果要在一本书中快速地查找所需的内容，可以利用目录中给出的章节页码快速地查找

到其对应的内容，而不是一页一页地查找。数据库中的索引与书籍中的目录类似，也允许数据库应用程序利用索引迅速找到表中特定的数据，而不必扫描整个数据表。在图书中，目录是内容和相应页码的列表清单。在数据库中，索引就是数据表中数据和相应存储位置的列表。

索引是一种重要的数据对象，它由一行行的记录组成，而每一行记录都包括数据表中一列或若干列值的集合，而不是数据表中的所有记录，因而能够提高数据的查询效率。此外，使用索引还可以确保列的唯一性，从而保证数据的完整性。

例如表4-3中所示的图书信息表，在数据页中保存了图书信息，包含了ISBN编号、图书名称、作者和价格等信息，如果要查找ISBN编号为“9787111220827”的图书信息，必须在数据页中逐记录逐字段查找，查找扫描到第8条记录为止。

为了查找方便，按照图书的ISBN编号创建索引表，其索引表如表4-4所示。索引表中包含了索引码和指针信息。利用索引表，查找到索引码9787111220827的指针值为8。根据指针值，到数据表中快速找到9787111220827的图书信息，而不必扫描所有记录，从而提高查找的效率。

表4-3 图书信息表

	ISBN编号	图书名称	作者	价格
1	9787121201478	Oracle 11g数据库应用、设计与管理	陈承欢	37.50
2	9787040393293	实用工具软件任务驱动式教程	陈承欢	26.10
3	9787040302363	网页美化与布局	陈承欢	38.50
4	9787115217806	UML与Rose软件建模案例教程	陈承欢	25
5	9787115374035	跨平台的移动Web开发实战	陈承欢	47.30
6	9787121052347	数据库应用基础实例教程	陈承欢	29
7	9787302187363	程序设计导论	陈承欢	23
8	9787111220827	信息系统应用案例教程	陈承欢	20

表4-4 ISBN编号索引表

索引码	指针
9787040302363	3
9787040393293	2
9787111220827	8
9787115217806	4
9787115374035	5
9787121052347	6
9787121201478	1
9787302187363	7

在SQL Server数据库中，可以在数据表中建立一个或多个索引，以提供多种存取路径，快速定位数据的存储位置。

【任务4-11】创建聚集索引

【任务描述】

（1）查看“图书信息”数据表中已创建的聚集索引及其属性。

（2）在“教师”数据表中创建“职工编号”的聚集索引。

【任务实施】

1．查看“图书信息”数据表中已创建的聚集索引及其属性

（1）查看数据表中已创建的索引

在【SQL Server Management Studio】主窗口的【对象资源管理器】窗口中依次展开“数据库”→“bookDB04”→“表”→“dbo.图书信息”→“索引”文件夹，在“索引”文件夹中，可以发现已存在1个聚集索引“PK_图书信息”，如图4-25所示，该聚集索引是在数据表“图书信息”中创建主键约束时自动创建的。

（2）查看索引属性

在【对象资源管理器】窗口中，双击索引名称“PK_图书信息”，也可以右键单击索引名称“PK_图书信息”，在弹出的快捷菜单中选择【属性】命令，打开【索引属性 - PK_图书信息】对话框，如图 4-26 所示。

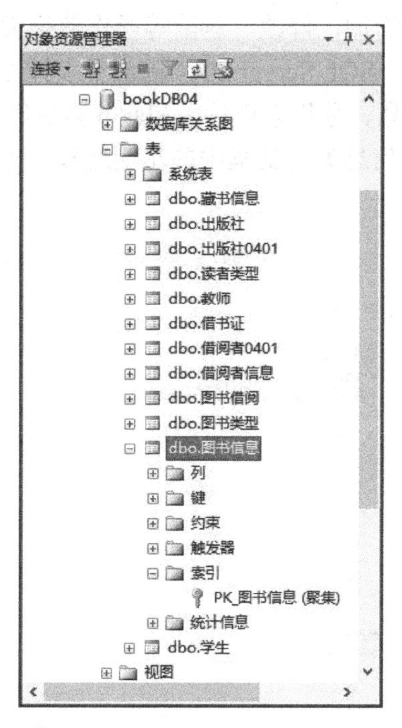

图 4-25　在【对象资源管理器】窗口中查看已有的索引

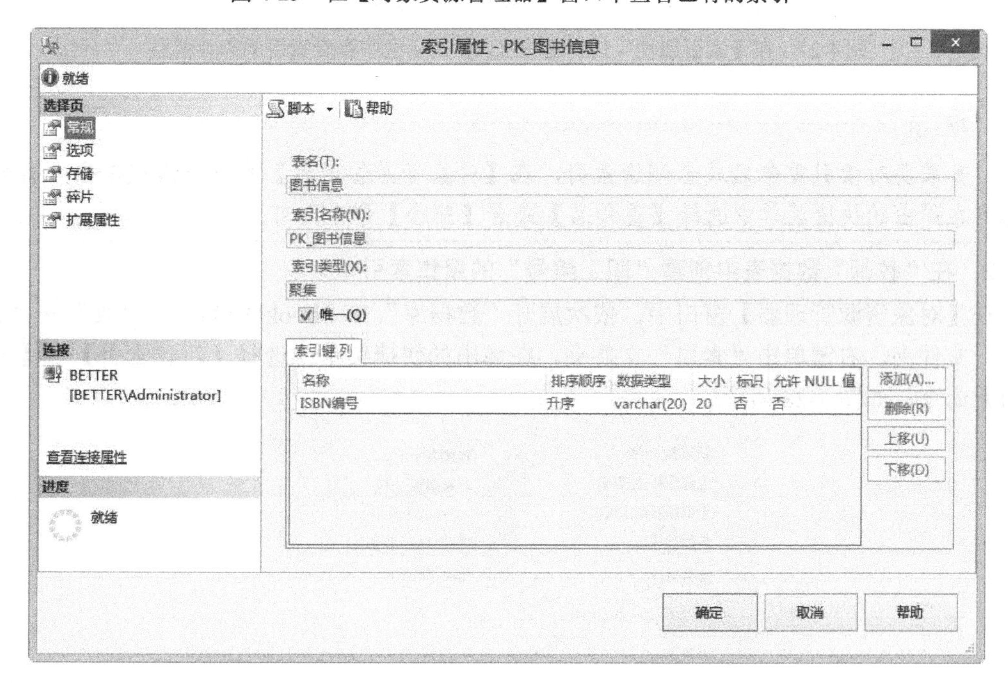

图 4-26　查看索引“PK_图书信息”的属性

在“常规”界面的“表名”文本框中默认显示了该索引所属的数据表“图书信息”；“索引名称”文本框中显示了索引的名称“PK_图书信息”；“索引类型”下拉列表框中显示了索引类型为“聚集”，即聚集索引；如果“唯一”复选框被选中，则表示该索引是唯一索引。

（3）查看索引的碎片信息

创建索引之后，由于数据增加、修改、删除等操作使得索引页出现碎片，为了提高系统的性能，必须对索引进行维护。SQL Server 2014 提供了多种工具用于维护索引。这些维护包括查看碎片信息、维护统计信息、分析索引性能和删除索引等。

在【索引属性 - PK_图书信息】对话框中的左侧选择“碎片”选项，可以查看索引的碎片信息，如图 4-27 所示。

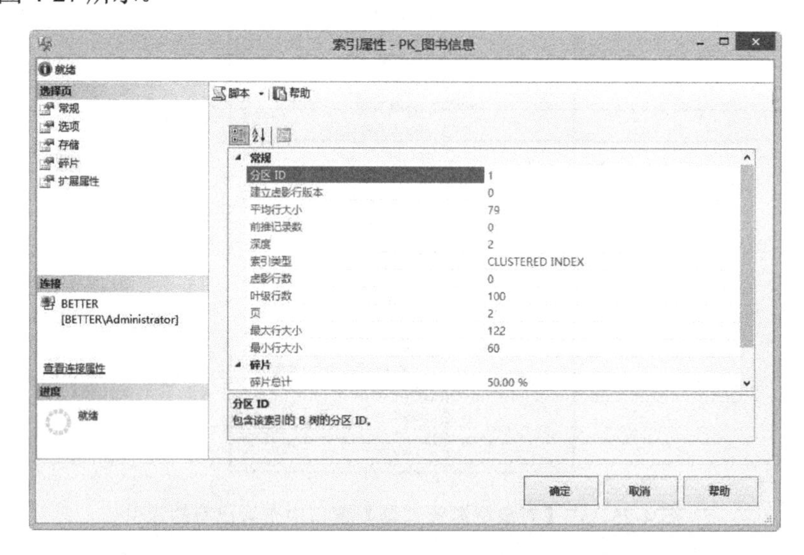

图 4-27　在【索引属性 - PK_图书信息】对话框中查看索引的碎片信息

提 示

如果要对索引重命名或者删除索引，在【对象资源管理器】窗口中右键单击索引名称，在弹出的快捷菜单中选择【重命名】或者【删除】命令即可。

2. 在“教师”数据表中创建“职工编号”的聚集索引

在【对象资源管理器】窗口中，依次展开“数据库”→“bookDB04”→“表”→“dbo.教师”文件夹，右键单击“索引”文件夹，在弹出的快捷菜单中选择【新建索引】→【聚集索引】命令，如图 4-28 所示。

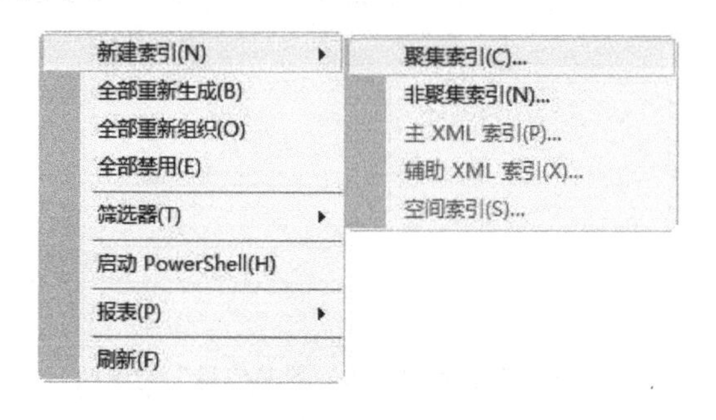

图 4-28　在快捷菜单选择【新建索引】命令

在弹出的【新建索引】对话框中的“常规”界面中，默认的表名为“教师”，在“索引名称”文本框中输入索引的名称“PK_教师”，在“索引类型”下拉列表框中选择“聚集”。

单击【添加】按钮，弹出【从“dbo.教师”中选择列】对话框，在该对话框的“表列”列表框中选中“职工编号”左侧的复选框，如图 4-29 所示。然后单击【确定】按钮返回【新建索引】对话框，如图 4-30 所示。

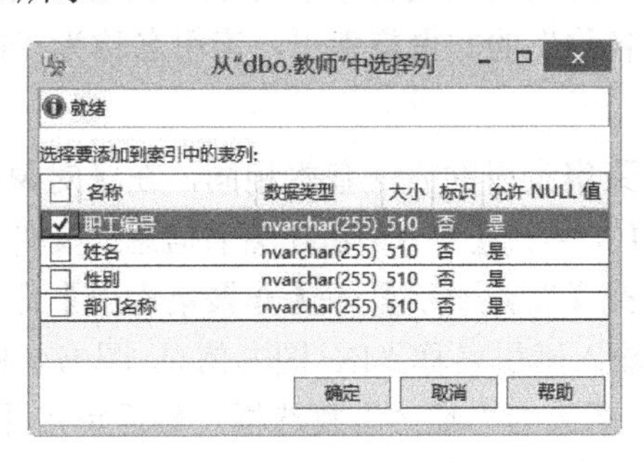

图 4-29　选择“职工编号”列

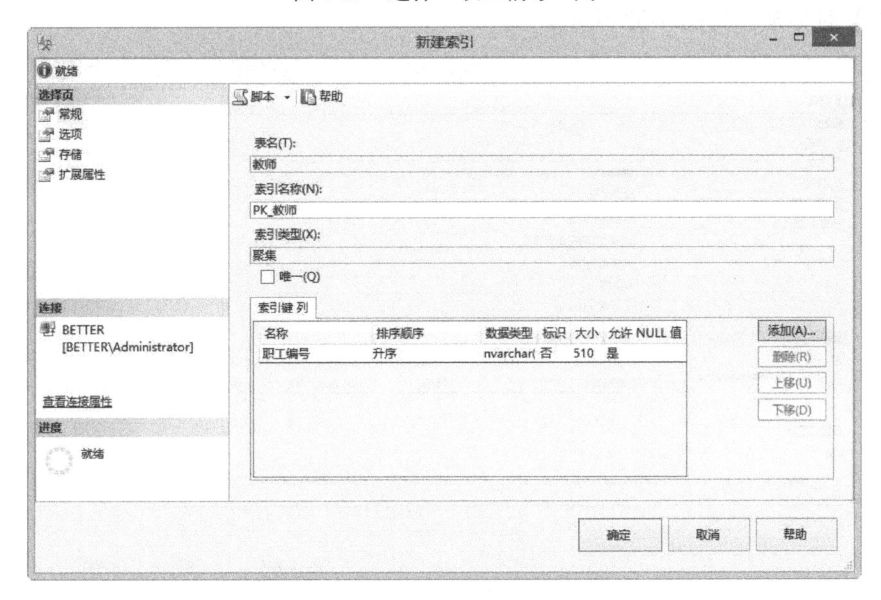

图 4-30　【新建索引】对话框

在【新建索引】对话框中单击【确定】按钮返回【对象资源管理器】窗口，同时在数据表“教师”的“索引”文件夹中创建一个聚集索引，如图 4-31 所示。

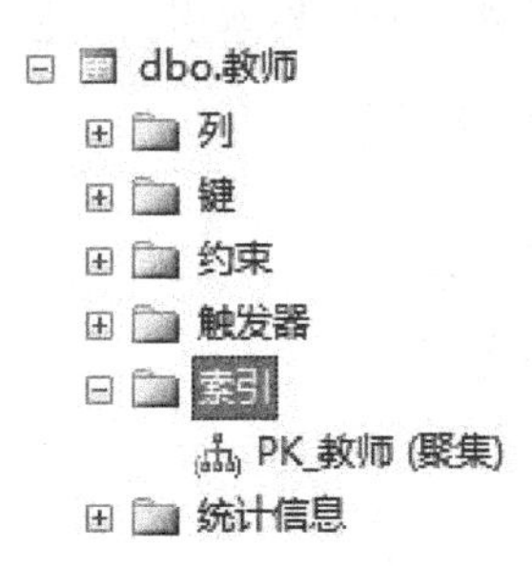

图 4-31　在数据表“教师”中创建的聚集索引

【任务 4-12】 创建非聚集索引

【任务描述】

在图书管理系统中，由于经常要使用图书名称进行查询，为了提高查询速度，在“图书信息”数据表中创建“图书名称”的非聚集索引，索引名称为“IX_图书信息_图书名称”。

【任务实施】

创建非聚集索引与创建聚集索引的方法基本相同，在【对象资源管理器】窗口中依次展开“数据库”→“bookDB04”→“表”→“dbo.图书信息”文件夹，右键单击“索引”文件夹，在弹出的快捷菜单中选择【新建索引】→【非聚集索引】命令，在【新建索引】对话框中的“索引名称”文本框中输入索引名称“IX_图书信息_图书名称”，在“索引类型”下拉列表框中选择“非聚集”，这里不选中“唯一”复选框。然后单击【添加】按钮打开【从“dbo.图书信息”中选择列】对话框，在该对话框中选中“图书名称”列，单击【确定】按钮返回【新建索引】对话框，如图 4-32 所示。

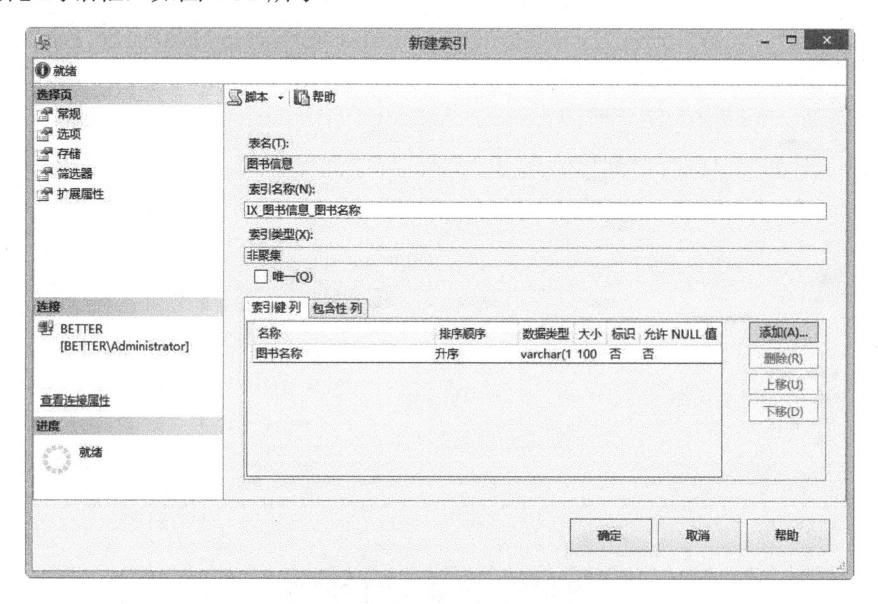

图 4-32　在【新建索引】对话框中创建非聚集索引

在【新建索引】对话框单击【确定】按钮，返回【对象资源管理器】窗口，同时在数据表“教师”的“索引”文件夹中创建一个聚集索引，如图 4-33 所示。

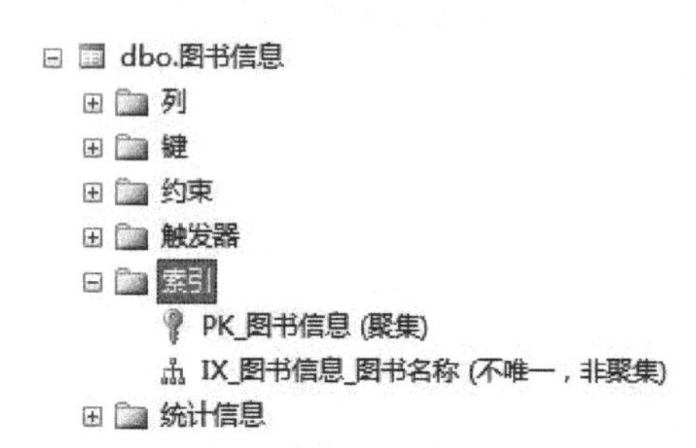

图 4-33　在数据表“图书信息”中创建的非聚集索引

（1）在数据查询中，Select 和______语句是 select 语句必需的两个关键字。

（2）在 Select 查询语句中，使用______关键字可以消除重复行。

（3）使用______子句进行排序时，升序用关键字 ASC 表示，降序使用关键字表示。

（4）在 Where 子句中，使用字符匹配符______或______可以把表达式与字符串进行比较，从而实现对字符串的模糊查询。

（5）______子句查询与 where 子句查询类似，不同的是 where 子句限定于行的查询，而该子句限定于对统计组的查询。

（6）等值连接就是在连接条件中使用比较运算符______来比较连接列的值，其查询结果中列出两表符合条件的所有数据，并且包括重复列。

（7）联合查询是指将多个不同的查询结果连接在一起组成一组数据的查询方式。联合查询使用______关键字连接各个 Select 子句。

（8）在 Transact-SQL 语言中，一个 Select-From-Where 语句称为一个查询块。将一个查询块嵌套在另一个查询块的______子句或______子句条件中的查询称为嵌套查询。

（9）视图是由______语句组成的查询定义的虚拟表，是查看表中数据的另一种方式。

（10）在关系数据库中，______是一种可以加快数据检索速度的数据结构，主要用于提高数据库查询数据性能。

单元 5

以 SQL 语句方式操作 SQL Server 数据库及其对象

Transact-SQL 是一种交互式结构化查询语言，使用 Transact-SQL 编写应用程序可以完成所有的数据库操作和管理工作。对于用户来说，Transact-SQL 是唯一可以和 SQL Server 数据库管理系统进行交互的语言。任何应用程序，只要向数据库管理系统发出命令以获得数据库管理系统的响应，最终都必须体现为以 Transact-SQL 语句为表现形式的指令。

教学目标	(1) 学会使用 SQL 语句创建数据库、修改数据库、创建数据表、修改数据表结构 (2) 熟练使用 SQL 语句向数据表中插入记录，更新、删除数据表中的记录 (3) 学会使用 SQL 语句设置数据表的约束 (4) 熟练使用 Select 语句从数据表中检索数据 (5) 熟练使用 SQL 语句创建视图、修改视图 (6) 学会利用视图查询与更新数据表中的数据 (7) 学会使用 Create Index 语句创建索引 (8) 学会查看服务器及对象信息 (9) 学会查看服务器上所有数据库的信息 (10) 学会创建数据库快照 (11) 熟悉 Transact-SQL 的语言类型及常用的语句 (12) 熟悉查询、插入、更新和删除数据表或视图中数据语句的语法格式 (13) 一般掌握创建、修改与删除数据库及对象语句的语法格式 (14) 了解授予、撤销和拒绝用户或角色的权限语句的语法格式
教学方法	任务驱动法、分组讨论法、理论实践一体化
课时建议	6 课时

在操作实战之前，将配套资源的“起点文件”文件夹中的“05”子文件夹及相关文件复制到本地硬盘中，然后准备 1 个 Excel 文件 bookDB05.xls，该文件中包含多个工作表，本单元各个数据表中的数据来源于该 Excel 文件。

1. Transact-SQL 的语言类型及常用的语句

Transact-SQL 的语言类型及常用的语句如表 5-1 所示。

表 5-1　Transact-SQL 的语言类型及常用的语句

语言类型	功能描述	常用语句
数据定义语言（DDL）	用于创建、修改和删除数据库对象，这些数据库对象主要包括：数据库、数据表、视图、索引、函数、存储过程、触发器等	Create 语句：用于创建对象； Alter 语句：用于修改对象； Drop 语句：用于删除对象
数据操纵语言（DML）	用于操纵和管理数据表和视图，包括查询、插入、更新和删除数据表中的数据	Select 语句：用于查询表或视图中的数据； Insert 语句：用于向表或视图中插入数据； Update 语句：用于更新表或视图中的数据； Delete 语句：用于删除表或视图中的数据
数据控制语言（DCL）	用于设置或者更改数据库用户或角色的权限	Grant（授予）：用于授予用户或角色某个权限； Revoke（撤销）：用于撤销用户或角色的某个权限； Deny（拒绝）：用于禁止用户或角色取得某个权限

2. 使用数据操纵语言（DML）查询、插入、更新和删除数据表或视图中的数据

使用数据操纵语言（Data Manipulation Language，DML）可以对数据表中的数据进行管理，常用的语句包括 Select 语句、Insert 语句、Update 语句和 Delete 语句，各个语句的使用方法如表 5-2 所示。

表 5-2　数据操纵语言（DML）常用语句的使用方法

语 句 名	语 法 格 式
Select	Select　<输出列表> Into　<新表名> From　<数据源列表> Where　<查询条件表达式> Group By　<分组表达式> Having　<过滤条件> Order By　<排序表达式>　ASC | DESC
Insert	Insert Into 表名(字段名列表)　Values(字段值列表)
Update	Update 表名 Set 字段名=字段值 Where 条件
Delete	Delete From 表名 Where 条件

3. 使用数据定义语言（DDL）创建、修改与删除数据库及对象

数据定义语言（Data Definition Language，DDL）主要用于创建、修改和删除数据库、数据表、视图、索引、函数、存储过程、触发器等数据库对象，常用的语句包括 Create 语句、Alter 语句和 Drop 语句。

使用 Create 语句创建数据库及对象的语法格式如表 5-3 所示。

表 5-3　使用 Create 语句创建数据库及对象

<table>
<tr><th>对　象　名</th><th>语句的语法格式</th></tr>
<tr><td>数据库</td><td>Create Database 数据库名</td></tr>
<tr><td>数据表</td><td>Create Table 数据表名</td></tr>
<tr><td>视图</td><td>Create View 视图名</td></tr>
<tr><td>索引</td><td>Create Index 索引名 On 表名 | 视图名</td></tr>
<tr><td>函数</td><td>Create Function 函数名(@输入参数名 ，参数类型)
Returns 函数返回值类型 | Table | @返回表名
Table (返回表的结构定义)
As 函数体</td></tr>
<tr><td>存储过程</td><td>Create Procedure | Proc 存储过程名</td></tr>
<tr><td>触发器</td><td>Create Trigger 触发器名 On 表名或视图名</td></tr>
<tr><td>登录名</td><td>Create Login 登录名</td></tr>
<tr><td rowspan="2">角色</td><td>Create Role 角色名</td></tr>
<tr><td>Create Application Role 角色名 With Password = '密码'</td></tr>
<tr><td>用户</td><td>Create User 用户名 For Login 登录名</td></tr>
<tr><td>架构</td><td>Create Schema 架构名</td></tr>
<tr><td>规则</td><td>Create Rule 规则名 As 条件</td></tr>
</table>

使用 Alter 语句修改数据库及对象的语法格式如表 5-4 所示。

表 5-4　使用 Alter 语句修改数据库及对象

<table>
<tr><th>对　象　名</th><th>语句的语法格式</th></tr>
<tr><td>数据库</td><td>Alter Database 数据库名</td></tr>
<tr><td>数据表</td><td>Alter Table 数据表名</td></tr>
<tr><td>视图</td><td>Alter View 视图名</td></tr>
<tr><td>索引</td><td>Alter Index 索引名 On 表名 | 视图名</td></tr>
<tr><td>函数</td><td>Alter Function Returns … As …</td></tr>
<tr><td>存储过程</td><td>Alter Procedure | Proc 存储过程名</td></tr>
<tr><td>触发器</td><td>Alter Trigger 触发器名 On 表名或视图名</td></tr>
<tr><td>登录名</td><td>Alter Login 登录名</td></tr>
<tr><td>角色</td><td>Alter Role 角色原名 With Name=角色新名</td></tr>
<tr><td>用户</td><td>Alter User 用户名 With <set_item></td></tr>
<tr><td>架构</td><td>Alter Schema 架构名 Transfer 对象名</td></tr>
</table>

使用 Drop 语句删除数据库及对象的语法格式如表 5-5 所示。

表5-5　使用Drop语句删除数据库及对象

对　象　名	语句的语法格式
数据库	Drop Database 数据库名
数据表	Drop Table 数据表名
视图	Drop View 视图名
索引	Drop Index 表名.索引名 ｜ 视图名.索引名
函数	Drop Function 函数名
存储过程	Drop Procedure | Proc 存储过程名
触发器	Drop Trigger 触发器名 On 表名或视图名
登录名	Drop Login 登录名
角色	Drop Role 角色名
用户	Drop User 用户名
架构	Drop Schema 架构名
规则	Drop Rule 规则名

4．使用数据控制语言（DCL）授予、撤销和拒绝用户或角色的权限

权限用来控制用户如何访问数据库对象，用户可以直接分配到权限，也可以作为角色中的一个成员间接得到权限。SQL Server中的权限分为两种：对象权限和语句权限。

对象权限是指用户对数据库对象进行操作的权限。

授予对象权限使用Grant语句完成，其语法格式如下：

```
Grant 权限名称 On 对象名 To 用户名
```

对于已授予的对象权限可以进行撤销，使用Revoke语句完成，其语法格式如下：

```
Revoke 权限名称 On 对象名 From 用户名
```

为了阻止用户使用某对象权限，除了可以撤销用户的该对象权限以外，还可以使用Deny语句拒绝该对象权限的访问。使用Deny语句拒绝对象权限访问，其语法格式如下：

```
Deny 权限名称 On 对象名 From 用户名
```

语句权限是指用户对数据库或数据对象语句的使用权限。例如创建数据表需要使用Create Table语句，用户如果需要创建数据表，就必须有使用Create Table语句的权限。

授予语句使用Grant语句来实现，其语法格式如下：

```
Grant SQL语句 To 用户名
```

撤销已授予的语句权限使用Revoke语句来实现，其语法格式如下：

```
Revoke SQL语句 From 用户名
```

拒绝语句权限使用Deny语句来实现，其语法格式如下：

```
Deny SQL语句 From 用户名
```

5.1 使用 SQL 语句定义与操作数据库

【任务 5-1】使用 Create Database 语句创建数据库

【任务描述】

创建图书管理数据库，命名为“book”，将该数据库的主数据文件存储在文件夹“05”中，主数据文件的逻辑名称为“book_data”，物理文件名为“bookDB05_data.mdf”，初始大小为10MB，不限制增长，增量为 1MB；该数据库日志文件的逻辑名称为“book_log”，物理文件名为“bookDB05_log.ldf”，初始大小为 5MB，最大大小为 15MB，增量为 10%。

【任务实施】

（1）打开【SQL 编辑器】

在【SQL Server Management Studio】主窗口中单击【标准】工具栏中的【新建查询】按钮，打开一个新的【SQL 编辑器】窗口。

提 示

也可以选择菜单命令【文件】→【新建】→【数据库引擎查询】，如图 5-1 所示，此时会弹出【连接到数据库引擎】对话框，单击【连接】按钮也会打开【SQL 编辑器】窗口。

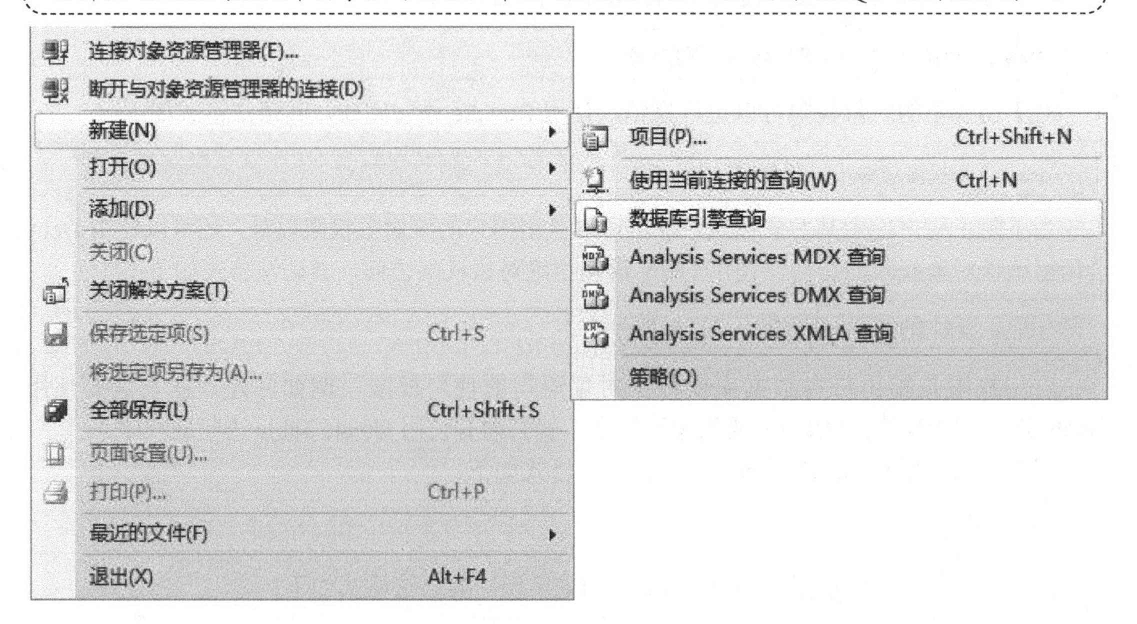

图 5-1 在快捷菜单中选择【数据库引擎查询】命令

（2）输入 SQL 语句

在【SQL 编辑器】窗口中输入以下语句。

```
Create Database book
On
(
  Name=book_data,       /*注意由逗号分隔*/
  Filename='D:\SQL Server 2014 数据库\05\bookDB05_data.mdf',
                        /*注意使用半角单引号，文件夹"05"必须已经存在*/
  Size=10MB,
  Maxsize=Unlimited,
  Filegrowth=1MB)       /*注意没有逗号*/
  Log On
  (
  Name=book_log,        /*注意由逗号分隔*/
  Filename='D:\SQL Server 2014 数据库\05\bookDB05_log.ldf',
                        /*注意使用半角单引号，文件夹"05"必须已经存在*/
  Size=5MB,
  Maxsize=15MB,
  Filegrowth=10%        /*注意这里没有逗号*/
 )
```

（3）分析 SQL 语句的正确性

单击【SQL 编辑器】工具栏中的【分析】按钮✓或者选择菜单命令【查询】→【分析】，对 SQL 语句进行语法分析，保证上述语句语法的正确性。

（4）执行 SQL 语句与查看执行结果

单击【SQL 编辑器】工具栏中的【执行】按钮 ! 执行(X) 或者选择菜单命令【查询】→【执行】或者直接按 F5 键，执行上述 SQL 语句。

如果 SQL 语句成功执行，在“消息”窗格中将会出现“命令已成功完成”的提示信息。

在【对象资源管理器】窗口中右键单击“数据库”文件夹，在弹出的快捷菜单中选择【刷新】命令，如图 5-2 所示，展开“数据库”文件夹可以看到新创建的数据库“book”，如图 5-3 所示。

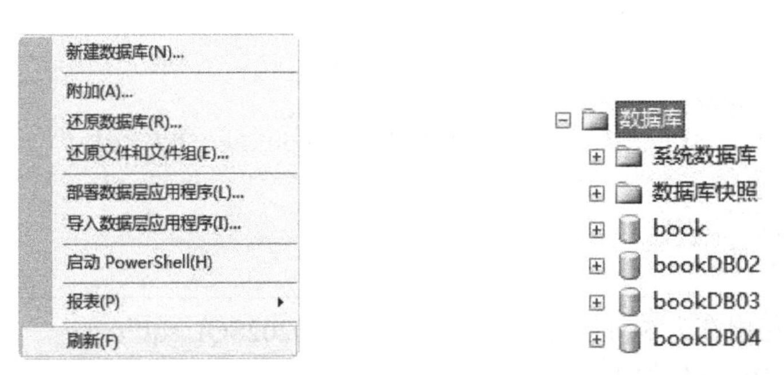

图 5-2　在快捷菜单中选择【刷新】命令　　图 5-3　查看新创建的数据库“book”

（5）保存 SQL 语句

单击【标准】工具栏中的【保存】按钮或者选择菜单命令【文件】→【保存】，打开【另存文件为】对话框，在该对话框中定位到保存 SQL 语句的文件夹，输入文件名“050101SQL.sql”，然后单击【保存】按钮即可。

提 示

后面各个任务的操作过程类似，如果没有特别说明，都按以下过程完成：

首先在【SQL 编辑器】中输入正确的 SQL 语句，然后单击【SQL 编辑器】工具栏中的【分析】按钮，对 SQL 语句进行语法分析，保证上述语句语法的正确性。接着单击【SQL 编辑器】工具栏中的【执行】按钮或按 F5 键执行上述 SQL 语句，如果 SQL 语句成功执行，在“消息”窗格中将会出现“命令已成功完成”的提示信息。

【任务 5-2】 使用 Alter Database 语句修改数据库

【任务描述】

（1）将任务 5-1 中创建的数据库“book”改名为“bookDB05”。

（2）图书管理数据库 bookDB05 使用一段时间后，随着数据量的不断增大，发现数据库空间不够。现增加一个数据文件存储在文件夹“05”中，该数据文件的逻辑名称为“bookDB0502”，物理文件名为“bookDB0502.ndf”，初始大小为 10MB，最大大小为 2GB，增量为 5MB。

（3）为图书管理数据库 bookDB05 增加一个事务日志文件，同样存储在文件夹“05”中，事务日志文件的逻辑名称为“bookDB0502_log”，物理文件名为“bookDB0502_log.ldf”初始大小为 5MB。

（4）对图书管理数据库 bookDB05（简称为数据库“bookDB05”）进行修改后，查看其信息。

【任务实施】

（1）对应的 SQL 语句如下：

```
sp_renamedb book,bookDB05
```

将该 SQL 语句保存为 SQL 文件，文件名为“050201SQL.sql”。

（2）对应的 SQL 语句如下：

```
Alter Database bookDB05
Add File
(
  Name=bookDB0502,
  Filename='D:\SQL SERVER 2014 数据库\05\bookDB0502.ndf',
  Size=10MB,
  Maxsize=2GB,
  Filegrowth=5MB
)
```

将该 SQL 语句保存为 SQL 文件，文件名为“050202SQL.sql”。

（3）对应的 SQL 语句如下：

```
Alter Database bookDB05
Add Log File
(
  Name=bookDB0502_log,
  Filename='D:\SQL SERVER 2014 数据库\05\bookDB0502_log.ndf',
  Size=5MB
)
```

将该 SQL 语句保存为 SQL 文件，文件名为“050203SQL.sql”。

（4）对应的 SQL 语句如下：

```
sp_helpdb bookDB05
```

结果如图 5-4 所示。

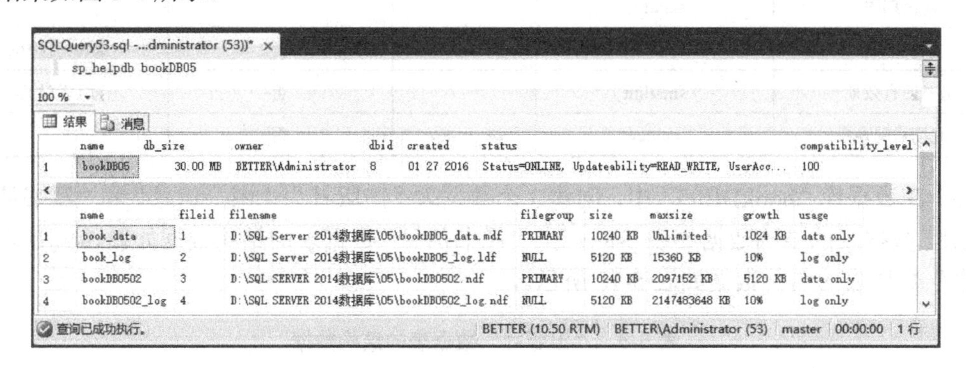

图 5-4　查看图书管理数据库 bookDB05 的信息

提 示

如果要删除数据库，则在【SQL 编辑器】中输入 SQL 语句“Drop Database 数据库名称”，然后按 F5 键执行即可。

5.2 使用 SQL 语句定义与操作数据表

【任务 5-3】使用 Create Table 语句创建数据表

【任务描述】

（1）在数据库“bookDB05”中，创建“图书类型”数据表，该数据表的结构数据如表 5-6 所示。

表 5-6　“图书类型”数据表的结构数据

字段名称	数据类型	字段长度	是否允许 Null 值	约　束
图书类型代号	varchar	2	否	主键约束
图书类型名称	varchar	50	否	唯一约束
描述信息	varchar	100	是	无

（2）在数据库“bookDB05”中，创建“读者类型”数据表，该数据表的结构数据如表 5-7 所示。

表 5-7　“读者类型”数据表的结构数据

字段名称	数据类型	字段长度	是否允许 Null 值	约　束
读者类型编号	char	2	否	主键约束

续表

字段名称	数据类型	字段长度	是否允许 Null 值	约　　束
读者类型名称	varchar	30	否	唯一约束
限借数量	smallint		否	
限借期限	smallint		否	
续借次数	smallint		否	默认值约束
借书证有效期	smallint		否	默认值约束
超期日罚金	money		否	

（3）在数据库“bookDB05”中，创建 3 个数据表“出版社”、“图书信息”和“藏书信息”。“出版社”数据表的结构数据如表 5-8 所示，“图书信息”数据表的结构数据如表 5-9 所示，“藏书信息”数据表的结构数据如表 5-10 所示。。

表 5-8　“出版社”数据表的结构数据

字段名称	数据类型	字段长度	是否允许 Null 值	约　　束
出版社 ID	int		否	主键约束、自动编号的标识列
出版社名称	varchar	50	否	唯一约束
出版社简称	varchar	16	是	唯一约束
出版社地址	varchar	50	是	
邮政编码	char	6	是	
出版社 ISBN	varchar	10	是	

表 5-9　“图书信息”数据表的结构数据

字段名称	数据类型	字段长度	是否允许 Null 值	约　　束
ISBN 编号	varchar	20	否	主键约束
图书名称	varchar	100	否	
作者	varchar	40	是	
价格	money		否	
出版社	int		否	外键约束
出版日期	date		是	检查约束（check）
图书类型	varchar	2	否	外键约束
封面图片	image		是	
图书简介	text		是	

表 5-10　“藏书信息”数据表的结构数据

字段名称	数据类型	字段长度	是否允许 Null 值	约　　束
图书编号	char	12	否	主键约束
ISBN 编号	varchar	20	否	外键约束
总藏书量	smallint		否	

续表

字段名称	数据类型	字段长度	是否允许 Null 值	约　束
馆内剩余	smallint		否	
藏书位置	varchar	20	否	
入库时间	datetime		是	检查约束

（4）在数据库“bookDB05”中，创建 3 个数据表“借阅者信息”、“借书证”和“图书借阅”。“借阅者信息”数据表的结构数据如表 5-11 所示，“借书证”数据表的结构数据如表 5-12 所示，“图书借阅”数据表的结构数据如表 5-13 所示。这里对各个数据表暂不创建约束，将在任务 5-4 中通过修改数据表的方法创建约束。

表 5-11　“借阅者信息”数据表的结构数据

字段名称	数据类型	字段长度	是否允许 Null 值	约　束
借阅者编号	varchar	20	否	主键约束
姓名	varchar	20	否	
性别	char	2	是	检查约束
部门名称	varchar	30	是	

表 5-12　“借书证”数据表的结构数据

字段名称	数据类型	字段长度	是否允许 Null 值	约　束
借书证编号	varchar	7	否	主键约束
借阅者编号	varchar	20	否	外键约束
姓名	varchar	20	否	
办证日期	date		是	检查约束
读者类型	char	2	否	外键约束
借书证状态	char	1	否	默认值约束
证件类型	varchar	20	是	
证件编号	varchar	20	是	
办证操作员	varchar	20	是	

表 5-13　“图书借阅”数据表的结构数据

字段名称	数据类型	字段长度	是否允许 Null 值	约　束
借阅 ID	int		否	主键约束
借书证编号	varchar	7	否	外键约束
图书编号	char	12	否	外键约束
借出数量	smallint		否	默认值约束
借出日期	date		否	检查约束
应还日期	date		否	检查约束
借阅操作员	varchar	20	是	

续表

字段名称	数据类型	字段长度	是否允许 Null 值	约　束
归还操作员	varchar	20	是	
图书状态	varchar	10	否	默认值约束

【任务实施】

1. 创建包含有主键约束、唯一约束和非空字段的数据表

对应的SQL语句如下：

```
Use bookDB05
go
--创建"图书类型"数据表
Create Table 图书类型
(
  图书类型代号 varchar(2) Primary Key Not Null,
  图书类型名称 varchar(50) Constraint UQ_图书类型_1 Unique Not Null,
  描述信息 varchar(100) Null
)
```

将该SQL语句保存为SQL文件，文件名为“050301SQL.sql”。

使用 SQL 语句完成相关操作时，首先需要使用“Use bookDB05”语句打开数据库“bookDB05”，然后再执行相应的 SQL 语句。后面各项任务中如果需要打开数据库“bookDB05”，均需要使用 Use bookDB05 语句，但为了简化代码，Use bookDB05 语句被省略。

2. 创建包含有主键约束、唯一约束和默认值约束的数据表

对应的SQL语句如下：

```
Use bookDB05
go
--创建"读者类型"数据表
Create Table 读者类型
(
  读者类型编号 char(2) Primary Key Not Null,
  读者类型名称 varchar(30) Constraint UQ_读者类型_1 Unique Not Null,
  限借数量 smallint Not Null,
  限借期限 smallint Not Null,
  续借次数 smallint Not Null Default 1,
  借书证有效期 smallint Not Null Default 3,
  超期日罚金 money Not Null
)
```

将该SQL语句保存为SQL文件，文件名为“050302SQL.sql”。

3. 创建包含主键与外键关联的数据表

创建包含主键与外键关联的数据表的SQL语句如表5-14所示。

表 5-14　创建包含主键与外键关联的数据表的 SQL 语句

行号	SQL 语句
01	Use bookDB05
02	go
03	--创建"出版社"数据表
04	Create Table 出版社
05	(
06	出版社 ID int Identity(1,1) Constraint PK_出版社 Primary Key Not Null,
07	出版社名称 varchar(50) Constraint UQ_出版社_1 Unique Not Null,
08	出版社简称 varchar(16) Constraint UQ_出版社_2 Unique Null,
09	出版社地址 varchar(50) Null,
10	邮政编码 char(6) Null,
11	出版社 ISBN varchar(10) Null
12	)
13	go
14	--创建"图书信息"数据表
15	Create Table 图书信息
16	(
17	ISBN 编号 varchar(20) Constraint PK_图书信息 Primary Key Not Null,
18	图书名称 varchar(100) Not Null,
19	作者 varchar(40) Null,
20	价格 money Not Null,
21	出版社 int Not Null Constraint FK_图书信息_出版社 Foreign Key References
22	出版社(出版社 ID),
23	出版日期 datetime Null Constraint CK_图书信息 Check(出版日期<=Getdate()),
24	图书类型 varchar(2) Not Null,
25	封面图片 image,
26	图书简介 text
27	)
28	go
29	--创建"藏书信息"数据表
30	Create Table 藏书信息
31	(
32	图书编号 char(12) Constraint PK_藏书信息 Primary Key Not Null,
33	ISBN 编号 varchar(20) Not Null Constraint FK_藏书信息_图书信息 Foreign Key
34	References 图书信息(ISBN 编号),
35	总藏书量 smallint Not Null,
36	馆内剩余 smallint Not Null,
37	藏书位置 varchar(20) Not Null,
38	入库时间 datetime Null Constraint CK_藏书信息 Check(入库时间<=Getdate())
39	)

将表 5-14 中的 SQL 语句保存为 SQL 文件，文件名为“050303SQL.sql”。

在上述 SQL 语句中，使用 Constraint 关键字为主键、唯一键、外键命名。“图书信息”数据表中的“出版社”依赖于“出版社”数据表中的“出版社 ID”，所以在创建数据表时，要先创建“出版社”数据表。同样，“藏书信息”数据表中的“ISBN 编号”依赖于“图书信息”数据表中的“ISBN 编号”，所以在创建数据表时，要先创建“图书信息”数据表。

4．创建不包含约束的 3 个数据表

创建不包含约束的 3 个数据表的 SQL 语句如表 5-15 所示。

表 5-15　创建不包含约束的 3 个数据表的 SQL 语句

行号	SQL 语句	行号	SQL 语句
01	Use bookDB05	20	借书证状态 char(1) Not Null,
02	go	21	证件类型 varchar(20) Null,
03	--创建“借阅者信息”数据表	22	证件编号 varchar(20) Null,
04	Create Table 借阅者信息	23	办证操作员 varchar(20) Null
05	(	24	)
06	借阅者编号 varchar(20) Not Null,	25	go
07	姓名 varchar(20) Not Null,	26	--创建”图书借阅“数据表
08	性别 char(2) Null,	27	Create Table 图书借阅
09	部门名称 varchar(30) Not Null	28	(
10	)	29	借阅 ID int Identity(1,1) Not Null,
11	go	30	借书证编号 varchar(7) Not Null,
12	--创建”借书证“数据表	31	图书编号 char(12) Not Null,
13	Create Table 借书证	32	借出数量 smallint Not Null,
14	(	33	借出日期 date Not Null,
15	借书证编号 varchar(7) Not Null,	34	应还日期 date Not Null,
16	借阅者编号 varchar(20) Not Null,	35	借阅操作员 varchar(20) Null,
17	姓名 varchar(20) Not Null,	36	归还操作员 varchar(20) Null,
18	办证日期 date Null,	37	图书状态 varchar(10) Not Null
19	读者类型 char(2) Not Null,	38	)

将表 5-15 中的 SQL 语句保存为 SQL 文件，文件名为“050304SQL.sql”。

【任务 5-4】使用 Alter Table 语句修改数据表结构

【任务描述】

（1）在“图书信息”数据表中增加 2 个字段：版次（数据类型为 smallint、允许为 Null 值、默认值为 1），页数（数据类型为 smallint、允许为 Null 值）。

（2）将“借阅者信息”数据表中的字段“部门名称”的长度修改为“50”。将“图书借阅”数据表中的字段“图书状态”的数据类型修改为“char”，长度修改为“1”，且允许为 Null 值。

（3）删除“图书信息”数据表中新增加的字段“页数”。

【任务实施】

1．在数据表中增加新字段

对应的 SQL 语句如下：

```
Alter Table 图书信息
Add
版次 smallint Null Default 1,
页数 smallint Null
```

将该 SQL 语句保存为 SQL 文件，文件名为“050401SQL.sql”。

2．修改数据表中字段的数据类型和长度

对应的 SQL 语句如下：

```
Alter Table 借阅者信息
Alter Column 部门名称 varchar(50) Not Null
go
Alter Table 图书借阅
Alter Column 图书状态 char(1) Null
```

将该 SQL 语句保存为 SQL 文件，文件名为“050402SQL.sql”。

3．删除数据表中的已有字段

对应的 SQL 语句如下：

```
Alter Table 图书信息
Drop Column 页数
```

将该 SQL 语句保存为 SQL 文件，文件名为“050403SQL.sql”。

【任务 5-5】 使用 Insert 语句向数据表中插入记录

【任务描述】

（1）在“bookDB05”数据库的“读者类型”数据表中插入 1 条记录。

（2）在“bookDB05”数据库的“读者类型”数据表中插入其他的多条记录。

（3）对“藏书信息”数据表中各个出版社的藏书数量和总金额进行统计，并存储到数据表“图书_total”中。

【任务实施】

1．一次插入 1 条记录

对应的 SQL 语句如下：

```
Insert Into 读者类型(读者类型编号,读者类型名称,限借数量,限借期限,
              续借次数,超期日罚金,借书证有效期)
     Values('01','系统管理员', 30, 360, 5, 1.00, 5)
```

将该 SQL 语句保存为 SQL 文件，文件名为“050501SQL.sql”。

Insert 语句包括两个组成部分：前半部分（Insert Into 部分）显示的是要插入的字段名，后半部分（Values 部分）是要插入的具体数据。它们与前面的列一一对应，如果该列为空值，可使用“,,”来表示。如果 Insert 语句中指定的字段比数据表中字段数要少，Values 部分的数

据与 Insert Into 部分的字段对应即可。

对于自动编号的标识列不能使用 Insert 语句插入数据。

2．一次插入多条记录

对应的 SQL 语句如下：

```
Insert Into 读者类型(读者类型编号,读者类型名称,限借数量,限借期限,
续借次数,超期日罚金,借书证有效期)
               Values('02','图书管理员',20,180,5,0.50,5),
                   ('03','特殊读者',30,360,5,1.00,5 ),
                   ('04','一般读者',20,180,3,0.50,3 ),
                   ('05','教师',20,180,5,0.50,5 ),
                   ('06','学生',10,180,2,0.10,3 )
```

将该 SQL 语句保存为 SQL 文件，文件名为“050502SQL.sql”。

在数据表中插入多行记录，将所有列的值按数据表中各列的顺序列出这些值，不必在列表中多次指定列名。

3．将一个数据表中的数据添加到另一个数据表中

对应的 SQL 语句如下：

```
Create Table 图书_total(出版社 varchar(50),数量 smallint,金额 money)
go
Insert Into 图书_total
Select 出版社.出版社名称,SUM(藏书信息.总藏书量),
                SUM(藏书信息.总藏书量*图书信息.价格)
From  藏书信息,图书信息,出版社
Where 藏书信息.ISBN 编号=图书信息.ISBN 编号
    And 图书信息.出版社=出版社.出版社 ID
Group By 出版社.出版社名称
```

将该 SQL 语句保存为 SQL 文件，文件名为“050503SQL.sql”。

首先创建 1 个数据表“图书_total”，然后使用 Insert Into 语句将藏书数量和金额的统计结果插入数据表“图书_total”中。由于“藏书信息”表中只有藏书数量而没有价格，而“图书信息”数据表中只有出版社 ID 而没有出版社名称，所以需要使用多表连接，统计各个出藏书数量和金额。

【任务 5-6】使用数据导入向导为数据表导入数据

【任务描述】

使用“SQL Server 数据导入向导”为数据库 bookDB05 中的各个数据表（图书类型、出版社、图书信息、藏书信息、借阅者信息、借书证、图书借阅）导入数据。

【任务实施】

（1）为了保证使用数据导入向导向数据表中成功导入数据，在导入数据之前，先打开各个数据表的结构设计视图，将所有数据表中设置的关系、索引、约束删除，数据成功导入完

成后，再重新进行设置。

（2）按照“单元 3”中【任务 3-1】所介绍的步骤从 Excel 文件“bookDB05.xls”的工作表中向数据库“bookDB05”中的各个数据表（图书类型、出版社、图书信息、藏书信息、借阅者类型、借书证、图书借阅）中导入数据，其中“选择源表和源视图”界面如图 5-5 所示。

注 意

为了保证“出版社 ID”和“借阅 ID”等自动编号的标识列能够顺序导入数据，需要在“选择源表和源视图”界面中进行相关设置，操作方法如下：在“选择源表和源视图”界面中选择数据表“出版社”，然后单击【编辑映射】按钮，打开【列映射】对话框，在该对话框中选中“删除目标表中的行”单选按钮，且选中“启用标识插入”复选框，如图 5-6 所示。对“图书借阅”数据表进行同样的设置操作。

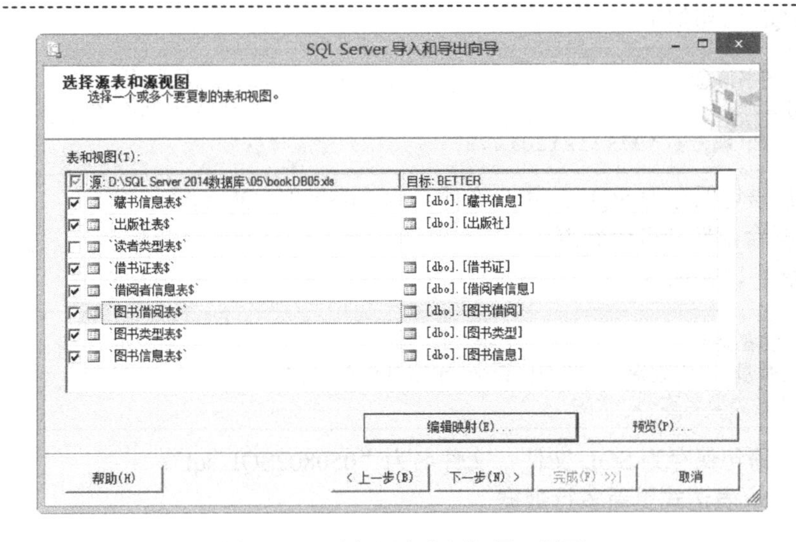

图 5-5　“选择源表和源视图”界面

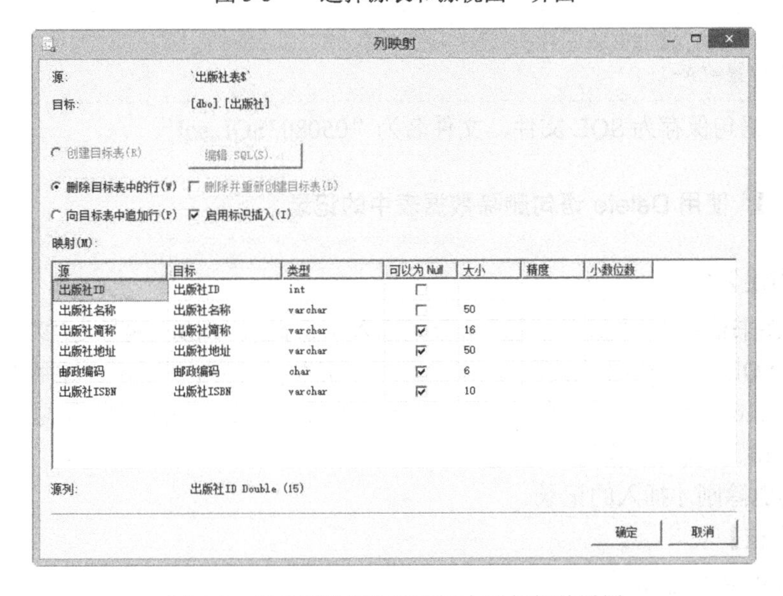

图 5-6　在【列映射】对话框中进行相关设置

【任务 5-7】 使用 Update 语句更新数据表中的数据

【任务描述】

（1）将“图书信息”数据表中 ISBN 编号为“9787121201478”的图书的“版次”修改为“2”。

（2）将“读者类型”数据表中除学生之外的读者的“超期日罚金”提高 0.5 元，“限借数量”减少 5 本。

（3）将“藏书信息”数据表中的前 5 本图书的“藏书位置”修改为“A-1-2”。

【任务实施】

1．修改符合条件的单个数据

对应的 SQL 语句如下：

```
Update 图书信息
Set 版次=2
Where ISBN 编号= '9787121201478'
```

将该 SQL 语句保存为 SQL 文件，文件名为“050801SQL.sql”。

2．修改符合条件的多个数据

对应的 SQL 语句如下：

```
Update 读者类型
Set 限借数量=限借数量-5,超期日罚金=超期日罚金+0.5
Where 读者类型名称<>'学生'
```

将该 SQL 语句保存为 SQL 文件，文件名为“050802SQL.sql”。

3．使用 Top 表达式更新多行数据

对应的 SQL 语句如下：

```
Update Top(5) 藏书信息
Set 藏书位置='A-1-2'
```

将该 SQL 语句保存为 SQL 文件，文件名为“050803SQL.sql”。

【任务 5-8】 使用 Delete 语句删除数据表中的记录

【任务描述】

首先在“图书信息”和“藏书信息”中分别插入 1 条记录，ISBN 编号为“9787115206069”，图书名称为“SQL Server 2014 教程”，作者为“江南”，价格为“55.0”，出版社 ID 为“4”，出版日期为“2016 年 5 月 1 日”，版次为“1”，图书编号为“TP7115206069”，总藏书量为“20”，馆内剩余为“20”，藏书位置为“A-1-1”。

然后分别删除刚才插入的记录。

【任务实施】

对应的 SQL 语句如下：

```
Insert Into 图书信息(ISBN 编号,图书名称,作者,价格,出版社,出版日期,图书类型,版次)
Values('9787115206069','SQL Server 2014 教程','江南',55.0,1,'2015-5-1','T',1)
Insert Into 藏书信息
Values('TP7115206069','9787115206069',20,20,'A-1-1',GETDATE())
go
Delete 藏书信息 Where 图书编号='TP7115206069'
go
Delete 图书信息 Where ISBN 编号='9787115206069'
```

将该 SQL 语句保存为 SQL 文件，文件名为“050801SQL.sql”。

【任务 5-9】使用 Transact-SQL 语句设置数据表的约束

【任务描述】

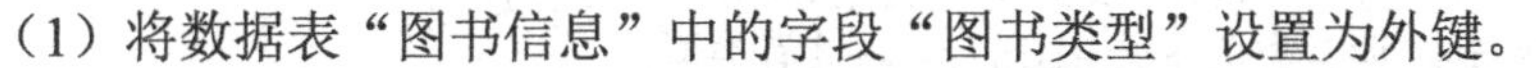

（1）将数据表“图书信息”中的字段“图书类型”设置为外键。

（2）将数据表“藏书信息”中的字段“ISBN 编号”设置为唯一约束。

（3）根据表 5-11～表 5-13 所要求的约束，修改数据表“借阅者信息”、“借书证”和“图书借阅”的结构，设置相应的约束。

（4）为数据库“bookDB05”创建 1 个命名为“maxValue”的规则，然后将该规则绑定到“读者类型”数据表的“限借数量”字段上。

【任务实施】

1. 修改数据表“图书信息”的约束

对应的 SQL 语句如下：

```
--修改"图书信息"数据表的约束
Alter Table 图书信息
Add
Constraint FK_图书信息_图书类型 Foreign Key(图书类型)
                               References 图书类型(图书类型代号)
```

将该 SQL 语句保存为 SQL 文件，文件名为“050901SQL.sql”。

2. 修改数据表“藏书信息”的约束

对应的 SQL 语句如下：

```
--修改"藏书信息"数据表的约束
Alter Table 藏书信息
Add
Constraint UQ_藏书信息_ISBN 编号 Unique(ISBN 编号)
```

将该 SQL 语句保存为 SQL 文件，文件名为“050902SQL.sql”。

3. 设置数据表“借阅者信息”的约束

将“借阅者信息”数据表的字段“借阅者编号”设置为主键，为“性别”字段添加检查（Check）约束，保证“性别”字段的输入值只能为“男”或“女”。

对应的 SQL 语句如下：

```
--修改"借阅者信息"数据表的约束
Alter Table 借阅者信息
```

```
Add
Constraint PK_借阅者信息 Primary Key(借阅者编号),
Constraint CK_借阅者信息_性别 Check(性别='男' Or 性别='女')
```

将该 SQL 语句保存为 SQL 文件，文件名为“050903SQL.sql”。

4．设置数据表“借书证”的约束

对应的 SQL 语句如下：

```
--修改"借书证"数据表的约束
Alter Table 借书证
Add
Constraint PK_借书证 Primary Key(借书证编号),
Constraint FK_借书证_借阅者 Foreign Key(借阅者编号)
                References 借阅者信息(借阅者编号),
Constraint CK_借书证_办证日期 Check(办证日期<=Getdate()),
Constraint FK_借书证_读者类型 Foreign Key(读者类型)
                 References 读者类型(读者类型编号),
Constraint DF_借书证 Default 1 for 借书证状态
```

将该 SQL 语句保存为 SQL 文件，文件名为“050904SQL.sql”。

5．设置数据表“图书借阅”的约束

对应 SQL 语句如下：

```
--修改"图书借阅"数据表的约束
Alter Table 图书借阅
Add
Constraint PK_图书借阅 Primary Key(借阅 ID),
Constraint FK_图书借阅_借书证 Foreign Key(借书证编号)
                 References 借书证(借书证编号),
Constraint FK_图书借阅_藏书信息 Foreign Key(图书编号)
                  References 藏书信息(图书编号),
Constraint DF_图书借阅_借出数量 Default 1 for 借出数量,
Constraint CK_图书借阅_借出日期 Check(借出日期<=Getdate()),
Constraint CK_图书借阅_应还日期 Check(应还日期<=Getdate()
                  And 应还日期>借出日期),
Constraint DF_图书借阅_图书状态 Default 1 for 图书状态
```

将该 SQL 语句保存为 SQL 文件，文件名为“050905SQL.sql”。

说 明

① 如果要修改主键约束，必须先删除现有主键约束，然后再重新定义新的主键。

② 如果要修改唯一约束，必须先删除现有的唯一约束，然后重新定义新的唯一约束。

③ 如果要修改检查（Check）约束，必须先删除现有的检查约束，然后重新定义新的检查约束。

④ 使用 Alter Table 语句可以删除指定的约束，语法格式如下：

```
Alter Table 数据表名称
Drop Constraint 约束名称 [;]
```

例如，如果要删除“图书借阅”数据表中的主键“PK_图书借阅”，SQL 语句如下：

```
Alter Table 图书借阅
Drop Constraint PK_图书借阅
```

6. 创建规则且绑定到数据表的字段

对应的 SQL 语句如下：

```
Create Rule maxValue
As
  @value<=30
go
Exec sp_bindrule maxValue,'读者类型.限借数量'
```

将该 SQL 语句保存为 SQL 文件，文件名为“050906SQL.sql”。

提 示

如果需要解除规则的绑定，可以使用以下语句：

```
sp_unbindrule '数据表名.字段名'
```

如果要删除规则，可以使用以下语句：

```
Drop Rule 规则名
```

【任务 5-10】 使用 Select 语句从数据表中检索数据

【任务描述】

（1）查询借阅图书数超过 1 本的借阅者编号和姓名。

（2）查询被借阅图书的基本信息。

【任务实施】

任务 1 对应的 SQL 语句如下：

```
Select 借阅者编号,姓名 From 借阅者信息
Where 借阅者编号 In(Select 借阅者编号 From 借书证
                  Where 借书证编号 In(Select 借书证编号 From 图书借阅
                  Group By 借书证编号 Having SUM(借出数量)>=2))
```

将该 SQL 语句保存为 SQL 文件，文件名为“051001SQL.sql”。

任务 2 对应的 SQL 语句如下：

```
Select 藏书信息.ISBN 编号,图书信息.图书名称,图书信息.作者,
       出版社.出版社名称,图书类型.图书类型名称
From 藏书信息 Inner Join 图书信息 On 藏书信息.ISBN 编号=图书信息.ISBN 编号
     Inner Join 出版社 On 图书信息.出版社=出版社.出版社 ID
     Inner Join 图书类型 On 图书信息.图书类型 = 图书类型.图书类型代号
Where 图书编号 In(Select 图书编号 From 图书借阅)
```

将该 SQL 语句保存为 SQL 文件，文件名为“051002SQL.sql”。

5.3 使用 SQL 语句定义与管理视图

【任务 5-11】使用 Create View 语句创建视图

【任务描述】

（1）在 bookDB05 数据库中，创建一个“借阅者”视图，视图名称为“view_借阅者_05”，包括借阅者编号、姓名、性别、借书证编号等信息，并对创建视图的文本进行加密。

（2）在 bookDB05 数据库中，创建一个“图书”视图，视图名称为“view_图书_05”，包括 ISBN 编号、图书名称、作者、价格、藏书数量、出版社、图书类型等信息。

【任务实施】

1．创建“借阅者”视图

对应的 SQL 语句如下：

```
Create View view_借阅者_05 With Encryption   --对创建视图的文本进行加密
As
Select r.借阅者编号,r.姓名,r.性别,c.借书证编号
From 借书证 As c Right Join 借阅者信息 As r On c.借阅者编号=r.借阅者编号
```

将该 SQL 语句保存为 SQL 文件，文件名为“051101SQL.sql”。

2．创建“图书”视图

对应的 SQL 语句如下：

```
Create View view_图书_05
As
Select 藏书信息.ISBN 编号,图书信息.图书名称,图书信息.作者,图书信息.价格,
       藏书信息.总藏书量,出版社.出版社名称,图书类型.图书类型名称
From   藏书信息 Inner Join 图书信息 On 藏书信息.ISBN 编号=图书信息.ISBN 编号
       Inner Join 出版社 On 图书信息.出版社=出版社.出版社 ID
       Inner Join 图书类型 On 图书信息.图书类型 = 图书类型.图书类型代号
```

将该 SQL 语句保存为 SQL 文件，文件名为“051102SQL.sql”。

3．查看视图

（1）查看视图的详细信息

在【SQL 编辑器】中执行如下的 SQL 语句。

```
sp_help view_借阅者_05
```

执行结果如图 5-7 所示。

（2）查看视图的定义文本信息

在【SQL 编辑器】中执行如下的 SQL 语句。

```
EXEC sp_helptext view_图书_05
```

执行结果如图 5-8 所示。

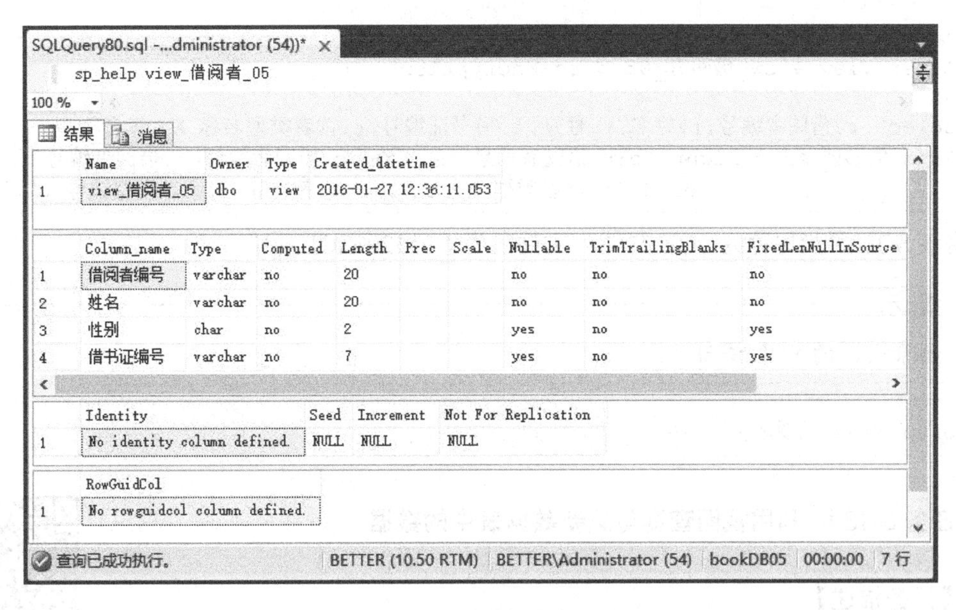

图 5-7　查看“view_借阅者_05”视图的详细信息

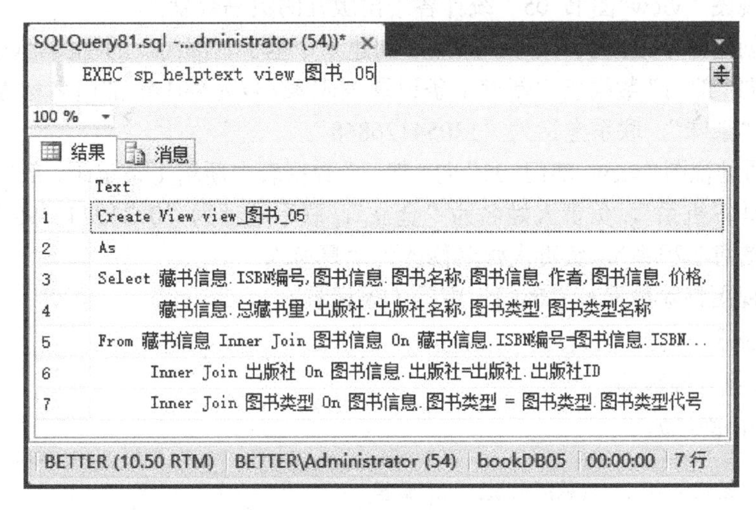

图 5-8　查看“view_图书_05”视图的定义文本信息

提　示

如果创建视图的文本进行加密，查看该视图的定义文本信息时，会出现“文本已加密”的信息。

【任务 5-12】使用 Alter View 语句修改视图

【任务描述】

修改【任务 5-10】中定义的视图“view_借阅者_05”，在视图中添加“读者类型”列。

【任务实施】

对应的 SQL 语句如下：

```
Alter View view_借阅者_05 With Encryption
As
Select r.借阅者编号,r.姓名,r.性别,c.借书证编号,t.读者类型名称 As 读者类型
From 借书证 As c Right Join 借阅者信息 As r On c.借阅者编号=r.借阅者编号
                Inner Join 读者类型 As t On c.读者类型=t.读者类型编号
```

将该SQL语句保存为SQL文件，文件名为“051201SQL.sql”。

提 示

删除视图的SQL语句为：

```
Drop View 视图名称
```

【任务5-13】利用视图查询与更新数据表中的数据

【任务描述】

（1）通过视图“view_图书_05”统计各个出版社的藏书数量。

（2）首先创建1个数据表“部门”，然后创建1个基于“部门”的视图“view_部门_05”，然后通过视图向“部门”数据表中新增1条记录，部门编号为“01”，部门名称为“网络中心”，负责人姓名为“余味”，联系电话为“13054126868”。

（3）首先通过视图“view_部门_05”向“部门”数据表中新增1条记录，部门编号为“02”，部门名称为“计算机系”，负责人姓名为“金立”，联系电话为“07312441398”。然后将部门名称修改为“信息工程系”，负责人姓名修改为“夏海”。

（4）通过视图删除数据表“部门”中的1条记录。

【任务实施】

1．利用视图查询数据

对应的SQL语句如下：

```
Select 出版社名称,Sum(总藏书量) As 数量
From view_图书_05
Group By 出版社名称
```

将该SQL语句保存为SQL文件，文件名为“051301SQL.sql”。

2．利用视图新增数据

使用Insert语句进行插入操作的视图必须能够在基表中插入数据，否则插入操作会失败。所以这里单独创建1个“部门”数据表，然后针对独立的“部门”数据表创建视图和新增数据。

创建“部门”数据表的SQL语句如下：

```
--创建"部门"数据表
Create Table 部门
(
  部门编号 varchar(2) Not Null,
  部门名称 varchar(50) Not Null,
  负责人 varchar(30) Null,
```

```
  联系电话 varchar(20) Null
)
```

将该 SQL 语句保存为 SQL 文件，文件名为“05130201SQL.sql”。

创建视图和插入数据对应的 SQL 语句如下：

```
Create View view_部门_05
As
Select * From 部门
go
Insert Into view_部门_05
Values('01','余味','网络中心','13054126868')
```

将该 SQL 语句保存为 SQL 文件，文件名为“05130202SQL.sql”。

3. 利用视图更新数据

插入记录数据对应的 SQL 语句如下：

```
Insert Into view_部门_05 Values('02','金立','计算机系','07312441398')
```

将该 SQL 语句保存为 SQL 文件，文件名为“05130301SQL.sql”。

更新数据对应的 SQL 语句如下：

```
Update view_部门_05 Set 部门名称='信息工程系',负责人='夏海'
                    Where 部门编号='02'
```

将该 SQL 语句保存为 SQL 文件，文件名为“05130302SQL.sql”。

4. 通过视图删除数据

删除数据对应的 SQL 语句如下：

```
Delete From view_部门_05 Where 部门编号='02'
```

5.4 使用 SQL 语句定义与管理索引

【任务 5-14】使用 Create Index 语句创建索引

【任务描述】

（1）在图书管理数据库中，经常要按照“图书名称”查询图书，希望创建索引提高查询速度，索引名称为“IX_bookname”。

（2）在图书管理数据库中，“部门”数据表中的“部门编号”要求唯一，创建 1 个唯一聚集索引，索引名称为“IX_部门编号”，“部门名称”也要求不重复，创建一个唯一非聚集索引，索引名称为“IX_部门名称”。

（3）删除唯一聚集索引“IX_部门编号”，然后在“部门编号”字段中创建主键。

（4）查看“图书信息”数据表中的索引。

【任务实施】

1. 创建非聚集索引

由于“图书名称”在 bookDB05 数据库的“图书信息”数据表中，列名为“图书名称”，但该列不是主键列，并且图书名称可能存在同名者，所以在此列创建非聚集索引。

对应的 SQL 语句如下：

```
Create Nonclustered Index IX_bookname  On 图书信息(图书名称)
```

将该 SQL 语句保存为 SQL 文件，文件名为“051401SQL.sql”。

2. 创建聚集索引

对应的 SQL 语句如下：

```
Create Unique Clustered Index IX_部门编号 On 部门(部门编号)
Create Unique Nonclustered Index IX_部门名称 On 部门(部门名称)
```

将该 SQL 语句保存为 SQL 文件，文件名为“051402SQL.sql”。

3. 删除索引

对应的 SQL 语句如下：

```
Drop Index IX_部门编号 On 部门
go
Alter Table 部门 Add Constraint PK_部门 Primary Key(部门编号)
```

将该 SQL 语句保存为 SQL 文件，文件名为“051403SQL.sql”。

不能使用 Drop Index 语句删除由主键约束或唯一约束创建的索引，要想删除这些索引，必须先删除这些约束。当删除一个聚集索引时，该表的全部非聚集索引重新自动创建。

4. 查看索引

对应的 SQL 语句如下：

```
Exec sp_helpindex 图书信息
```

查看结果如图 5-9 所示。

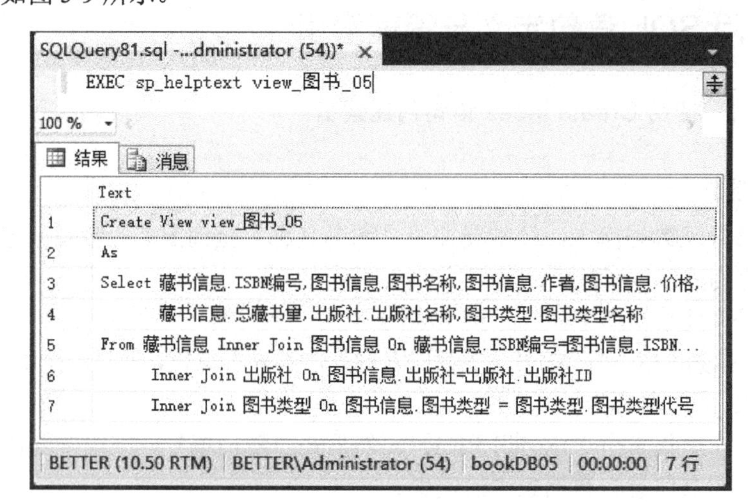

图 5-9 查看“图书信息”数据表中的索引

将该 SQL 语句保存为 SQL 文件，文件名为“051404SQL.sql”。

5.5 创建与管理数据库快照

【任务 5-15】 创建数据库快照

【任务描述】

对数据库“bookDB05”创建一个名称为“bookDB0501”的数据库快照。

【任务实施】

对应的 SQL 语句如下：

```
Create Database bookDB0501
On
(
 Name=book_data,
 Filename='D:\SQL SERVER 2014 数据库\05\book_copydata.mdf'
 ) ,
 (
  Name=bookDB0502,
  Filename='D:\SQL SERVER 2014 数据库\05\book_copy0502.mdf'
 )
As Snapshot of bookDB05
```

上述 SQL 语句中，“bookDB05”为源数据库名称，“book_data”和“bookDB0502”为源数据库中的主数据文件逻辑名称，“bookDB0501”为数据库快照名称，“D:\SQL SERVER 2014 数据库\05”为数据库快照的存储路径，“book_copydata.mdf”和“book_copy0502.mdf”为数据快照的存储文件名称。

将该 SQL 语句保存为 SQL 文件，文件名为“051501SQL.sql”。

创建快照后，在【对象资源管理器】窗口中，依次展开【数据库】→【数据库快照】文件夹进行查看，创建的数据库如图 5-10 所示。

图 5-10　查询创建数据库快照

删除数据库快照的语句为：

```
Drop Database bookDB0501
```

将数据库快照恢复到源数据库中的语句为：

```
Restore Database bookDB05 From Database_Snapshot = 'bookDB0501'
```

（1）Transact-SQL 语言可以分为__________、__________和__________。

（2）Transact-SQL 语言中使用______________查询、插入、更新和删除数据表或视图中数据。

（3）Transact-SQL 语言中使用______________创建、修改与删除数据库及对象。

（4）Transact-SQL 语言中使用______________授予、撤销和拒绝用户或角色权限

（5）Transact-SQL 语言中使用____________语句创建数据库，使用____________语句创建数据表，使用______________语句创建视图。

（6）Transact-SQL 语言中使用____________语句删除数据库，使用____________语句删除数据表，使用______________语句删除视图。

（7）Transact-SQL 语言中，查询表或视图中的数据使用______________，向表或视图中插入数据使用______________，更新表或视图中的数据使用______________，删除表或视图中的数据使用______________。

（8）在 SQL Server 2014 中，使用________查看指定数据库或所有数据库的信息。

单元 6

以程序方式处理数据表中的数据

Transact-SQL 语言提供了称为控制语言的特殊关键字，这些关键字用于控制 SQL 语句、语句块、用户定义函数以及存储过程的执行顺序。如果不使用控制语句，则各个 SQL 语句按其出现的先后顺序分别执行。

存储过程（Stored Procedure）是一组为了完成特定功能的 SQL 语句集，通过存储过程可以将经常使用的 SQL 语句封装起来，这样可以避免重复编写相同的 SQL 语句，使用存储过程可以大大增强 SQL 语言的功能和灵活性，可以完成复杂的判断和运算，能够提高数据库的访问速度。为了满足用户特殊情况下的需要，SQL Server 允许用户自定义函数，补充和扩展系统支持的内置函数，用户自定义函数可以实现模块化程序设计，并且执行速度更快。为了方便用户对结果集中单独的数据行进行访问，SQL Server 提供了一种特殊的访问机制：游标。为了保证数据的完整性和强制使用业务规则，SQL Server 除了提供约束之外，还提供了另外一种机制：触发器（Trigger）。使用事务可以将一组相关的数据操作捆绑成一个整体，一起执行或一起取消。

教学目标	（1）熟练在【SQL 编辑器】中编辑与执行多条 SQL 语句 （2）熟练创建与执行用户自定义函数 （3）熟练创建与管理存储过程、游标、触发器 （4）学会创建与使用事务 （5）熟练掌握 Transact-SQL 语言中变量的类型以及变量的定义方法 （6）熟悉 Transact-SQL 语言中运算符的类型和表达式、控制语句的类型及其语法格式 （7）掌握存储过程的含义及类型、触发器的含义及类型 （8）掌握不同形式用户自定义函数的定义方法 （9）了解 SQL Server 中系统定义的内置函数 （10）理解游标的含义及特点 （11）理解事务的含义及特性，了解 SQL Server 主要提供的事务控制语句
教学方法	任务驱动法、分组讨论法、理论实践一体化
课时建议	8 课时

在操作实战之前，将配套资源的“起点文件”文件夹中的“06”子文件夹及相关文件复

制到本地硬盘中，然后附加已有的数据库“bookDB06”，本单元主要针对该数据库中各个对象进行相关操作。

1．Transact-SQL 语言的变量

变量是指在程序运行过程中其值可以改变的量，变量名不能与 SQL Server 中的命令或已有的函数名称相同。Transact-SQL 中支持两种类型的变量：系统全局变量和局部变量。

（1）系统全局变量

系统全局变量是由 SQL Server 系统自身提供并赋值的变量，用户不能定义系统全局变量，也不能手工修改系统全局变量的值。系统全局变量以“@@”为前缀，例如@@ROWCOUNT 返回受前一句 SQL 语句影响的行数，如果前一句 SQL 语句没有返回行时，则该变量返回值为 0。@@ERROR 返回使用该变量前的所有 SQL 语句中最后一句语句执行时的错误号，当使用该变量前的 SQL 语句执行成功时，该变量返回值为 0。@@FETCH_STATUS 返回执行 FETCH 语句后游标的状态值，当 FETCH 语句成功执行时，@@FETCH_STATUS 返回 0；当 FETCH 语句执行失败或此行不在结果集中时，返回-1；当被提取的行不存在时，返回-2。

（2）局部变量

局部变量是可以保存单个特定类型数据值的变量，由用户定义且只在一定范围内起作用。Transact-SQL 中局部变量必须先定义后使用。

使用 Declare 语句声明局部变量，其语法格式如下：

```
Declare 变量名称 数据类型
```

局部变量名称必须以@开头，与全局变量名以示区别。局部变量名称必须符合有关标识符的规则。

例如：Declare @name varchar(30)

可以使用 1 个语句同时声明多个变量，变量之间使用半角逗号分隔。

```
Declare @name varchar(30) , @number int , @birthday date
```

可以使用 Set 语句或 Select 语句为局部变量赋值，其语法格式如下：

```
Set @局部变量名=表达式
Select @局部变量名=表达式 [From 子句] [Where 子句]
```

例如：Set @name='安徽'

Select @number=SUM(借出数量) From 图书借阅

使用 Select 语句给变量赋值时，如果省略了 From 子句和 Where 子句，就等同于 Set 语句赋值。如果有 From 子句和 Where 子句，并且 Select 语句返回多个值，则只将返回的最后一个值赋给局部变量。

2．Transact-SQL 语言的运算符与表达式

运算符是一种符号，用来指定要在一个或多个表达式中执行的操作，Transact-SQL 语言中运算符主要有如下 7 类。

（1）算术运算符

算术运算符用于对两个表达式执行数学运算，这两个表达式可以是任何数值类型。

SQL Server 中的算术运算符有：+（加）、-（减）、*（乘）、/（除）、%（取模）。

（2）赋值运算符

等号（=）是 Transact-SQL 语言中唯一的赋值运算符，可以用于将表达式的值赋给一个变量，也可以在列标题和定义列值的表达式之间建立关系。

（3）字符串连接运算符

字符串连接运算符用于连接字符串，SQL Server 中的字符串连接运算符是加号（+）。默认情况下，在连接 varchar、char 或 text 数据类型的字符串时，空字符串被解释为空字符，不起作用。

（4）比较运算符

比较运算符用于对两个表达式进行比较，可以用于除 text、ntext 或 image 数据类型之外的所有的表达式，比较的结果是布尔（Boolean）类型，返回下面 3 个值之一：TRUE（真）、FALSE（假）和 UNKNOWN（未知）。

SQL Server 中的比较运算符有：=（等于）、>（大于）、<（小于）、>=（大于或等于）、<=（小于或等于）、<>（不等于）、!=（不等于）、!<（不小于）、!>（不大于）。

（5）逻辑运算符

逻辑运算符用于对某些条件进行测试，以获得其真假情况。逻辑运算符和比较运算符一样，运行结果是布尔（Boolean）类型，返回下面 3 个值之一：TRUE（真）、FALSE（假）和 UNKNOWN（未知）。

SQL Server 中的逻辑运算符有：ALL（如果一组的比较结果都为 True，则结果返回 True）、ANY（如果一组的比较中任何一个为 True，则结果返回 True）、SOME（如果在一组比较中，有些比较为 True，则结果返回 True）、BETWEEN（如果操作数在某个范围之内，则结果返回 True）、IN（如果操作数等于表达式列表中的一个，则结果返回 True）、EXISTS（如果子查询中包含了一些行，则结果返回 True）、LIKE（如果操作数与某种模式相匹配，则结果返回 True）、AND（如果两个布尔表达式都为 True，则结果也返回 True）、OR（如果两个布尔表达式中的任何一个为 True，则结果返回 True）、NOT（对任何其他布尔运算符的结果取反）。

（6）位运算符

位运算符用于对两个表达式执行位操作，这两个表达式可以是整数或二进制字符串数据类型（image 数据类型除外），但两个操作数不能同时是二进制字符串数据类型。

SQL Server 中的位运算符有：&（位与）、|（位或）、^（位异或）。

（7）一元运算符

一元运算符只对一个表达式执行操作，该表达式可以是数值数据类型类别中的任何一种数据类型。

SQL Server 中的位运算符有：+（正）、-（负）、~（位非）。位非（~）运算符只能用于整数数据类型类别中任一个数据类型的表达式，用于返回一个数据的补数。

表达式是标识符、值和运算符的组合，SQL Server 可以对表达式求值以获取结果，例如，可以将表达式作为要在查询中检索的数据的一部分，也可以作为查找满足一组条件的数据时的搜索条件。

3. Transact-SQL 语言的控制语句

SQL Server 提供的控制语句如下：

（1）Begin…End 语句

Begin…End 语句用于将多个 Transact-SQL 组合为一个语句块，相当于一个单一语句，达到一起执行的目的。其语法格式如下：

```
Begin
  {
    语句1
    语句2
    …
  }
End
```

SQL Server 中允许嵌套使用 Begin…End 语句。

（2）If…Else 语句

If…Else 语句用于实现程序的选择结构，其语法格式如下：

```
If 逻辑表达式
  {
    语句块1
  }
  [ Else
   { 语句块2 }
  ]
```

其中，语句块可以是单个语句或多个语句。

If…Else 语句的执行过程为：如果逻辑表达式的值为 True，执行语句块 1；如果有 Else 语句，且逻辑表达式的值为 False，则执行语句块 2。在 If…Else 语句中允许嵌套使用 If…Else 语句。

（3）Case 语句

Case 语句用于计算列表并返回多个可能结果表达式中的一个，可用于实现程序的多分支结构，虽然使用 If…Else 语句也能够实现多分支结构，但是使用 Case 语句的程序可读性更强。

SQL Server 中，Case 语句有两种形式：

① 简单 Case 语句

简单 Case 语句用于将某个表达式与一组简单表达式进行比较以确定其返回值，其语法格式如下：

```
Case  输入表达式
    When  表达式1  Then  结果表达式1
    When  表达式2  Then  结果表达式2
    ……
    [  Else 其也结果表达式  ]
End
```

简单 Case 语句的执行过程是将“输入表达式”与各个 When 子句后面的“表达式”进行比较，如果相等，则返回对应的“结果表达式”的值，然后跳出 Case 语句，不再执行后面的 When 子句；如果 When 子句中没有与“输入表达式”相等的“表达式”，如果指定了 Else 子句，则返回 Else 子句后面的“其他结果表达式”的值。

② 搜索 Case 语句

搜索 Case 语句用于计算一组布尔表达式以确定返回结果，其语法格式如下：

```
Case
    When  逻辑表达式 1  Then  结果表达式 1
    When  逻辑表达式 2  Then  结果表达式 2
    ……
    [ Else 其他结果表达式  ]
End
```

搜索 Case 语句的执行过程是先计算第 1 个 When 子句后面的“逻辑表达式 1”的值，如果值为 True，则 Case 语句返回的值为“结果表达式 1”的值；如果为 False，则按顺序计算 When 子句后面的“逻辑表达式”的值，返回计算结果为 True 的第 1 个“逻辑表达式”对应的“结果表达式”的值。在所有的“逻辑表达式”的值都为 False 的情况下，如果指定了 Else 子句，则返回“其他结果表达式”的值，如果没有指定 Else 子句，则返回 NULL 值。

（4）While 循环语句

While 循环语句用于实现循环结构，可以用来设置重复执行 Transact-SQL 语句或语句块的条件，只要指定的条件为 True，就再次执行语句或语句块。可以在循环结构内部使用 Break 或 Continue 关键字，控制 While 循环中语句的执行。

While 循环语句的语法格式如下：

```
While  逻辑表达式
  Begin
    语句块 1
    [ Continue ]
    [ Break ]
    语句块 2
  End
```

While 循环语句中的 Break 关键字控制循环无条件退出，Continue 关键字控制结束本次循环，进入下一次循环，忽略 Continue 后面的任何语句。

（5）Return 语句

Return 语句用于实现从查询或过程中无条件退出的功能，Return 语句之后的语句不再执行的，其语法格式如下：

```
Return  [ 整数表达式 ]
```

（6）Print 语句

Print 语句用于向客户端返回用户信息，其语法格式如下：

```
Print  字符串 | 变量 | 字符串表达式
```

Print 语句只允许显示常量、变量或表达式的值，不允许显示列名。

（7）Goto 语句

Goto 语句用于让执行流程跳转到 SQL 代码中的指定标签处，即跳过 Goto 语句之后的语句，跳转到标签处继续执行，其语法格式如下：

```
Goto  标签名
    语句块 1
    ……
标签名:
    语句块 2
```

当程序执行到 Goto 语句时，直接跳转到标签处，执行语句块 2，而忽略语句块 1。

（8）Waitfor 语句

Waitfor 语句用于实现语句延缓一段时间或延迟到某个特定的时间执行的功能，其语法格式如下：

格式一：Waitfor　Delay　'等待的时间'

格式一表示一直等到指定的时间过去，才执行相应的语句。

格式二：Waitfor　Time　'特定的时间'

格式二表示延迟到特定的时间才执行相应的语句。

（9）Try…Catch 语句

Transact-SQL 语言使用 Try…Catch 语句来处理 Transact-SQL 代码中的错误。Try…Catch 语句包括两个部分：Try 子句和 Catch 子句。如果在 Try 子句中所包含的 Transact-SQL 语句中检测到错误条件，控制将被传递到 Catch 子句。其语法格式如下：

```
Begin Try
    { 语句 | 语句块 }
End Try
Begin Catch
    { 语句 | 语句块 }
End Catch
```

（10）go 命令

go 不是 Transact-SQL 语句，它是可由 sqlcmd 和 osql 实用工具以及 SQL Server Management Studio 代码编辑器识别的命令。Transact-SQL 语言中向 SQL Server 实用工具发出一批 Transact-SQL 语句结束的信号使用 go 命令，SQL Server 应用程序可以将多个 Transact-SQL 语句作为一个批发送到 SQL Server 的实例来执行。然后，该批中的语句被编译成一个执行计划。程序员在 SQL Server 实用工具中执行特殊语句，或生成 Transact-SQL 语句的脚本在 SQL Server 实用工具中运行时，使用 go 作为批结束的信号。go 是一个不需任何权限的实用工具命令。它可以由任何用户执行。

SQL Server 实用工具将 go 命令解释为应该向 SQL Server 实例发送当前批 Transact-SQL 语句的信号。当前批语句由上一个 go 命令后输入的所有语句组成，如果是第一条 go 命令，则由即席会话或脚本开始后输入的所有语句组成。go 命令和 Transact-SQL 语句不能在同一行中。但在 go 命令行中可包含注释。用户必须遵照使用批处理的规则。例如，在批处理中的第一条语句后执行任何存储过程必须包含 EXECUTE 关键字。局部（用户定义）变量的作用域限制在一个批处理中，不可在 go 命令后引用。

4．SQL Server 系统定义的内置函数

SQL Server 系统定义的内置函数如表 6-1 所示，这些函数的功能和用法，请参考 SQL Server 2014 的帮助系统，这里具体介绍。

表 6-1　SQL Server 系统定义的内置函数

函数类型	函　数　名
聚合函数	avg、count、count_big、max、min、sum、stdev、stdevp、var、varp
数学函数	abs、sin、cos、tan、cot、asin、acos、atan、atn2、degrees、radinans、exp、log、log10、power、sqrt、squqre、round、floor、ceiling、sign、rand、pi()
字符串函数	ascii、char、charindex、nchar、left、right、substring、ltrim、rtrim、replicate、reverse、str、len、lower、upper、patindex、quotename、replace、soundex、space、stuff、unicode
日期和时间函数	dateadd、datediff、datename、datepart、getdate、month、year、day、getutcdate、sysdatetime
系统函数	app_name、convert、cast、coalesc、datalength、current_user、host_name、isnull、object_id
元数据函数	col_length、col_name、db_id、db_name

5. 用户自定义函数的定义

为了满足用户特殊情况下的需要，SQL Server 允许用户自定义函数，补充和扩展系统支持的内置函数，用户自定义函数可以实现模块化程序设计，并且执行速度更快。

Transact-SQL 语言的自定义函数主要有三类：标量值自定义函数、内联表值自定义函数和多语句表值自定义函数。定义方法如下。

（1）定义标量值自定义函数

定义标量值自定义函数的语法格式如下：

```
Create Function 函数名( @输入参数名 , 参数类型 )
Returns 函数返回值类型
As
Begin
    定义返回变量
    SQL 语句或程序块
    Return @返回变量名
End
```

函数可以有输入参数，也可没有输入参数；可以带一个输入参数，也可以带多个输入参数。但是，函数必须有返回值，Returns 后面就是设置函数的返回值类型。

（2）定义内联表值自定义函数

定义内联表值自定义函数的语法格式如下：

```
Create Function 函数名( @输入参数名 , 参数类型 )
Returns Table
As
  Return Select 语句
```

（3）定义多语句表值自定义函数

定义多语句表值自定义函数的语法格式如下：

```
Create Function 函数名( @输入参数名 , 参数类型 )
Returns @返回表名 Table (返回表的结构定义)
As
Begin
    多条 SQL 语句或程序块
    Return
End
```

（4）调用函数

函数创建成功后，就可以调用函数了，自定义函数调用的语法格式如下：

```
Select dbo.函数名称([实参])
```

或者

```
Print dbo.函数名称([实参])
```

dbo 是系统自带的一个公共用户名，在单元 7 中将介绍如何创建数据库用户的账户。

6．SQL Server 的存储过程

存储过程（Stored Procedure）是一组为了完成特定功能的 SQL 语句集，通过存储过程可以将经常使用的 SQL 语句封装起来，这样可以避免重复编写相同的 SQL 语句；另外，存储过程一般是经过编译后存储在数据库的，所以执行存储过程要比执行存储过程中封装的 SQL 语句效率更高。存储过程还可以接收输入参数、输出参数等，可以返回单个或多个结果集。

SQL Server 中，可以使用的存储过程类型主要有：系统存储过程、扩展存储过程和用户自定义的存储过程。

7．SQL Server 的游标

为了方便用户对结果集中单独的数据行进行访问，SQL Server 提供了一种特殊的访问机制：游标。游标主要包括游标结果集和游标位置两部分。其中，游标结果集是指由定义游标的 Select 语句所返回的记录集合；游标是指向这个结果集中某一行的指针。SQL Server 中的游标具有以下特点：

（1）游标返回一个完整的结果集，但允许程序设计语言只调用集合中的一行。

（2）允许定位在结果集的特定行。

（3）可以从结果集的当前位置检索一行或多行。

（4）支持对结果集中当前位置的行进行数据修改。

（5）能为其他用户对显示在结果集中的数据所做的更改提供不同级别的可见性支持。

（6）提供脚本、存储过程和触发器中用于访问结果集中数据的 Transact-SQL 语句。

8．SQL Server 的触发器

为了保证数据的完整性和强制使用业务规则，SQL Server 除了提供约束之外，还提供了另外一种机制：触发器（Trigger）。

触发器是一种特殊的存储过程，它与数据表紧密相连，可以看成数据表定义的一部分，用于数据表实施完整性约束。触发器建立在触发事件上，例如对数据表执行 Insert、Update 或者 Delete 等操作时，SQL Server 就会自动执行建立在这些操作上的触发器。在触发器中包含了一系列用于定义业务规则的 SQL 语句，用来强制用户实现这些规则，从而确保数据的完整性。

触发器能够实现由主键和外键所不能保证的、复杂的参照完整性和数据一致性，能够对数据库中的相关数据表进行级联修改，还可自定义错误消息，维护非规范性数据，以及比较数据修改前后的状态。

SQL Server 中包含了 3 种常规类型的触发器：DML 触发器、DDL 触发器和登录触发器。按照 DML 事件类型的不同 DML 触发器分为 3 种类型：Insert 触发器、Update 触发器和 Delete 触发器，按照触发器和触发事件的操作时间的不同，DML 触发器分为两类：After 触发器和

Instead Of 触发器。登录触发器响应 Logon 事件而激发存储过程。登录触发器是在登录的身份验证阶段完成之后且用户会话实际建立之前触发的。这种触发器可以在任何数据库中创建，但在服务器级注册，并保存在 master 数据库中。

9．SQL Server 的事务及其控制语句

使用事务可以将一组相关的数据操作捆绑成一个整体，一起执行或一起取消。事务是单个的工作单元，在事务中可以包含多条操作语句。如果对事务执行提交，则该事务中进行的所有操作均会提交，成为数据库中的永久组成部分。如果事务遇到错误而被取消或回滚，则事务中的所有操作均被清除，数据恢复到事务执行前的状态。

事务主要有 4 个特性，可以简称为 ACID 特性，如下所述。

（1）原子性（Atomicity）

事务必须是不可分割的原子工作单元，对于其数据修改，要么全都执行，要么全都不执行。

（2）一致性（Consistency）

事务在完成时，使所有的数据都保持一致状态。在相关数据库中，所有规则都必须应用于事务的修改，以保持所有数据的完整性。事务结束时，所有的内部数据结构都必须是正确的。

（3）隔离性（Isolation）

由并发事务所做的修改必须与任何其也并发事务所做的修改隔离。

（4）持久性（Durability）

事务完成之后，它对于系统的影响是永久的。

SQL Server 主要提供了 4 条事务控制语句。

① Begin Transaction 语句

Begin Transaction 语句标记一个本地显式事务的起始点，用于开始事务。

② Commit Transaction 语句

Commit Transaction 语句标志一个成功执行的显式事务或隐性事务的结束，用于提交事务，将事务所做的数据修改保存到数据库。

③ Save Transaction 语句

Save Transaction 语句在事务内设置保存点，用于定义在按照条件取消某个事务的一部分后，该事务可以返回的一个位置。

④ Rollback Transaction 语句

Rollback Transaction 语句将显式事务或隐性事务回滚到事务的起点或事务内的某个保存点，用于取消事务对数据的修改。

6.1 编辑与执行多条 SQL 语句

【任务 6-1】 在【SQL 编辑器】中编辑与执行多条 SQL 语句

Transact-SQL 语言中 Begin…End 语句用于将多个 Transact-SQL 组合为一个语句块，相当于一个单一语句，达到一起执行的目的。If…Else 语句用于实现程序的选择结构。Case 语句用于计算列表并返回多个可能结果表达式中的一个，可用于实现程序的多分支结构，虽然使用 If…Else 语句也能够实现多分支结构，但是使用 Case 语句的程序可读性更强。

【任务描述】

在【SQL 编辑器】中编辑与执行多条 SQL 语句，实现以下功能。

（1）查询“安徽”同学是否借阅了图书，如果是已借阅图书则显示其借阅的总数量。

（2）“图书管理系统”中的“图书状态”一般有四种，即借出、续借、损坏、丢失，分别用 0、1、2、3 表示。查询所有图书借阅情况，输出借书证编号、图书编号、借出数量和图书状态（分别用借出、续借、损坏、丢失描述）4 列数据。

（3）“文静”同学的借书证编号为“0016594”，该借书证能正常借书，她成功借阅了图书编号为“TP7040273144”的图书，在“图书借阅”数据表中添加借阅记录，修改“藏书信息”数据表的“馆内剩余”数量。

【任务实施】

1. If…Else 条件语句和 Begin…End 语句块的应用

对应的 SQL 语句如表 6-2 所示。

表 6-2　If…Else 条件语句和 Begin…End 语句块的应用

行号	SQL 语句
01	--定义一个字符型变量@name，用于存储借阅者姓名
02	Declare @name varchar(30)
03	/*定义一个整型变量@number，用于存储图书借阅数量*/
04	Declare @number int
05	Set @name='安徽'　　　--给变量 name 赋值
06	If Exists (Select * From 图书借阅
07	Where 借书证编号 In(Select 借书证编号 From 借书证
08	Where 姓名=@name)
09	)
10	Begin
11	Select @number=SUM(借出数量) From 图书借阅
12	Where 借书证编号 =(Select 借书证编号 From 借书证
13	Where 姓名=@name)
14	Print @name+'同学目前已借阅了'+Ltrim(Str(@number))+'图书'
15	End
16	Else
17	Print @name+'同学目前没有借阅图书'　　--输出字符串

将该 SQL 语句保存为 SQL 文件，文件名为“060101SQL.sql”。

【代码解读】:

表 6-2 的代码中的第 01、03、05、17 行有程序注释，注释是程序代码中不执行的文本字符串，也可以称为备注，主要用来对程序代码进行解释说明，以提高代码的可阅读性，为代码的后期维护提供方便。可以将注释插入单独行中，例如表 6-2 的第 01、03 行中的注释，也

可嵌套在 Transact-SQL 命令行的尾部或嵌套在 Transact-SQL 语句中，例如表 6-2 的第 05、17 行中的注释。SQL Server 2014 系统中主要支持两种注释形式：双连字符（--）注释和正斜杠一星号字符对（/*　*/）。使用双连字符（--）添加的注释文本内容可以与运行的代码在同一行上，也可以单独成一行。使用正斜杠一星号字符对（/*　*/）添加的注释文本可以与要运行的代码在同一行，也可以单独成一行，可以很方便地添加多行注释。

2．Case 分支语句的应用

对应的 SQL 语句如下：

```
Select 借书证编号,图书编号,借出数量,图书状态=
   Case 图书状态
        When '0' Then '借出'
        When '1' Then '续借'
        When '2' Then '损坏'
        When '3' Then '丢失'
   End
From 图书借阅
```

将该 SQL 语句保存为 SQL 文件，文件名为“060102SQL.sql”。

【代码解读】:

上述语句中包含了多个常量，例如'1'、'借出'等，这些都是字符串常量。常量也称为文字值或标量值，是指程序运行过程中其值不改变的量，按照 Transact-SQL 中常量值的数据类型的不同，可以将常量划分为多种类型，包括字符串常量、日期常量、数值常量、货币常量等，其中字符串常量、日期常量都必须使用半角单引号（''）引起来，例如'续借'、'2016-2-14'。

3．多种控制语句和内置函数的应用

对应的 SQL 语句如表 6-3 所示。

表 6-3　多种控制语句和函数的应用

行号	SQL 语句
01	Declare @cardNum varchar(7) --保存借书证编号
02	Set @cardNum='0016594'
03	Declare @name varchar(20)　--保存借阅者姓名
04	Select @name='文静'
05	Declare @bookNO char(12)　--保存图书编号
06	Set @bookNO='TP7040273144'
07	--保存借阅者编号和读者类型
08	Declare @borrowNO varchar(20),@readerType char(2)
09	--保存限借数量和限借期限
10	Declare @limitNum smallint,@limitDay smallint
11	--保存已借书数量
12	Declare @lendNum smallint
13	/*获取借阅者的编号和读者类型*/
14	Select @borrowNO=借阅者编号,@readerType=读者类型 From 借书证
15	Where 借书证编号=@cardNum And 姓名=@name
16	/*获取借阅者的限借数量和限借期限*/

续表

行号	SQL 语句
17	Select @limitNum=限借数量,@limitDay=限借期限 From 读者类型
18	Where 读者类型编号=@readerType
19	/*获取借阅者已借阅图书数量*/
20	Select @lendNum=SUM(借出数量) From 图书借阅
21	Where 借书证编号=@cardNum
22	If @lendNum>=@limitNum
23	Print @name+'已借阅了'+@lendNum+'本图书，不能继续借书'
24	Else
25	Begin
26	Insert 图书借阅(借书证编号,图书编号,借出数量,借出日期,
27	应还日期,借阅操作员,图书状态)
28	Values(@cardNum,@bookNO,1,Getdate(),
29	Dateadd(day,@limitDay,Getdate()),'吴云','0')
30	Update 藏书信息 Set 馆内剩余=馆内剩余-1 Where 图书编号=@bookNO
31	Print @name+'已成功借阅了本图书'
32	End

将该 SQL 语句保存为 SQL 文件，文件名为“060103SQL.sql”。

6.2 创建与执行用户自定义函数

【任务 6-2】 创建与执行用户自定义函数

为了方便数据的统计与处理，SQL Server 系统定义了多种类型的内置函数，例如聚合函数、数据函数、字符串函数、日期与时间函数等，用户不能修改这些函数，可以在 Transact-SQL 语句中使用。为了满足用户特殊情况下的需要，SQL Server 允许用户自定义函数，补充和扩展系统支持的内置函数。用户定义函数可以接收零个或多个输入参数，返回标量值或数据表。用户自定义函数主要有三类：标量值自定义函数、内联表值自定义函数和多语句表值自定义函数。这些函数创建一次存储在数据库中，以后便可以在程序中调用任意次。

【任务描述】

（1）创建一个“标量值”函数 getBookTypeName，用于从“图书类型”数据表中根据指定的“图书类型代号”获取“图书类型名称”。

（2）创建 1 个内联表值函数 getBorrow，用于从“图书借阅”数据表中根据指定的“借书证编号”获取对应的借阅信息。

（3）创建 1 个多语句表值函数 getBook，用于从“图书信息”数据表中根据指定的出版社简称（例如“电子”）获取所有该出版社出版的图书信息。

【任务实施】

1. 创建与执行标量值函数

（1）编写用户自定义函数的代码

在【SQL Server Management Studio】主窗口中，单击【标准】工具栏中的【新建查询】

按钮，打开【SQL 编辑器】窗口，然后在【SQL 编辑器】窗口中输入自定义函数的代码，如下所示。

```
Use bookDB06
go
Create Function getBookTypeName(@bookTypeNum varchar(2))
Returns varchar(50)
As
   Begin
       Declare @bookTypeName varchar(50)
       Select @bookTypeName=图书类型名称 From 图书类型
              Where 图书类型代号=@bookTypeNum
       Return @bookTypeName
    End
```

上述语句中，定义了 1 个 varchar 类型的输入参数@bookTypeNum，用于接收图书类型代号，在函数体中，又定义了 1 varchar 类型的变量@bookTypeName，用于保存查询结果，也就是图书类型名称，最后使用 Return 语句返回该变量的值。

将该函数的 SQL 语句保存为 SQL 文件，文件名为“060201SQL.sql”。

（2）执行 SQL 代码，创建标量值函数

单击【SQL 编辑器】工具栏中的【执行】按钮 ! 执行(X) 或者选择菜单命令【查询】→【执行】或者直接按 F5 键，执行 SQL 代码。如果在“消息”窗格显示“命令已成功完成”的提示信息，表明自定义的标量值函数已成功创建。

（3）调用自定义标量值函数

在【SQL 编辑器】窗口中输入以下语句调用自定义标量函数，查找图书类型代号为“T”的图书类型名称：

```
Select dbo.getBookTypeName('T') AS '图书类型'
```

该语句的执行结果如图 6-1 所示。

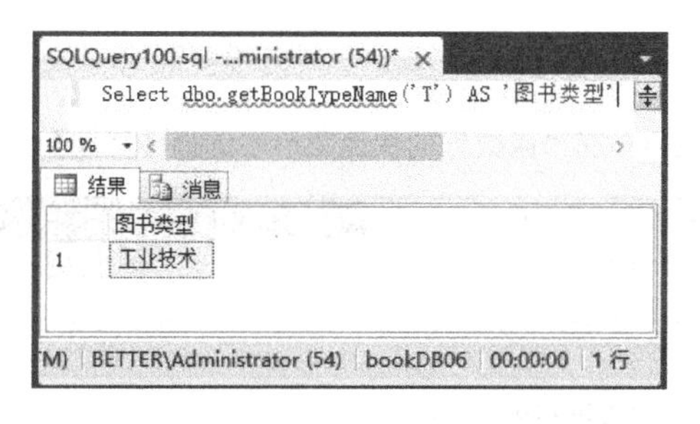

图 6-1　调用自定义标量函数的结果

调用自定义标量函数可以使用以下语句，dbo 是系统自带的一个公共用户名。

```
Print  dbo.getBookTypeName('T')
```

（4）查看自定义标量值函数

在【SQL Server Management Studio】主窗口的【对象资源管理器】窗口中依次展开“数

据库”→“bookDB06”→“可编程性”→“函数”→“标量值函数”文件夹，在“标量值函数”文件夹中，可以发现已存在1个自定义函数“dbo.getBookTypeName”，如图6-2所示，继续展开“dbo.getBookTypeName”→“参数”，可以发现在“参数”文件夹中有1个参数“@bookTypeNum”，如图6-2所示。

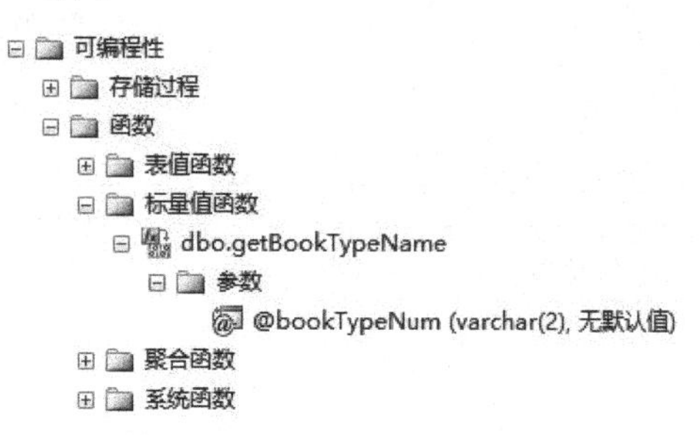

图6-2　在【对象资源管理器】窗口中查看自定义的标量值函数

（5）修改自定义函数的代码

在【对象资源管理器】窗口中右键单击自定义函数名称“dbo.getBookTypeName”，在弹出的快捷菜单中选择【修改】命令，如图6-3所示。在弹出的【SQL 编辑器】窗口中查看该自定义函数的代码，如图6-4所示。在这里可以对自定义函数的代码进行修改，修改完成后按F5键运行即可。

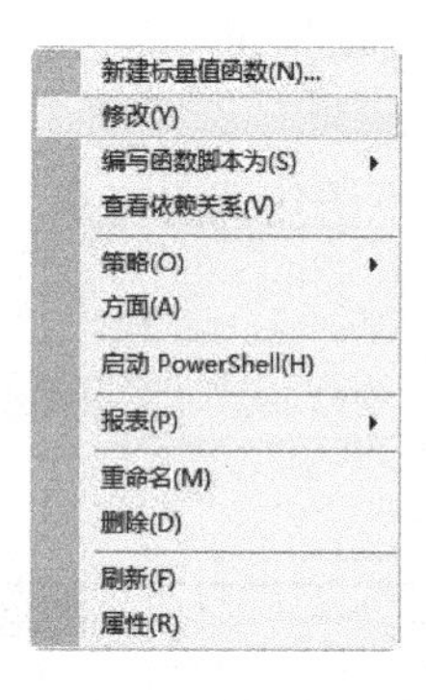

图6-3　在“函数”的快捷菜单中选择【修改】命令

SQLQuery102.sql -...ministrator (57))

```
USE [bookDB06]
GO
/****** Object:  UserDefinedFunction [dbo].[getBookTypeName]
SET ANSI_NULLS ON
GO
SET QUOTED_IDENTIFIER ON
GO
ALTER Function [dbo].[getBookTypeName](@bookTypeNum varchar(2))
Returns varchar(50)
As
   Begin
        Declare @bookTypeName varchar(50)
        Select @bookTypeName=图书类型名称 From 图书类型
               Where 图书类型代号=@bookTypeNum
        Return @bookTypeName
    End
```

100 %　BETTER (10.50 RTM) | BETTER\Administrator (57) | bookDB06 | 00:00:00 | 0 行

图6-4　查看自定义函数的代码

2．创建与执行内联表值函数

创建内联表值函数“getBorrow”，该函数对应的代码如下：

```
Use bookDB06
go
Create Function getBorrow(@cardNum varchar(7))
Returns Table
With Encryption
As
   Return Select * From 图书借阅 Where 借书证编号=@cardNum
```

按 F5 键执行该函数代码，创建内联表值函数。

将该函数的 SQL 语句保存为 SQL 文件，文件名为“060202SQL.sql”。

在【SQL 编辑器】窗口中输入以下语句调用自定义内联表值函数，根据借书证编号“0016584”获取对应的借阅信息，运行结果如图 6-5 所示。

```
Select * From dbo.getBorrow('0016584')
```

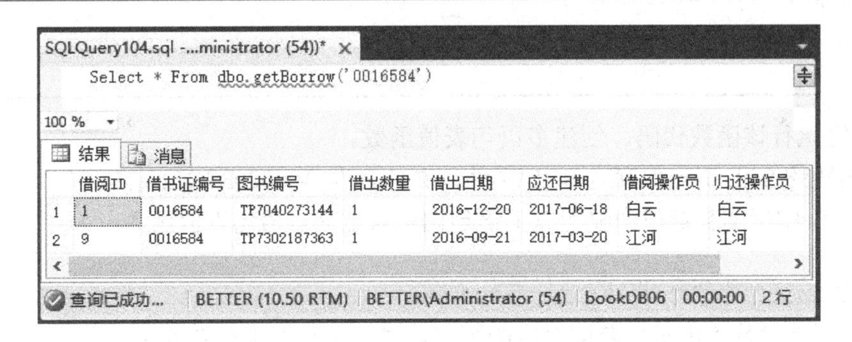

图 6-5　调用内联表值函数“getBorrow”的结果

3．创建与执行多语句表值函数

创建多语句表值函数“getBook”，该函数对应的代码如表 6-4 所示。

表 6-4　多语句表值函数“getBook”对应的代码

行号	SQL 语句
01	Use bookDB06
02	go
03	Create Function getBook(@shortName varchar(16))
04	Returns @book_publisher Table
05	(
06	ISBN 编号 varchar(20) ,
07	图书名称 varchar(100) Not Null,
08	作者 varchar(40),
09	价格 money,
10	出版社 varchar(50),
11	图书类型 varchar(50)
12	)
13	As

续表

行号	SQL 语句
14	Begin
15	Declare @num int
16	Select @num=Count(*) From 出版社 Where 出版社简称=@shortName
17	If @num<=0
18	Insert @book_publisher Select Top(1) Null,'输入的出版社简称有误，请重新输入正确的出版社简称
19	',Null,Null,Null,Null From 图书信息
20	Else
21	Insert @book_publisher Select b.ISBN 编号,b.图书名称,b.作者,b.价格,p.出版社名称,t.图书类型名称
22	From 图书信息 As b
23	Inner Join 出版社 As p On p.出版社 ID=b.出版社
24	Inner Join 图书类型 As t On t.图书类型代号=b.图书类型
25	Where p.出版社简称=@shortName
26	Return
27	End
28	

按 F5 键执行该函数代码，创建多语句表值函数。

将该函数的 SQL 语句保存为 SQL 文件，文件名为“060203SQL.sql”。

在【SQL 编辑器】窗口中输入以下语句调用自定义多语句表值函数。

```
Select * From dbo.getBook('电子')
```

根据出版社简称“电子”获取对应的图书信息，运行结果如图 6-6 所示。

如果调用 getBook 函数时，传入的参数“出版社简称”在“出版社”数据表中无法找到，则只输出 1 条记录，显示“输入的出版社简称有误，请重新输入正确的出版社简称”的提示信息。

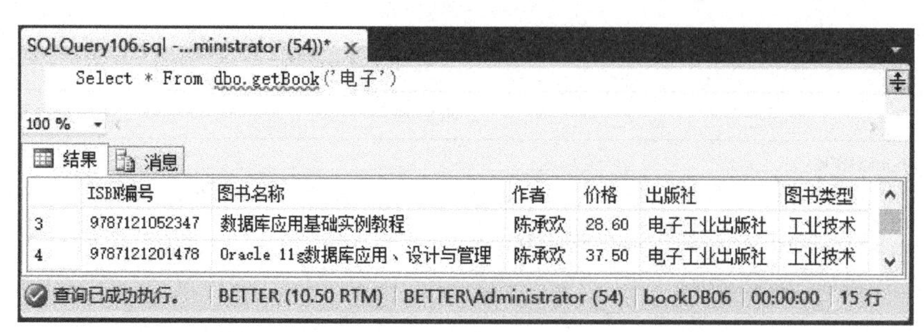

图 6-6 调用多语句表值函数“getBook”的结果

4. 查看自定义函数的属性和代码信息

（1）查看自定义函数的名称及创建时间

在【SQL 编辑器】窗口中输入以下语句：

```
Select name,crdate From sysobjects Where type='if' or type='fn'
```

然后按 F5 键，执行 SQL 语句，查看自定义函数的名称和创建时间。

提 示

"if"是表值函数的类型标识，"fn"是标量值函数的类型标识。

（2）查看指定函数的属性信息

在【SQL 编辑器】窗口中输入以下语句：

```
execute sp_help getBook
```

然后按 F5 键，执行 SQL 语句，查看自定义函数"getBook"的属性信息。

（3）查看函数的代码

在【SQL 编辑器】窗口中输入以下语句：

```
execute sp_helptext getBook
```

然后按 F5 键，执行 SQL 语句，查看自定义函数"getBook"的代码。

6.3 创建与使用存储过程

【任务 6-3】 创建与管理存储过程

存储过程（Stored Procedure）是一组为了完成特定功能的 SQL 语句集，通过存储过程可以将经常使用的 SQL 语句封装起来，这样可以避免重复编写相同的 SQL 语句。

【任务描述】

（1）利用 Transact-SQL 语句创建 1 个无参数的存储过程，该存储过程用于查询"电子工业出版社"出版的图书信息，存储过程的名称为"getBookInfo_publisher_0601"。

（2）利用存储过程模板创建 1 个带输入参数的存储过程，该存储过程用于查询"电子工业出版社"出版的有关"数据库"方面的图书信息，存储过程的名称为"getBookInfo_0602"。

（3）创建 1 个带输入参数和输出参数的存储过程，该存储过程用于根据读者类型的编号获取对应的"限借数量"和"限借期限"，存储过程的名称为"getNum_Limit"。

（4）创建 1 个带有判断条件的存储过程，用于从"图书信息"数据表中根据指定的出版社简称（例如"电子"）或者出版社全称（例如"电子工业出版社"）获取所有该出版社的图书数量和总金额。

（5）查看存储过程的参数及数据类型、源代码。

（6）修改和删除存储过程。

【任务实施】

1．利用 Transact-SQL 语句创建无参数的存储过程

（1）编写存储过程的代码

在【SQL 编辑器】窗口中输入如下存储过程代码。

```
Use bookDB06
go
Create Procedure getBookInfo_publisher_0601
As
```

```
Select b.ISBN编号,b.图书名称,b.作者,b.价格,p.出版社名称
From 图书信息 As b Inner Join 出版社 As p
    On b.出版社=p.出版社ID
Where p.出版社名称='电子工业出版社'
```

将该存储过程的脚本保存为SQL文件，文件名为“060301SQL.sql”。

（2）执行SQL代码，创建存储过程

单击【SQL编辑器】工具栏中的【执行】按钮 ! 执行(X)，执行SQL代码。如果在“消息”窗格显示“命令已成功完成”的提示信息，表明存储过程已成功创建。

（3）执行存储过程

在【SQL 编辑器】窗口中输入以下语句执行存储过程来检查存储过程的返回结果。

```
Exec getBookInfo_publisher_0601
```

（4）查看存储过程

在【SQL Server Management Studio】主窗口的【对象资源管理器】窗口中依次展开“数据库”→“bookDB06”→“可编程性”→“存储过程”文件夹，在“存储过程”文件夹中，可以发现已存在1个自定义的存储过程“dbo. getBookInfo_publisher_0601”，如图6-7所示，继续展开“dbo. getBookInfo_publisher_0601”→“参数”，可以发现在“参数”文件夹中有1个参数。

图6-7 在【对象资源管理器】窗口中查看自定义的存储过程

（5）修改存储过程的代码

在【对象资源管理器】窗口中右键单击存储过程名称“dbo. getBookInfo_publisher_0601”，在弹出的快捷菜单中选择【修改】命令，如图6-8所示。在弹出的【SQL 编辑器】窗口查看该存储过程的代码，这里可以对存储过程的代码进行修改，修改完成后按F5运行即可。

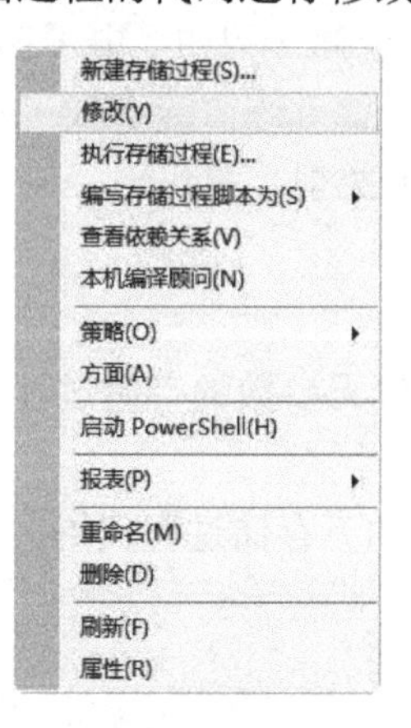

图6-8 在“存储过程”快捷菜单中选择【修改】命令

2．创建带输入参数的存储过程

（1）打开存储过程的模板

在【SQL Server Management Studio】主窗口的【对象资源管理器】窗口中依次展开“数据库”→“bookDB06”→“可编程性”文件夹，右键单击“存储过程”文件夹，在弹出的快捷菜单中选择【新建存储过程】命令，在右侧打开的【SQL 编辑器】窗口中出现存储过程的模板，如图 6-9 所示。

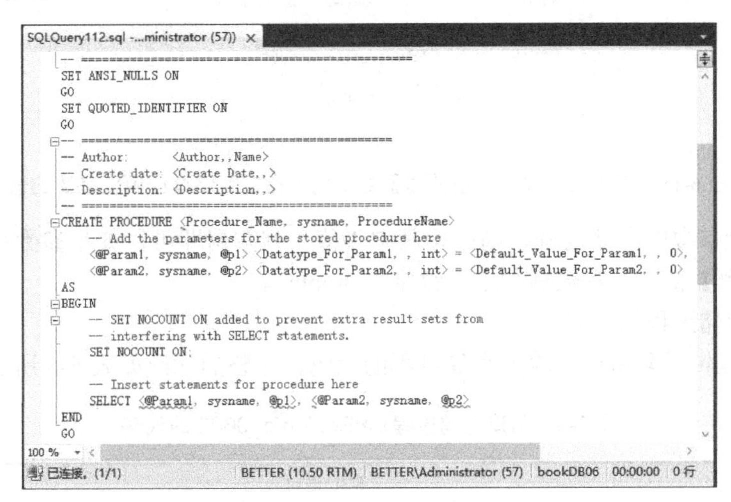

图 6-9　查看存储过程模板的初始代码

（2）指定存储过程的参数

在【SQL Server Management Studio】主窗口的【查询】菜单中选择【指定模板参数的值】命令，如图 6-10 所示。弹出【指定模板参数的值】对话框。

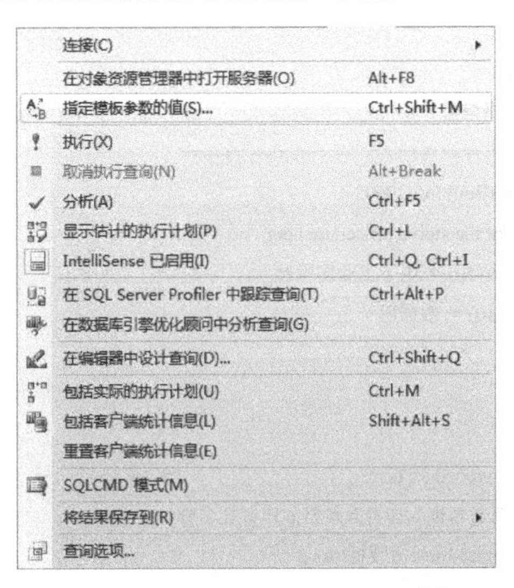

图 6-10　在【查询】菜单中选择【指定模板参数的值】命令

在【指定模板参数的值】对话框中指定存储过程模板参数的值，包括存储过程的创建者姓名、创建日期、存储过程描述内容、存储过程名称、输入或输出参数等，如图 6-11 所示，然后单击【确定】按钮，更新存储过程模板的参数值。

图 6-11 在【指定模板参数的值】对话框中指定存储过程模板参数的值

如果创建无参数的存储过程，则删除其中“值”列数据即可；如果参数为输出参数，则在【SQL 编辑器】窗口的参数后加上关键字“Output”。

（3）编辑存储过程的代码

在【SQL 编辑器】窗口中输入存储过程的代码，完整的代码如表 6-5 所示。

表 6-5 创建存储过程 getBookInfo_0602 的代码

行号	SQL 语句
01	SET ANSI_NULLS ON
02	GO
03	SET QUOTED_IDENTIFIER ON
04	GO
05	-- ===
06	-- Author: 陈承欢
07	-- Create date: 2016-6-6
08	-- Description: 查询图书信息
09	-- ===
10	CREATE PROCEDURE getBookInfo_0602
11	-- Add the parameters for the stored procedure here
12	@publisherName varchar(50) = 电子工业出版社,
13	@bookContent varchar(30) = 数据库
14	AS
15	BEGIN
16	SET NOCOUNT ON;
17	-- Insert statements for procedure here
18	Select b.ISBN 编号,b.图书名称,b.作者,b.价格,p.出版社名称
19	From 图书信息 As b Inner Join 出版社 As p
20	On b.出版社=p.出版社 ID
22	Where p.出版社名称=@ publisherName And 图书名称 Like '%'
23	+@bookContent+'%'
24	END
25	GO

若要测试存储过程代码的语法是否正确，单击【SQL 编辑器】工具栏中的【分析】按钮，或者按快捷键 Ctrl+F5。

（4）保存存储过程的脚本

单击【标准】工具栏中的【保存】按钮，将该存储过程的脚本保存为 SQL 文件，文件名为“060302SQL.sql”。

（5）执行 SQL 语句，创建存储过程

单击【SQL 编辑器】工具栏中的【执行】按钮或者直接按 F5 键，执行 SQL 代码。如果在“消息”窗格中显示“命令已成功完成”的提示信息，表明存储过程已成功创建。

（6）执行存储过程

① 参数取默认值

在【SQL 编辑器】窗口中输入以下语句执行存储过程来检查存储过程的返回结果，执行结果如图 6-12 所示。

```
Exec getBookInfo_0602
```

SQLQuery116.sql -...ministrator (55))*

Exec getBookInfo_0602

100 %

结果　消息

	ISBN编号	图书名称	作者	价格	出版社名称
1	9787505364324	Web数据库开发技术	廖彬山、高峰霞、徐颖	30.00	电子工业出版社
2	9787505397990	数据库原理与应用	靳学辉、龙冬云、杜威	25.00	电子工业出版社
3	9787121033585	企业级数据库开发	向传杰	18.00	电子工业出版社
4	9787121052347	数据库应用基础实例教程	陈承欢	28.60	电子工业出版社
5	9787121201478	Oracle 11g数据库应用、设计与管理	陈承欢	37.50	电子工业出版社

查询已成功执行。　BETTER (10.50 RTM)　BETTER\Administrator (55)　bookDB06　00:00:00　5 行

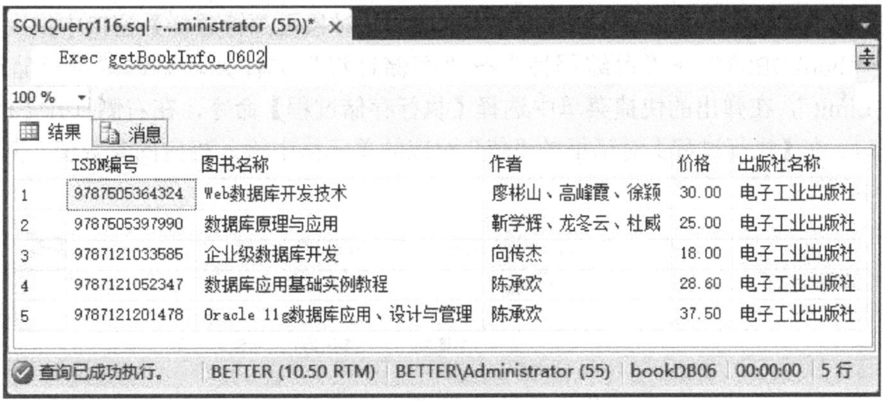

图 6-12　执行存储过程 getBookInfo_0602 的结果

由于 getBookInfo_0602 中的输入参数@publisherName 的默认值为“电子工业出版社”，@bookContent 的默认值为“数据库”，所以执行存储过程，没有指定参数值，取默认值，执行结果如图 6-12 所示。

② 使用参数名传递参数值

在使用参数名传递参数值时，参数的前后顺序可以改变，不影响参数值的传递。可以根据需要方便、灵活地使用存储过程。

在【SQL 编辑器】窗口中输入以下语句，执行结果如图 6-12 所示。

```
Exec getBookInfo_0602 @bookContent='数据库' , @publisherName='电子工业出版社'
```

③ 按位置传递参数值

在执行过程中，按照输入参数的位置直接给出参数的传递值。当存储过程有多个参数时，值的顺序必须与创建存储过程语句中定义参数的顺序相一致。也就是说，参数的传递顺序就是参数定义的顺序。参数是字符型或日期型时，需要将这些参数值使用半角单引号引起来。

在【SQL 编辑器】窗口中输入以下语句，执行结果如图 6-12 所示。

```
Exec getBookInfo_0602 '电子工业出版社' , '数据库'
```

3. 创建带输出参数的存储过程

在【SQL 编辑器】窗口中输入如下所示的存储过程代码。

```
Create Procedure getNum_Limit
  @readerTypeNum_in char(2),
  @limitNum_out smallint Output,
  @limitDay_out smallint Output
  As
     Select @limitNum_out=限借数量,
     @limitDay_out=限借期限
     From 读者类型
     Where 读者类型编号=@readerTypeNum_in
```

将该存储过程的脚本保存为 SQL 文件，文件名为“060303SQL.sql”。

单击【SQL 编辑器】工具栏中的【执行】按钮 ! 执行(X) 或者直接按 F5 键，执行 SQL 代码。如果在“消息”窗格中显示“命令已成功完成”的提示信息，表明存储过程已成功创建。

在【SQL Server Management Studio】主窗口的【对象资源管理器】窗口中依次展开“数据库”→“bookDB06”→“可编程性”→“存储过程”文件夹，右键单击存储过程名称“getNum_Limit”，在弹出的快捷菜单中选择【执行存储过程】命令，在右侧打开【执行过程】对话框窗口。在【执行过程】对话框的“值”对应的单元格中输入相应的参数值，例如“05”，如图 6-13 所示。

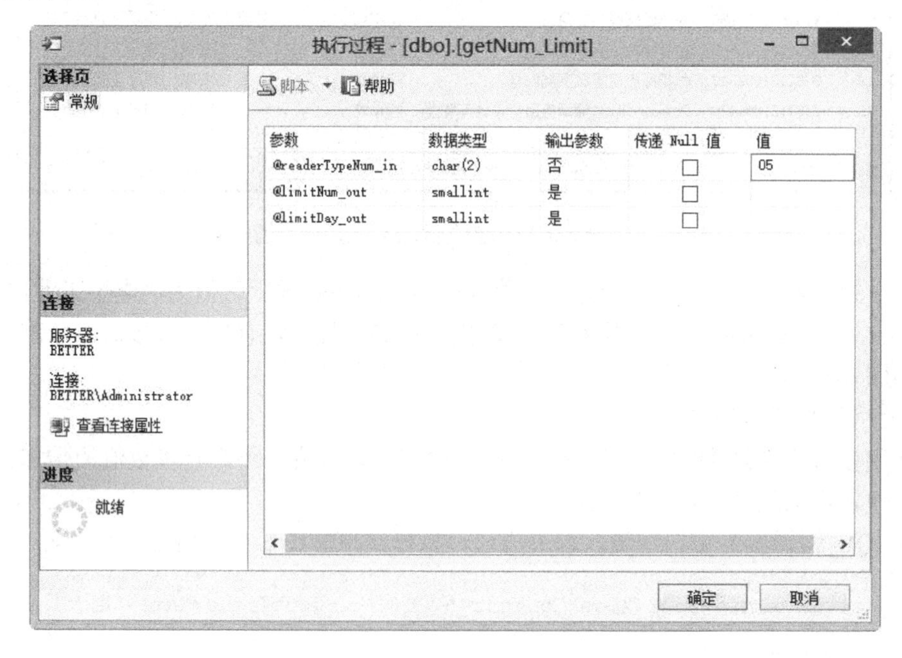

图 6-13 【执行过程】对话框

然后单击【确定】按钮，在【SQL 编辑器】窗口中就可以看到存储过程的执行结果，如图 6-14 所示。

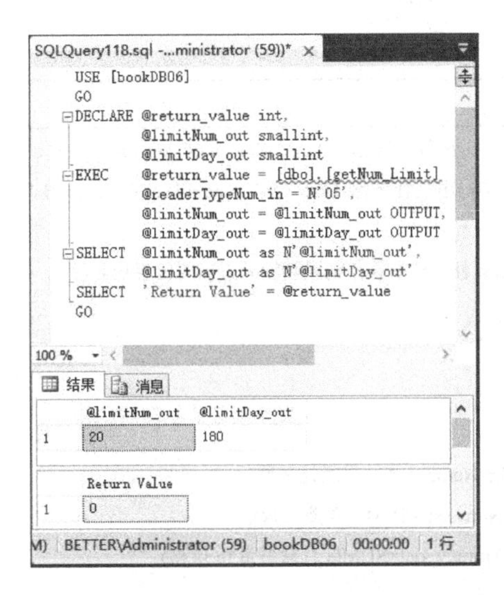

图 6-14　在图形界面中执行存储过程 getNum_Limit

也可以在【SQL 编辑器】窗口中直接输入以下代码，执行存储过程 getNum_Limit，查看输入参数和输出参数的值。

```
Declare @p1 smallint,@p2 smallint
Exec getNum_Limit '05' , @p1 Output , @p2 Output
Select '05' As 读者类型,@p1 As 限借数量,@p2 As 限借期限
```

其执行结果如图 6-15 所示。

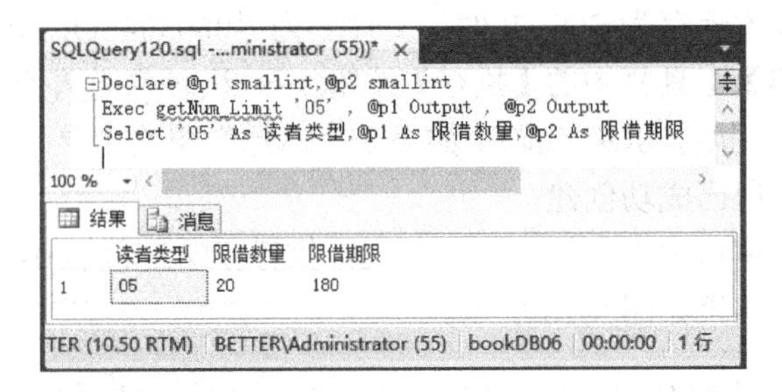

图 6-15　直接输入代码执行存储过程 getNum_Limit

4．创建带有判断条件的存储过程

在【SQL 编辑器】窗口中输入如表 6-6 所示的存储过程代码。

表 6-6　创建存储过程 getBookInfo 的代码

行号	SQL 语句
01	Create Procedure getBookInfo
02	@publisherName_in varchar(50),
03	@publisherName_out varchar(50) Output,
04	@bookNum_out smallint Output,
05	@bookMomey_out smallint Output
06	As
07	If Not Exists(Select * From 出版社 Where

续表

行号	SQL 语句
08	出版社简称 Like '%'+@publisherName_in+'%'
09	Or 出版社名称 Like '%'+@publisherName_in+'%')
10	Begin
11	Print ' 输入的出版社名称有误，请重新输入正确的出版社名称 '
12	Return 0
13	End
14	Else
15	Begin
16	Select @publisherName_out=p.出版社名称,
17	@bookNum_out=SUM(s.总藏书量),
18	@bookMomey_out=SUM(s.总藏书量*b.价格)
19	From 藏书信息 As s
20	Inner Join 图书信息 As b On s.ISBN 编号=b.ISBN 编号
21	Inner Join 出版社 As p On b.出版社=p.出版社 ID
22	Where p.出版社简称 Like '%'+@publisherName_in+'%'
23	Or p.出版社名称 Like '%'+@publisherName_in+'%'
24	Group By p.出版社名称
25	Return 1
26	End

将该存储过程的脚本保存为 SQL 文件，文件名为“060304SQL.sql”。

单击【SQL 编辑器】工具栏中的【执行】按钮 ! 执行(X) 或者选择菜单命令【查询】→【执行】或者直接按 F5 键，执行 SQL 代码。如果在“消息”窗格中显示“命令已成功完成”的提示信息，表明存储过程已成功创建。

在【SQL 编辑器】窗口中直接输入以下代码，执行存储过程 getBookInfo，查看输入参数和输出参数的值，执行结果如图 6-16 所示。

```
Declare @p1 varchar(50),@p2 smallint,@p3 smallint,@result int
Declare @publisherName varchar(50)
Set @publisherName='电子'
Exec @result=dbo.getBookInfo @publisherName, @p1 Output,
@p2 Output, @p3 Output
If @result=1
  Select @p1 As 出版社名称,@p2 As 藏书总数量,@p3 As 总金额
```

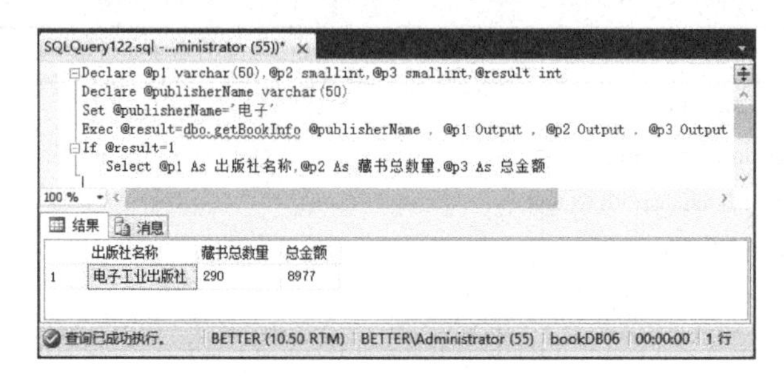

图 6-16　存储过程 getBookInfo 的执行结果

5. 查看存储过程

存储过程被创建之后，其名称被存储在系统数据表 sysobjects 中，其源代码被存储在系统数据表 syscomments 中。可以使用系统存储过程查看用户创建的存储过程的相关信息。

（1）查看存储过程 getBookInfo 的参数及数据类型

在【SQL 编辑器】窗口中直接输入以下代码，即可以查看存储过程 getBookInfo 的参数及数据类型。

```
sp_help getBookInfo
```

（2）查看存储过程 getBookInfo 的源代码

在【SQL 编辑器】窗口中直接输入以下代码，即可以查看存储过程 getBookInfo 的源代码。

```
sp_helptext getBookInfo
```

如果在创建存储过程时使用了 With Encyption 选项，那么使用 sp_helptext 将无法看到存储过程的源代码。

6. 修改与删除存储过程

如果需要修改存储过程，可以先删除存储过程，再重新创建存储过程。也可以使用 Alter Procedure 语句，更改先前使用 Create Procedure 语句创建的存储过程。

删除用户存储过程可以在【对象资源管理器】窗口中右键单击存储过程的名称，然后在弹出的快捷菜单中选择【删除】命令，在打开的【删除对象】对话框中单击【确定】按钮，完成删除存储过程的操作。也可以使用 Drop 命令从当前数据库中删除存储过程。

6.4 创建与使用游标

【任务 6-4】 创建与管理游标

游标主要包括游标结果集和游标位置两部分。其中，游标结果集是指由定义游标的 Select 语句所返回的记录集合；游标是指向这个结果集中某一行的指针。

声明游标使用 Declare 语句，使用游标之前必须先打开游标，打开游标使用 Open 语句。打开游标之后，就可以使用游标提取数据了，这个操作称为检索游标，检索游标使用 Fetch 语句。当不需要使用游标时，可以关闭游标，关闭游标会释放当前结果集，然后解除定位游标的行上的游标锁定，关闭游标使用 Close 语句。释放游标是指删除游标引用，使用 Deallocate 语句释放游标。

【任务描述】

（1）创建游标 book_cursor0601，并读取游标的数据，显示“图书类型”数据表中的数据记录。

（2）利用游标更新数据，将“借阅者信息”数据表中的“计算机系”的部门名称修改为“信息工程系”。

（3）创建 1 个存储过程，该存储过程用于从“图书信息”数据表中根据指定的出版社简称（例如“电子”）或者出版社全称（例如“电子工业出版社”）获取所有该出版社的图书信息。要求利用游标逐条显示该出版社出版的图书信息。

【任务实施】

1. 游标的定义、打开、读取和关闭

在【SQL 编辑器】窗口中输入如表 6-7 所示的 SQL 代码。

表 6-7　定义、打开、读取和关闭游标的代码

行号	SQL 语句
01	Use bookDB06
02	go
03	Declare book_dursor0601 Scroll Cursor For
04	Select * From 图书类型　　--声明游标
05	Open book_dursor0601　　--打开游标
06	Fetch First From book_dursor0601　　--读取游标中的第 1 条记录
07	Fetch Next From book_dursor0601　　--读取游标中的下 1 条记录
08	Fetch Last From book_dursor0601　　--读取游标中的最后 1 条记录
09	Fetch Prior From book_dursor0601　　--读取游标中的上 1 条记录
10	Fetch Absolute 8 From book_dursor0601　　--读取游标中的第 8 条记录
11	Fetch Relative -2 From book_dursor0601　　--读取游标当前位置前 2 条记录
12	Fetch Relative 1 From book_dursor0601　　--读取游标当前位置的后 2 条记录
13	Close book_dursor0601　　--关闭游标
14	Deallocate book_dursor0601　　--释放游标

将 SQL 代码保存为 SQL 文件，文件名为“060401SQL.sql”。

单击【SQL 编辑器】工具栏中的【分析】按钮，分析 SQL 语句是否有语法错误，如果在“消息”窗格中显示“命令已成功完成”的提示信息，表明 SQL 语句没有语法错误。

然后单击【SQL 编辑器】工具栏中的【执行】按钮 ! 执行(X) 或者选择菜单命令【查询】→【执行】或者直接按 F5 键，执行 SQL 代码。SQL 语句执行时，就可以实现利用游标逐条读取数据表中的数据记录，执行结果如图 6-17 所示。

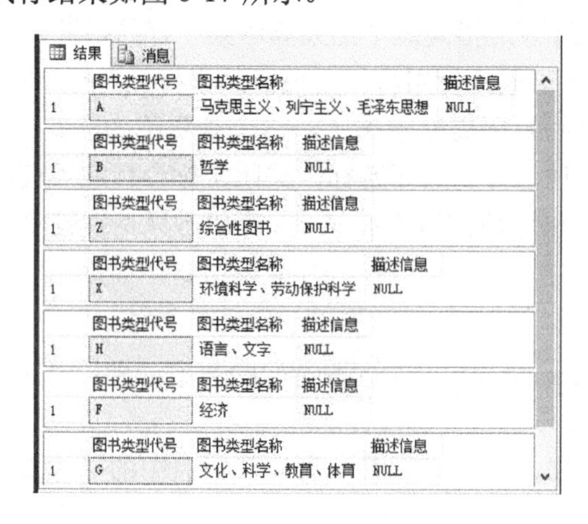

图 6-17　利用游标逐条读取数据表中的数据记录

2. 利用游标修改数据表中的数据记录

在【SQL 编辑器】窗口中输入如表 6-8 所示的 SQL 代码。

表 6-8　利用游标修改数据表中的数据记录的代码

行号	SQL 语句
01	Use bookDB06
02	go
03	Declare @readerNO varchar(20),@readerName varchar(20),
04	@sex char(2),@department varchar(30)
05	Declare edit_cursor0602 Cursor For
06	Select 借阅者编号,姓名,性别,部门名称 From 借阅者信息
07	For Update Of 部门名称　　--声明更新游标且只能更新部门名称
08	Open edit_cursor0602
09	--从游标中提取第行记录数据
10	Fetch Next From edit_cursor0602 Into @readerNO,@readerName,@sex,@department
11	While @@FETCH_STATUS=0　　--使用 While 语句
12	Begin
13	If @department='计算机系'
14	Update 借阅者信息 Set 部门名称='信息工程系'
15	Where Current Of edit_cursor0602
16	--从游标中提取下一条记录数据
17	Fetch Next From edit_cursor0602 Into @readerNO,@readerName,@sex,@department
18	End
19	close edit_cursor0602
20	Deallocate edit_cursor0602

将 SQL 代码保存为 SQL 文件，文件名为“060402SQL.sql”。

单击【SQL 编辑器】工具栏中的【分析】按钮✓，分析 SQL 语句是否有语法错误。

然后单击【SQL 编辑器】工具栏中的【执行】按钮 ! 执行(X) 或者直接按 F5 键，执行 SQL 代码。SQL 语句执行时，就可以实现利用游标逐条对“借阅者信息”数据表中符合条件的数据记录的“部门名称”进行更新。

3．在存储过程中使用游标判断记录是否存在和逐条显示数据表中的记录

（1）编写存储过程的代码

在【SQL 编辑器】窗口中输入如表 6-9 所示的 SQL 代码。

表 6-9　在存储过程中使用游标判断记录是否存在和逐条显示数据表中记录的代码

行号	SQL 语句
01	Create Procedure getBookInfo_Procedure
02	@publisherName varchar(50)
03	As
04	Begin
05	If Exists(Select * From 出版社 Where
06	出版社简称 Like '%'+@publisherName+'%'
07	Or 出版社名称 Like '%'+@publisherName+'%')
08	Begin

续表

行号	SQL 语句
09	Declare book_cursor Cursor Scroll For
10	Select b.ISBN 编号,b.图书名称,b.作者,b.价格,p.出版社名称
11	From 图书信息 As b Inner Join 出版社 As p On b.出版社=p.出版社 ID
12	Where p.出版社简称 Like '%'+@publisherName+'%'
13	Or p.出版社名称 Like '%'+@publisherName+'%'
14	Open book_cursor
15	Fetch First From book_cursor
16	While @@FETCH_STATUS=0
17	Fetch Next From book_cursor
18	Close book_cursor
19	Deallocate book_cursor
20	End
21	Else
22	Print '输入的出版社名称有误，请重新输入正确的出版社名称'
23	End

将 SQL 代码保存为 SQL 文件，文件名为“060403SQL.sql”。

单击【SQL 编辑器】工具栏中的【分析】按钮✓，分析 SQL 语句是否有语法错误。

（2）执行 SQL 代码，创建存储过程

单击【SQL 编辑器】工具栏中的【执行】按钮 ! 执行(X) 或者选择菜单命令【查询】→【执行】或者直接按 F5 键，执行 SQL 代码。如果在“消息”窗格中显示“命令已成功完成”的提示信息，表明存储过程已成功创建。

（3）执行存储过程

首先在【SQL 编辑器】窗口中输入以下语句执行存储过程来检查存储过程的正确返回结果。

```
Exec getBookInfo_Procedure '电子'
```

然后在【SQL 编辑器】窗口中输入以下语句执行存储过程来检查存储过程的容错性。

```
Exec getBookInfo_Procedure '电子社'
```

6.5 创建与使用触发器

【任务 6-5】 创建与管理触发器

触发器是一种特殊的存储过程，它与数据表紧密相连，可以看成数据表定义的一部分，用于对数据表实施完整性约束。

创建触发器需要使用 Create Trigger 语句，该语句必须是批处理中的第 1 条语句，其后面的所有其他语句都将被解释为 Create Trigger 语句定义的一部分。默认情况下，数据表的所有者拥有该数据表的 DML 触发器的创建权限，但不能将该权限转给其他用户。DML 触发器可以引用当前数据库以外的对象，但只能在当前数据库中创建 DML 触发器。DDL 触发器是一种特殊的触发器，在响应数据定义语句时触发，可以用于在数据库执行管理任务。

修改触发器使用 Alter Trigger 语句，触发器在创建后将自动启用。不需要该触发器起作用可以禁用它，然后在需要的时候再次启用它，禁用触发器使用 Disable Trigger 语句，启用触发器使用 Enable Trigger 语句。删除触发器，需要使用 Drop Trigger 语句。

【任务 6-5-1】 创建与管理 DML 触发器

SQL Server 为每个 DML 触发器语句创建两个特殊的数据表：deleted 数据表（用于存储对数据表执行 Update 或 Delete 操作时，要从数据表删除的所有行）和 inserted 数据表（用于存储对数据表执行 Insert 或 Update 操作时，要向数据表中插入的所有行）。这是两个逻辑数据表，由系统自动创建和维护，存放在内存而不是数据库中，用户不能对它们进行修改。这两个数据表的结构总是与定义触发器的数据表的结构相同。触发器执行完成后，与该触发器相关的这两个数据表也会被删除。

【任务描述】

（1）创建 1 个命名为“borrow_insert”的 DML 触发器，当向“图书借阅”数据表插入 1 条借阅记录时，返回 1 条提示信息“已成功插入 1 条记录”。

（2）创建 1 个命名为“booktype_update”的 DML 触发器，防止用户修改“图书类型”数据表中的“图书类型代号”。

（3）创建 1 个命名为“booktype_delete”的 DML 触发器，该触发器实现以下功能：限制用户删除“图书类型”数据表中的记录，当用户删除时出现“不能删除图书类型数据表中的记录”的提示信息。

（4）在图书管理数据库的“图书借阅”数据表中创建 1 个触发器，当读者借出 1 本图书时，对应的“藏书信息”数据表的“馆内剩余”字段值也同步更新。

【任务实施】

1．创建 Insert 触发器

（1）编写触发器的代码

在【SQL 编辑器】窗口中输入如下所示的 SQL 代码。

```
Create Trigger borrow_insert
On 图书借阅
For Insert
As
  Print '成功插入条记录'
```

将触发器的脚本保存为 SQL 文件，文件名为“060501SQL.sql”。

单击【SQL 编辑器】工具栏中的【分析】按钮✓，分析 SQL 语句是否有语法错误，如果在“消息”窗格中显示“命令已成功完成”的提示信息，表明 SQL 语句没有语法错误。

（2）执行 SQL 代码，创建触发器

单击【SQL 编辑器】工具栏中的【执行】按钮 ! 执行(X) 或者直接按 F5 键，执行 SQL 代码。如果在“消息”窗格中显示“命令已成功完成”的提示信息，表明触发器已成功创建。

（3）查看触发器

在【SQL Server Management Studio】主窗口的【对象资源管理器】窗口中依次展开“数据库”→“bookDB06”→“表”→“dbo.图书借阅”→“触发器”文件夹，在“触发器”文件夹中，可以发现已存在 1 个自定义的 Insert 触发器“borrow_insert”，如图 6-18 所示。

dbo.图书借阅
- 列
- 键
- 约束
- 触发器
  - borrow_insert
- 索引
- 统计信息

图 6-18　查看“图书借阅”数据表的 Insert 触发器

（4）测试触发器

在【SQL 编辑器】窗口中输入并执行如下的 Transact-SQL 语句，测试 Insert 触发器“borrow_insert”是否会被触发。

```
Insert Into 图书借阅(借书证编号,图书编号,借出数量,借出日期,应还日期,图书状态)
        Values('0016584','TP7040273144',1,Getdate(),Getdate()+90,1)
```

执行结果如图 6-19 所示。在“消息”窗格中，除了显示插入记录时常见的提示信息“(1 行受影响)”以外，还显示了“成功插入 1 条记录”的提示信息，说明 Insert 触发器“borrow_insert”在插入记录时已被触发。

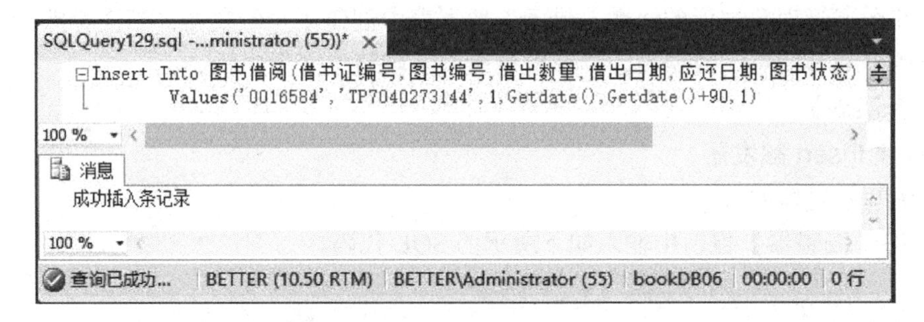

图 6-19　测试 Insert 触发器“borrow_insert”

2. 创建 Update 触发器

（1）编写触发器的代码

在【SQL 编辑器】窗口中输入触发器的代码，完整的代码如表 6-10 所示。

表 6-10　创建触发器 booktype_update 的代码

行号	SQL 语句
01	Create Trigger booktype_update
02	On　图书类型
03	For Update
04	As
05	Begin

续表

行号	SQL 语句
06	If Update(图书类型名称)
07	Begin
08	Print '图书类型名称不能修改'
09	Rollback
10	End
11	End
12	go

若要测试存储过程代码的语法是否正确，单击【SQL 编辑器】工具栏中的【分析】按钮✓，或者按快捷键 Ctrl+F5。

（2）保存触发器的脚本

单击【标准】工具栏中的【保存】按钮，将该存储过程的脚本保存为 SQL 文件，文件名为“060502SQL.sql”。

（3）执行 SQL 语句，创建触发器

单击【SQL 编辑器】工具栏中的【执行】按钮或者直接按 F5 键，执行 SQL 代码。如果在“消息”窗格中显示“命令已成功完成”的提示信息，表明触发器已成功创建。

（4）执行与测试触发器

在【SQL 编辑器】对话框中输入并执行如下的 Transact-SQL 语句。

Update 图书类型 Set 图书类型名称='工业与信息技术' Where 图书类型代号='T'

执行的结果如图 6-20 所示，出现“图书类型名称不能修改”的提示信息。

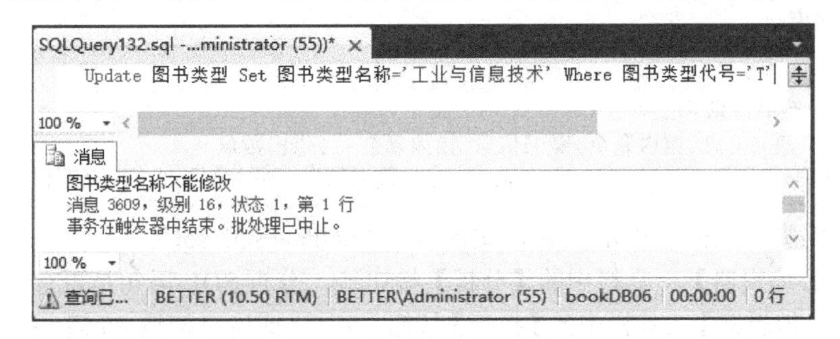

图 6-20　测试 Update 触发器“booktype_update”

3. 创建 Delete 触发器

在【SQL 编辑器】窗口中输入如下所示的 SQL 代码。

```
Create Trigger booktype_delete
  On 图书类型
  Instead Of Delete
As
  Print 'Instead Of 触发器开始执行......'
  Print '图书类型数据表中的记录不允许删除'
```

将触发器的脚本保存为 SQL 文件，文件名为“060503SQL.sql”。

单击【SQL 编辑器】工具栏中的【分析】按钮✓，分析 SQL 语句是否有语法错误。

单击【SQL 编辑器】工具栏中的【执行】按钮 执行(X) 或者直接按 F5 键，执行 SQL 代码。如果在“消息”窗格中显示“命令已成功完成”的提示信息，表明触发器已成功创建。

在【SQL 编辑器】窗口中输入并执行如下的 Transact-SQL 语句，测试 Delete 触发器“booktype_delete”是否会被触发。

```
Delete From 图书类型 Where 图书类型代号='T'
```

执行结果如图 6-21 所示。

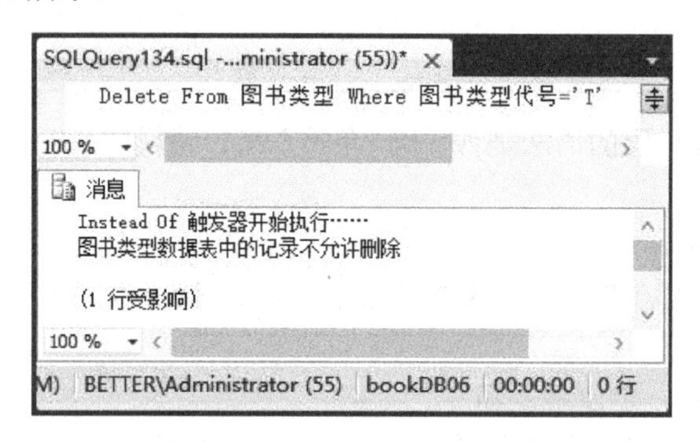

图 6-21　测试 Delete 触发器“booktype_delete”

4．应用触发器同步更新多个数据表中的数据

（1）创建触发器

在【SQL 编辑器】窗口中输入如下所示的 SQL 代码。

```
Create Trigger borrow_store
  On 图书借阅
  After Insert
As
  Update 藏书信息
      Set 藏书信息.馆内剩余=藏书信息.馆内剩余-I.借出数量
  From 藏书信息 Join Inserted As I On 藏书信息.图书编号=I.图书编号
```

将触发器的脚本保存为 SQL 文件，文件名为“060504SQL.sql”。

单击【SQL 编辑器】工具栏中的【分析】按钮✓，分析 SQL 语句是否有语法错误。

单击【SQL 编辑器】工具栏中的【执行】按钮 执行(X) 或者直接按 F5 键，执行 SQL 代码。如果在“消息”窗格中显示“命令已成功完成”的提示信息，表明触发器已成功创建。

（2）执行并测试触发器

在【SQL 编辑器】窗口中输入并执行如下的 Transact-SQL 语句，测试触发器是否会被触发。

```
Select 图书编号,ISBN 编号,总藏书量,馆内剩余 From 藏书信息
      Where 图书编号='TP7115158048'
go
Insert Into 图书借阅(借书证编号,图书编号,借出数量,借出日期,应还日期,图书状态)
        Values('0016584','TP7115158048',1,Getdate(),Getdate()+90,1)
Select 图书编号,ISBN 编号,总藏书量,馆内剩余 From 藏书信息
      Where 图书编号='TP7115158048'
go
```

执行结果如图 6-22 所示，从该图中可以看出在“图书借阅”数据表中插入 1 条记录（借出数量为 1）后，“藏书信息”数据表中的“馆内剩余”由“30”变成“29”，即减少了 1。

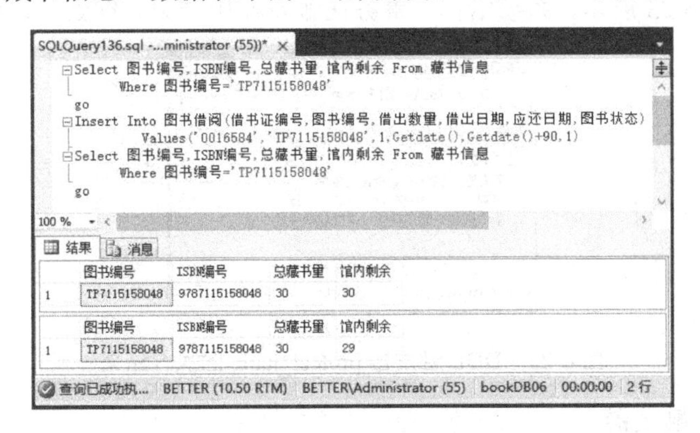

图 6-22　图书借阅时触发器的执行结果

提 示

在“图书借阅”数据表插入记录时，同时修改“藏书信息”数据表中的“馆内剩余”，只能通过 Insert 触发器来实现，也就是使插入操作同时产生 Inserted 表，然后根据 Inserted 表中的“借出数量”字段的值更改“藏书信息”数据表中的“馆内剩余”的值。

【任务 6-5-2】 创建与管理 DDL 触发器

当数据库中发生数据定义语言（DDL）事件时将调用 DDL 触发器，DDL 事件主要包括 Create、Alter、Drop、Grant、Deny 和 Revoke 等语句操作。DDL 触发器可用于管理任务，例如审核和控制数据库操作等。

【任务描述】

创建 1 个 DDL 触发器，用于防止用户删除或更改 bookDB06 数据库中的任一数据表。

【任务实施】

（1）创建 DDL 触发器

在【SQL 编辑器】窗口中输入如下所示的 SQL 代码。

```
Create Trigger protect_table
On Database
For Drop_Table,Alter_Table
As
   Print '不能删除删除或修改该数据表'
   Rollback
```

将触发器的脚本保存为 SQL 文件，文件名为“060505SQL.sql”。

单击【SQL 编辑器】工具栏中的【分析】按钮✓，分析 SQL 语句是否有语法错误。

单击【SQL 编辑器】工具栏中的【执行】按钮 ! 执行(X) 或者直接按 F5 键，执行 SQL 代码。如果在“消息”窗格中显示“命令已成功完成”的提示信息，表明触发器已成功创建。

（2）执行并测试 DDL 触发器

在【SQL 编辑器】窗口中输入并执行如下的 Transact-SQL 语句，测试 DDL 触发器是否会被触发。

```
Drop Table 图书借阅
```

执行结果如图 6-23 所示，系统给出“事务在触发器中结束，批处理已中止”的提示信息。

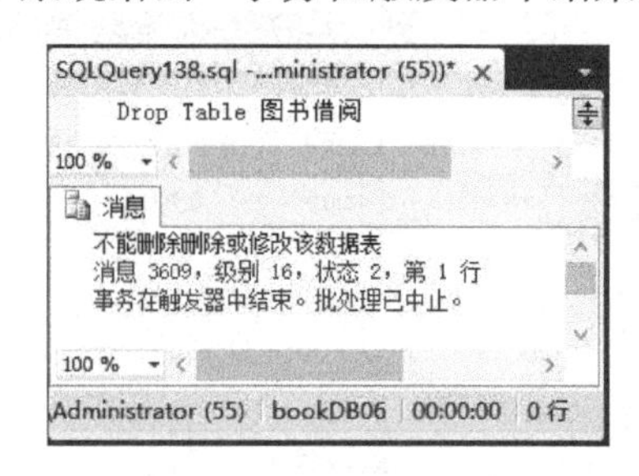

图 6-23　DDL 触发器 protect_table 的执行结果

（3）查看 DDL 触发器

在【SQL Server Management Studio】主窗口的【对象资源管理器】窗口中依次展开“数据库”→“bookDB06”→“可编程性”→“数据库触发器”文件夹，在“数据库触发器”文件夹中，可以发现已存在 1 个自定义的 DDL 触发器“protect_table”，如图 6-24 所示。

图 6-24　查看“bookDB06”数据库的 DDL 触发器

【任务 6-5-3】 管理触发器

【任务描述】

（1）查看触发器“borrow_store”的所有者、创建时间和源代码。

（2）修改触发器“borrow_store”。

（3）禁用触发器“borrow_store”。

（4）启用被禁用的触发器“borrow_store”。

【任务实施】

1. 查看触发器

在【SQL 编辑器】窗口中输入并执行如下所示的 SQL 代码。

```
Use bookDB06
go
sp_help 'borrow_store'
go
sp_helptext 'borrow_store'
```

单击【SQL 编辑器】工具栏中的【执行】按钮 ! 执行(X) 或者直接按 F5 键，执行 SQL 代码。

2. 修改触发器

在【SQL Server Management Studio】主窗口的【对象资源管理器】窗口中依次展开“数据库”→“bookDB06”→“表”→“dbo.图书借阅”→“触发器”文件夹，在“触发器”文件夹中，右键单击触发器“borrow_store”，在弹出的快捷菜单中选择【修改】命令，打开【SQL

编辑器】。

在【SQL 编辑器】窗口中修改 Transact-SQL 语句，然后单击【执行】按钮 ! 执行(X) 或者直接按 F5 键，执行 SQL 代码。

提 示

修改触发器也可以使用 Alter Trigger 语句，该语句的使用语法与 Create Trigger 一样。

3．禁用触发器

当不再需要某个触发器时，可将其禁用或删除。禁用触发器后，触发器仍存在于该数据表上，但是，当执行 Insert、Update 或 Delete 语句时，只是触发器的动作不再被触发。

在【对象资源管理器】窗口中右键单击触发器名称“borrow_store”，在弹出的快捷菜单中选择【禁用】命令禁用触发器，也可以使用 Disable Trigger 语句禁用触发器。

禁用触发器“borrow_store”的 SQL 语句如下：

```
Disable Trigger borrow_store On 图书借阅
```

提 示

可以在【对象资源管理器】窗口中右键单击触发器名称，在弹出的快捷菜单中选择【删除】命令删除触发器，也可以使用 Drop Trigger 语句删除触发器。删除 1 个触发器，它所基于的数据表和记录将不会受到影响。针对 DML 触发器和 DDL 触发器两种不同类型的触发器，删除的语句也不同。例如，删除 DML 触发器“borrow_insert”的语句如下：Drop Trigger borrow_insert；删除 DDL 触发器“protect_table”的语句如下：Drop Trigger protect_table On Database。

4．启用触发器

已禁用的触发器可以被重新启用，触发器会以最初被创建的方式触发。默认情况下，创建触发器后会自动启用触发器。

在【对象资源管理器】窗口中右键单击触发器名称“borrow_store”，在弹出的快捷菜单中选择【启用】命令禁用触发器，也可以使用 Enable Trigger 语句禁用触发器。

启用触发器“borrow_store”的 SQL 语句如下：

```
Enable Trigger borrow_store On 图书借阅
```

6.6 创建与使用事务

【任务 6-6】 创建与使用事务

使用事务可以将一组相关的数据操作捆绑成一个整体，一起执行或一起取消。关于事务的一个典型案例就是银行转账操作。例如，需要从甲账户向乙账户转账 8000 元钱，这时，转账操作主要分为两步：第 1 步，从甲账户中减少 8000 元；第 2 步，向乙账户中添加 8000 元。既然是分为 2 步，这说明这 2 步操作不是同步进行的，那么 2 步操作之间可能会出现中断，导致第 1 步操作成功执行，而第 2 步没有执行或执行失败；也有可能是第 1 步没有成功执行，但是第 2 步却成功执行。在实际应用中，上述问题是不允许出现的。为了解决这类问题，SQL Server 提供了事务机制。

【任务描述】

（1）白雪向“书香”书店订购了一批图书，需要支付的书款金额为 7800 元，支付的书款通过中国银行转账，“书香”书店的银行账号为“4701455-0188-039560-8”，付款账号为“4701455-0001-032780-1”，两个账号都允许不透支，即余额不小于 0。要求转账过程中不能出现错误，而且不管是否转账成功，都支付 1%的手续费。应用事务实现以上操作。

> **提 示**
>
> 银行账号数据表名称为“银行账户”，包括 5 个字段：账户 ID（int 自动编号的标识列）、账户名称（数据类型为 varchar，长度为 60）、账号（数据类型为 varchar，长度为 30）、余额（数据类型为 money）、负责人印章（数据类型为 varchar，长度为 50），检查约束为余额不能小于 0），付款的账户现有金额 9878 元，“书香”书店的账户现有金额 2200 元。

（2）在图书管理数据库的“数据借阅”数据表中插入 1 条借阅记录，借书证编号为“0016626”，图书编号为“TP7302147336”，图书借阅数量为 1，然后将“藏书信息”数据表中的馆内剩余同步减少 1。应用事务实现以上操作。

【任务实施】

1．应用事务实现转账操作

在【SQL 编辑器】窗口中输入如表 6-11 所示的 SQL 代码。

表 6-11　应用事务实现转账操作的代码

行号	SQL 语句
01	Declare @pay money,@scale decimal(3,2),@errorNum1 int ,@errorNum2 int
02	Set @pay=7800
03	Set @scale=0.01
04	Set @errorNum1=0 --初始化：无错误
05	Set @errorNum2=0 --初始化：无错误
06	Begin Transaction --开始事务，指定事务从此处开始，后续的 SQL 语句是事务整体
07	Update 银行账户 Set 余额=余额-@pay*@scale
08	Where 账号='4701455-0001-032780-1' --扣除%的手续费
09	Set @errorNum1=@errorNum1+@@ERROR --记录 Update 操作可能出现的错误
10	Save Transaction markplace --设置保存点 markplace
11	Update 银行账户 Set 余额=余额-@pay
12	Where 账号='4701455-0001-032780-1' --转出元
13	Set @errorNum2=@errorNum2+@@ERROR --记录 Update 操作可能出现的错误
14	Update 银行账户 Set 余额=余额+@pay
15	Where 账号='4701455-0188-039560-8' --转入元
16	Set @errorNum2=@errorNum2+@@ERROR --记录 Update 操作可能出现的错误
17	If @errorNum1<>0 --如果扣除手续费出现错误
18	Begin

续表

行号	SQL 语句
19	Rollback Transaction 　　--回滚事务
20	Print '交易失败'
21	End
22	Else
23	Begin
24	If @errorNum2<>0 　--如果转账操作出现错误
25	Begin
26	Rollback Transaction markplace 　--回滚到保存点 markplace
27	Print '转账操作失败' 　--转账操作失败，扣除手续费成功
28	End
29	Else
30	Begin
31	Commit Transaction 　--如果所有操作都成功，提交事务
32	Print '转账成功'
33	End
34	End

将事务的脚本保存为 SQL 文件，文件名为“060601SQL.sql”。

单击【SQL 编辑器】工具栏中的【分析】按钮✓，分析 SQL 语句是否有语法错误。

单击【SQL 编辑器】工具栏中的【执行】按钮 ! 执行(X) 或者直接按 F5 键，执行事务代码。如果在“消息”窗格中显示“命令已成功完成”的提示信息，表明事务语句已成功执行。

2. 应用事务实现图书借阅操作

在【SQL 编辑器】窗口中输入如表 6-12 所示的 SQL 代码。

表 6-12　应用事务实现图书借阅操作的代码

行号	SQL 语句
01	Begin Transaction brrow_Transaction
02	Use bookDB06
03	go
04	Insert Into 图书借阅(借书证编号,图书编号,借出数量,借出日期,应还日期,图书状态
05	)
06	Values('0016626','TP7302147336',1,Getdate(),Getdate()+90,1)
07	Save Transaction markpoint 　--设置事务恢复点
08	Update 藏书信息 Set 馆内剩余=馆内剩余-1 Where 图书编号='TP7302147336'
09	If @@ERROR<>0 Or @@ROWCOUNT=0 　--@@ROWCOUNT 为受影响行的数目
10	Begin
11	Rollback Transaction markpoint 　--回滚到保存点 markpoint
12	Commit Transaction
13	Print '图书借阅操作失败'
14	Return
15	End

续表

行号	SQL 语句
16	Commit Transaction brrow_Transaction
17	Print '图书借阅操作成功完成'
18	go

将事务的脚本保存为 SQL 文件，文件名为“060602SQL.sql”。

单击【SQL 编辑器】工具栏中的【分析】按钮✓，分析 SQL 语句是否有语法错误。

单击【SQL 编辑器】工具栏中的【执行】按钮 ! 执行(X) 或者直接按 F5 键，执行事务代码。

（1）Transact-SQL 语言中，变量分为________和________两种类型。

（2）Transact-SQL 语言中，全局变量以________符号开头。

（3）Transact-SQL 语言中，声明局部变量需要使用________关键字，变量以________字符开头。

（4）在 SQL Server 中，运算符可以分为________、________、________、赋值运算符、字符串连接运算符、位运算符和一元运算符。

（5）在 SQL Server 中，转换数据的类型可以使用________函数和________函数。

（6）如果要统计数据表中有多少行记录，应该使用________聚合函数。

（7）使用________语句可以定义一个 Transact-SQL 语句块，从而可以将语句块中的 Transact-SQL 语句作为一组语句来执行。

（8）系统存储过程的名称一般以________开头，存放在 master 数据库中，但其他数据库也可以调用。

（9）在存储过程中声明输出参数，应该使用________关键字。

（10）调用存储过程应该使用________命令。

（11）SQL Server 中包含________、________和________三种常规触发器类型。

（12）SQL Server 系统为 DML 触发器自动创建两个表________和________，分别用于存放向表中插入的行和从表中删除的行。

（13）SQL Server 中使用________语句提交事务。

单元 7

维护SQL Server数据库安全

对于数据库来说，安全性在实际应用中非常重要。如果安全性得不到保证，那么数据库将面临各种各样的威胁，轻则丢失数据，重则直接导致系统瘫痪。为了保证数据库的安全，SQL Server 提供了完善的管理机制和操作手段，把对数据库的访问分成多个级别，对每个级别都进行有效的安全控制。

SQL Server 的安全性管理主要包括 SQL Server 服务器登录管理、数据库用户账户管理、角色管理、权限管理和架构管理等方面。

教学目标	（1）熟悉 SQL Server 常用的系统登录名和默认的数据库用户 （2）熟悉 SQL Server 服务器的登录管理、账户管理、角色管理 （3）学会架构的创建与应用 （4）了解 SQL Server 的安全机制和权限管理 （5）了解 SQL Server 中常用的对象权限和语句权限
教学方法	任务驱动法、分组讨论法、理论实践一体化
课时建议	6 课时

在操作实战之前，将配套资源的“起点文件”文件夹中的“07”子文件夹及相关文件复制到本地硬盘中，然后附加已有的数据库“bookDB07”，本单元主要针对该数据库进行相关操作，例如创建数据库用户账户、创建角色、授予权限等。

1. SQL Server 的安全机制

SQL Server 采用的安全机制主要分为如下 5 个等级：客户机的安全机制、网络传输的安全机制、数据库服务器级别的安全机制、数据库级别的安全机制、数据库对象级别的安全机制。用户访问 SQL Server 数据库及对象时，需要依次经过上述的 5 个等级的安全校验，用户只有通过前面的安全校验后，才可以进入下一个安全校验。

（1）客户机的安全机制

客户机的安全机制主要是指用户使用客户端的计算机通过网络访问 SQL Server 服务器

时，需要先获取客户端计算机操作系统的使用权。SQL Server运行在某一特定操作系统平台上，因此客户端计算机操作系统的安全性直接影响到SQL Server的安全性。

（2）网络传输的安全机制

网络传输的安全机制主要是指对数据库中的数据进行加密，SQL Server提供了两种数据加密方式：数据加密和备份加密。在SQL Server中，可以通过使用数据库引擎加密功能来定制Transact-SQL，实现对数据库中的数据进行加密。SQL Server还具有透明数据加密功能，数据在写到磁盘时进行加密，从磁盘读取时进行解密。SQL Server备份加密可以防止数据泄露和被窜改。

（3）数据库服务器级别的安全机制

数据库服务器级别的安全机制主要是指用户访问SQL Server时需要先登录数据库服务器。SQL Server提供了2种登录方式：集成Windows登录模式和SQL Server登录模式。使用“集成Windows登录模式”登录时，被授权连接SQL Server服务器的Windows账户（组）在连接SQL Server服务器时，不需要提供登录账户和密码，SQL Server认为Windows已经对该账户（组）进行了身份验证。一般情况下，推荐使用“集成Windows登录模式”，这样可以把Windows的一个组映射成SQL Server的一个用户，同时，用户在登录时不需要再次验证密码，从而可以实现高效管理。使用“SQL Server登录模式”登录时，系统管理员为每个用户创建一个登录账户和密码，用户连接SQL Server时，必须提供SQL Server登录账户和密码。用户成功登录SQL Server服务器后，才能获得SQL Server的访问权限。

（4）数据库级别的安全机制

数据库级别的安全机制主要是指对用户可以访问的数据库进行限制，在建立用户的登录账户时，SQL Server会提示用户选择默认的数据库。以后，用户每次连接到服务器后，都会自动转到默认的数据库上。对任何用户来说，如果在设置登录账户时没有指定默认的数据库，那么用户的权限将局限在master数据库。默认情况下，数据库的拥有者可以访问该数据库的对象，可以分配访问权限给其他用户，以便让其他用户也拥有该数据库的访问权限。

（5）数据库对象级别的安全机制

数据库对象级别的安全机制主要是指对用户访问数据库对象的权限进行限制。数据库对象的访问权限定义了用户对数据库中数据对象的访问和数据操作语句的许可权限，通过定义对象和语句的许可权限来实现。

在创建数据库对象时，SQL Server将自动将该数据库对象的拥有权赋予给该对象的所有者，对象的所有者可以实现该对象的安全控制。

2. SQL Server常用的系统登录名

SQL Server常用的系统登录名如下：

（1）sa

sa登录名是系统管理员的拥有的登录名，属于超级管理员。

（2）计算机名\Administrators

“计算机名\Administrators”登录名是Windows管理员拥有的登录名，是1个特殊的登录名，拥有SQL Server所有数据库的全部操作权。

3. SQL Server默认的数据库用户

SQL Server默认的数据库用户如下。

（1）dbo 用户

dbo 用户是 1 个特殊的数据库用户，它是数据库所有者，dbo 是具有隐式权限的用户，具有在数据库中执行所有操作的权限。固定服务器角色 sysadmin 的任何成员都可以映射到数据库中 dbo 这个特殊用户上。另外，由固定服务器角色 sysadmin 的任何成员创建的任何对象都自动隶属于 dbo 用户。

（2）guest 用户

guest 用户也是 1 个特殊用户。创建数据库时，该数据库会默认包含 guest 用户，guest 用户允许没有数据库用户账户的登录名访问数据库，为登录人员提供了获得默认访问权限的一种方法。事实上，guest 用户默认存放在 model 数据库中，并且被授予 guest 的权限。而 model 数据库是创建所有数据库的模板，因此所有新创建的数据库都将包含 guest 用户。

guest 用户在默认情况下是禁用的。如果在 model 数据库中启用 guest 用户，则启用之后创建的数据库，guest 用户才会默认启用。不能删除 guest 用户，但可以在除 master 和 tempdb 之外的其他数据库中使用 Revoke 语句撤销 Connect 权限，从而禁用 guest 用户。

禁用 guest 用户的语句如下：Revoke Connect From guest。

启用 guest 用户的语句如下：Grant Connect To guest。

4．SQL Server 中常用的对象权限和语句权限

SQL Server 中常用的对象权限及功能说明如表 7-1 所示。

表 7-1　SQL Server 中常用的对象权限及功能说明

对象权限	功能说明
select	允许用户从数据表或视图中读取数据，如果只获取了列级别的选择权，则只允许用户从列中读取数据
insert	允许用户在数据表中插入记录
update	允许用户修改数据表中的现有数据，但不允许添加者删除数据表的记录。当用户在某列上获得了该权限时，则只允许用户修改该列中的数据
delete	允许用户删除数据表中的记录
create	允许用户创建对象
alter	允许用户创建、修改或者删除受保护对象及其下层所有对象
execute	允许用户执行被应用了该权限的存储过程
references	当两个数据表借助于外键连接起来时，该权限允许用户从主表中选择数据，即使该用户在外部表上没有“选择”权限
control	将类似所有权的权限授予被授权者，被授权者实际上对对象具有所定义的所有权限
impersonate	允许一个用户或者登录名模仿另一个用户或者登录名
take ownership	允许用户取得对象的所有权
view definition	允许用户查看用来创建受保护对象的 Transact-SQL 语句

SQL Server 中常用的语句权限及功能说明如表 7-2 所示。

表 7-2　SQL Server 中常用的语句权限及功能说明

对象权限	功能说明
select	允许用户执行选择操作

续表

对象权限	功能说明
insert	允许用户执行插入操作
delete	允许用户执行删除操作
create database	允许用户创建数据库
create table	允许用户创建数据表
create view	允许用户创建视图
create index	允许用户创建索引
create default	允许用户创建默认值
create procedure	允许用户创建存储过程
create rule	允许用户创建规则

7.1 SQL Server服务器登录管理

【任务 7-1】 SQL Server 服务器登录管理

要想登录 SQL Server 服务器实例，必须拥有正确的登录账户和密码，身份验证系统验证用户是否拥有有效的登录账户和密码，从而决定是否允许该用户连接到指定的 SQL Server 服务器实例。

【任务描述】

（1）查看图书管理数据库“bookDB07”所在服务器的登录模式。

（2）将服务器的登录模式由“Windows 身份验证模式”更改为“SQL Server 和 Windows 身份验证模式”。

（3）在 Windows 操作系统中新增 1 个 Windows 用户组 WinGroup201601，该用户组拥有 2 个用户成员（WinUser201601 和 WinUser201602）。并且，指派用户组 WinGroup201601 拥有本地登录的权限。

（4）在 SQL Server 2014 中创建 Windows 身份验证的登录名“WinGroup201601”。并且，将 SQL Server 的登录账户映射到 Windows 用户组 WinGroup201601。

（5）在 SQL Server 2014 中创建 SQL Server 身份验证的登录名“SQLUser201601”，密码为“123456”。

（6）使用命令方式在 SQL Server 2014 中创建 SQL Server 身份验证的登录名“SQLUser201602”，密码为“123456”。

（7）尝试以 WinUser201601 用户身份（用户名为“BETTER\WinUser201601”）登录 SQL Server 2014。

（8）以 SQLUser201601 用户身份（登录名为“SQLUser201601”）登录 SQL Server 2014。

【任务实施】

1．查看服务器的登录模式

SQL Server 提供了以下两种登录身份验证方式。

① Windows 身份验证模式：SQL Server 只允许合法的 Windows 用户登录。这种身份验证模式依赖于 Windows 操作系统提供的登录安全机制，SQL Server 检验登录用户是否通过 Windows 的身份验证，并根据这一验证来决定是否允许该登录用户访问 SQL Server 服务器。Windows 身份验证模式是默认的身份验证模式，并且比 SQL Server 身份验证更为安全。

② SQL Server 和 Windows 身份验证模式（混合模式）：混合模式同时启用 Windows 身份验证和 SQL Server 身份验证，允许合法的 Windows 用户登录，也允许 SQL Server 账户登录。

在【SQL Server Management Studio】主窗口中，选择菜单命令【视图】→【已注册的服务器】，打开【已注册的服务器】窗格，依次展开【数据库引擎】→【本地服务器组】节点，如图 7-1 所示。右键单击服务器名称（作者计算机的服务器名称为 BETTER），在弹出的快捷菜单中选择【属性】命令，打开【编辑服务器注册属性】对话框，如图 7-2 所示。在该对话框中可以查看和改变身份验证模式。

图 7-1　【已注册的服务器】窗格

图 7-2　查看服务器的身份验证模式

2．设置服务器的身份验证模式

在【Microsoft SQL Server Management Studio】的【对象资源管理器】窗口中，选择已登录的 SQL Server 服务器实例名称，单击右键，在弹出的快捷菜单中选择【属性】命令，在弹出的【服务器属性】对话框中左侧“选择页”列表中选择“安全性”选项，在右侧“服务器身份验证”区域中设置“服务器身份验证”模式，这里要将“Windows 身份验证模式”更改为“SQL Server 和 Windows 身份验证模式”，则选择“SQL Server 和 Windows 身份验证模式”单选按钮，如图 7-3 所示。

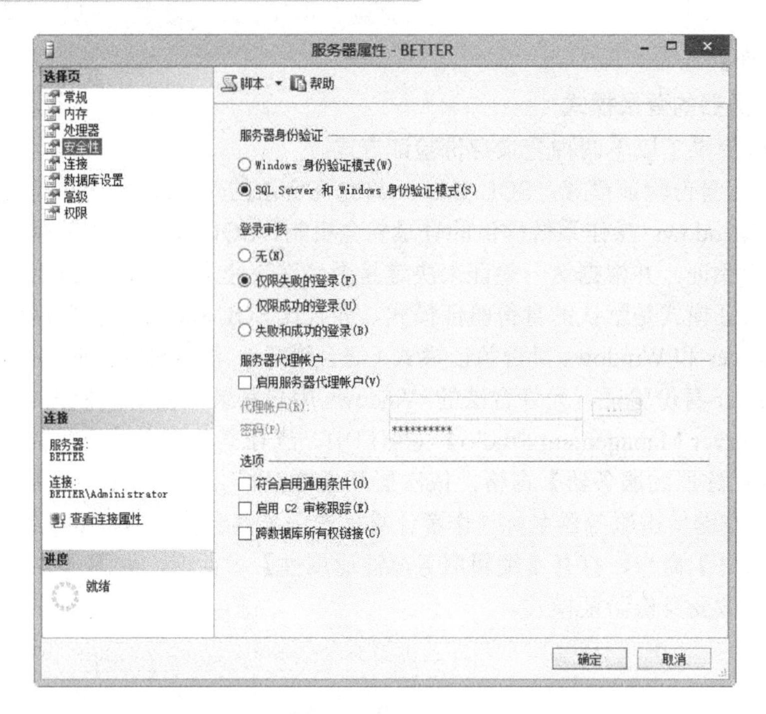

图 7-3　在【服务器属性】对话框中设置“服务器身份验证”模式

然后单击【确定】按钮，重新启动 SQL Server 实例就可以使其生效。

3．在 Windows 操作系统中创建用户账户和用户组

按照以下步骤在 SQL Server 2014 所在的 Windows 8 操作系统上创建 1 个用户组和 2 个用户账户。这里以 Windows 8 操作系统为例，介绍在 Windows 操作系统中创建用户账户和用户组的方法。

（1）在 Windows 8 操作系统中创建用户账户

在【开始】菜单中选择命令【程序】→【管理工具】→【计算机管理】，打开【计算机管理】窗口，展开“本地用户和组”，然后右键单击“用户”选项，或者先单击选择“用户”选项，然后在“用户”列表的窗格中单击右键，在弹出的快捷菜单中选择【新用户】命令，如图 7-4 所示。

图 7-4　在快捷菜单中选择【新用户】命令

在弹出的【新用户】对话框中输入用户名称为“WinUser201601”，“全名”和“描述”文本框为空，在“密码”和“确认密码”文本框中输入合适密码，这里输入“123456”。先取消默认选中的“用户下次登录时须更改密码”复选框，然后选中“密码永不过期”复选框，如图 7-5 所示。

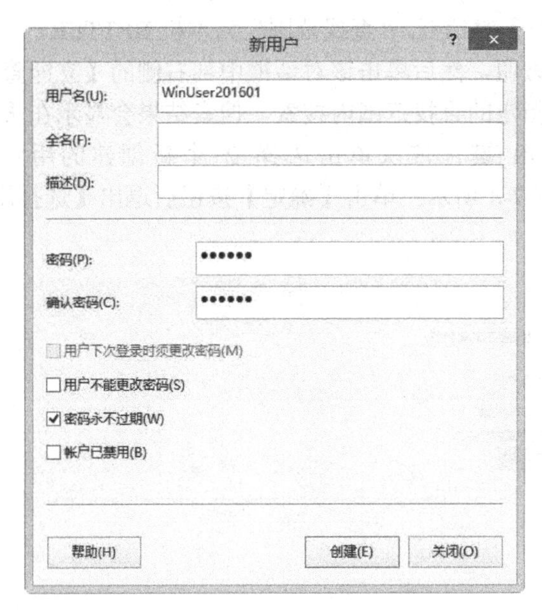

图 7-5　在【新用户】对话框中设置用户信息

单击【创建】按钮，创建 1 个 Windows 用户账户“WinUser201601”。

重复以上步骤，创建另一个 Windows 用户账户“WinUser201602”。

最后单击【关闭】按钮，关闭【新用户】对话框。

（2）在 Windows 8 操作系统中创建用户组

按照以下步骤在 SQL Server 2014 所在的 Windows 8 操作系统中创建 1 个用户组。

打开【计算机管理】窗口，在该窗口中展开“本地用户和组”，然后右键单击“组”选项，在弹出的快捷菜单中选择【新建组】命令，如图 7-6 所示。

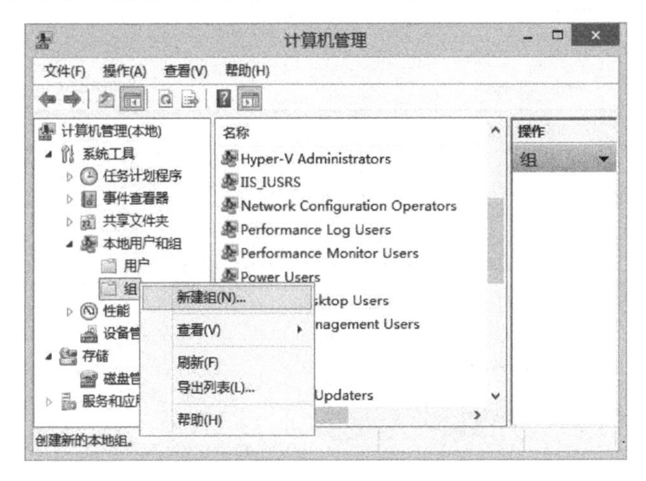

图 7-6　在快捷菜单中选择【新建组】命令

在弹出的【新建组】对话框中输入组名为“WinGroup201601”，“描述”文本框为空，然后单击【添加】按钮，弹出【选择用户】对话框。

在【选择用户】对话框中单击【对象类型】按钮，在弹出的【对象类型】对话框中取消“内置安全主体”复选框，选中“用户”和“其他对象”复选框，如图 7-7 所示，然后单击【确定】按钮返回【选择用户】对话框。“查找范围”为本机 BETTER，在【选择用户】对话框中单击左下角的【高级】按钮，然后单击该对话框中部右侧的【立即查找】按钮，系统会根据目前选择的对象类型在指定的查找范围内搜索，搜索结果会显示在【选择用户】对话框下方的列表框中，按住 Shift 键，依次单击选择 2 个新创建的用户“WinUser201601”和“WinUser201602”，如图 7-8 所示。单击【确定】按钮后退出【选择用户】对话框，如图 7-9 所示。

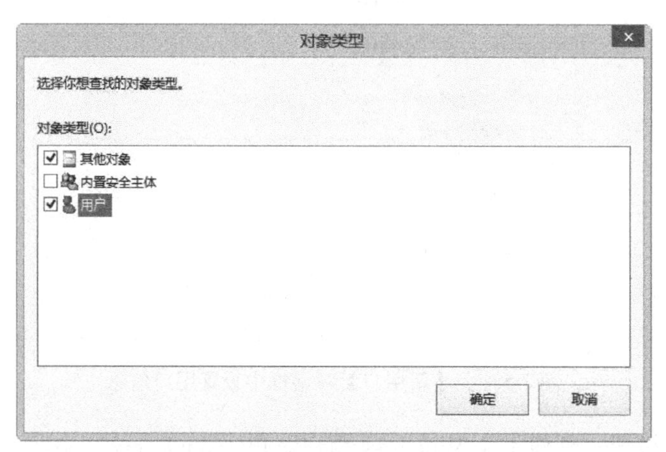

图 7-7　在【对象类型】对话框选择对象类型

图 7-8　在【选择用户】对话框中搜索与选择用户

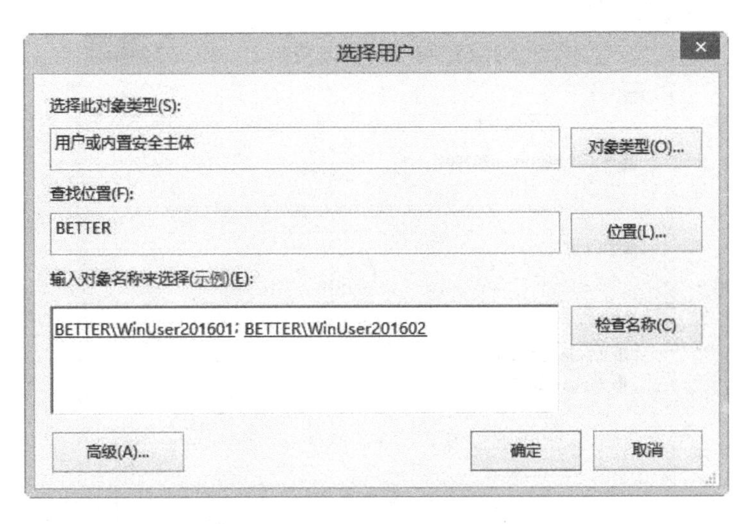

图 7-9　在【选择用户】对话框中选择了 2 个用户账户

在如图 7-9 所示的【选择用户】对话框中单击【确定】按钮返回【新建组】对话框，如图 7-10 所示。在【新建组】对话框中单击【创建】按钮，完成拥有 2 个用户账户的用户组 WinGroup201601 的创建，然后单击【关闭】按钮即可。

图 7-10　【新建组】对话框

（3）查看新创建的用户组和用户账户的属性

在【计算机管理】窗口中双击新创建的组名“WinGroup201601”，打开【WinGroup201601 属性】对话框，如图 7-11 所示，在该对话框中可以添加其他的用户账户，也可以删除已有的用户账户。

图 7-11　查看“WinGroup201601”组的属性

在【计算机管理】窗口中双击新创建的用户账户名称“WinUser201601”，打开【WinUser201601 属性】对话框，切换到“隶属于”选项卡，可以发现该用户账户隶属于“Users”组和“WinGroup201601”组，如图 7-12 所示。

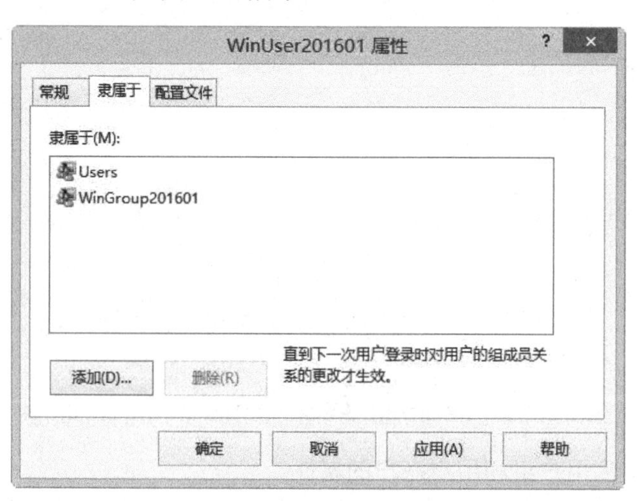

图 7-12　查看账户“WinUser201601”的属性

（4）指派用户组本地登录的权限

在 Windows 的【开始】菜单中，选择命令【程序】→【管理工具】→【本地安全策略】，打开【本地安全策略】窗口，在该窗口中，展开“本地策略”节点，然后单击选择“用户权限分配”节点，在右侧窗口双击“允许本地登录”选项，如图 7-13 所示，打开【允许本地登录 属性】对话框。

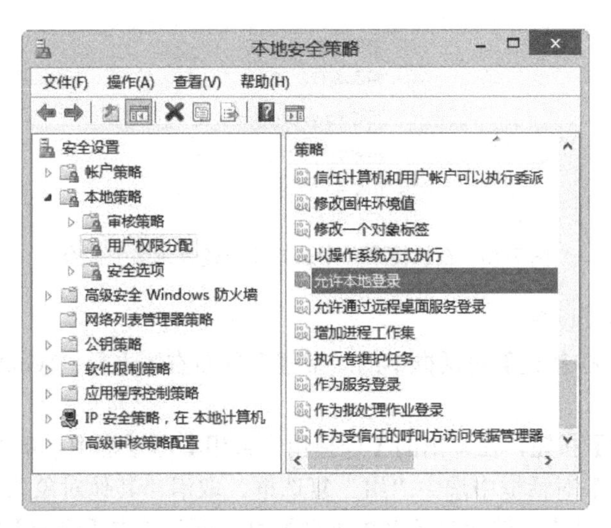

图 7-13　在【本地安全策略】窗口切换到“用户权限分配”界面

在【允许本地登录 属性】对话框中单击【添加用户或组】按钮，打开【选择用户或组】对话框，在该对话框中单击【对象类型】按钮，打开【对象类型】对话框，在该对话框中选中“组”复选框，然后单击【确定】按钮返回【选择用户或组】对话框。

在【选择用户或组】对话框中单击【高级】按钮，然后单击【立即查找】按钮，在“搜索结果”中选择登录名“WinGroup201601”，然后单击【确定】按钮返回【允许本地登录 属性】对话框，在该对话框中添加了 1 个组名，如图 7-14 所示，最后在该对话框中单击【确定】按钮返回【本地安全策略】窗口，关闭该窗口即可。

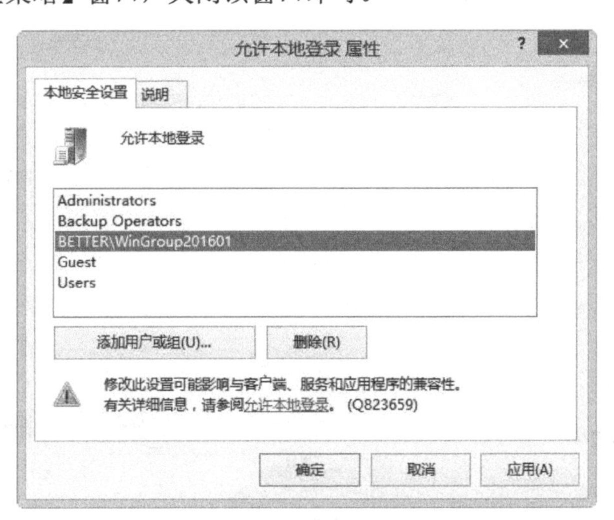

图 7-14　指派用户组“WinGroup201601”本地登录的权利

4. 在 SQL Server 2014 中创建 Windows 身份验证的登录名

(1) 打开【登录名-新建】对话框

在【SQL Server Management Studio】主窗口的【对象资源管理器】窗口中，展开“安全性”文件夹，右键单击“登录名”文件夹，在弹出的快捷菜单中选择【新建登录名】命令，如图 7-15 所示。

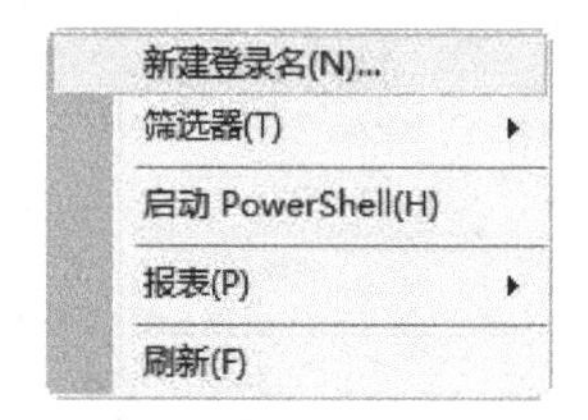

图 7-15　在快捷菜单中选择【新建登录名】命令

（2）进行“常规”设置

在弹出的【登录名-新建】对话框中的“常规”界面右侧选择“Windows 身份验证”单选按钮。

然后单击【搜索】按钮，在弹出的【选择用户或组】对话框中，单击【对象类型】按钮，在弹出的【对象类型】对话框中选中“组”复选框，取消“其他对象”、“内置安全主体”和“用户”复选框的选中状态，然后在【对象类型】对话框中单击【确定】按钮返回【选择用户或组】对话框。

在【选择用户或组】对话框中单击【高级】按钮，显示“一般性查询”选项卡，然后单击【立即查找】按钮，在该对话框的下方显示查找结果，在查找结果中选择新创建的组“WinGroup201601”，如图 7-16 所示。然后单击【确定】按钮退出搜索状态，如图 7-17 所示。

图 7-16　在【选择用户或组】对话框中搜索与选择组

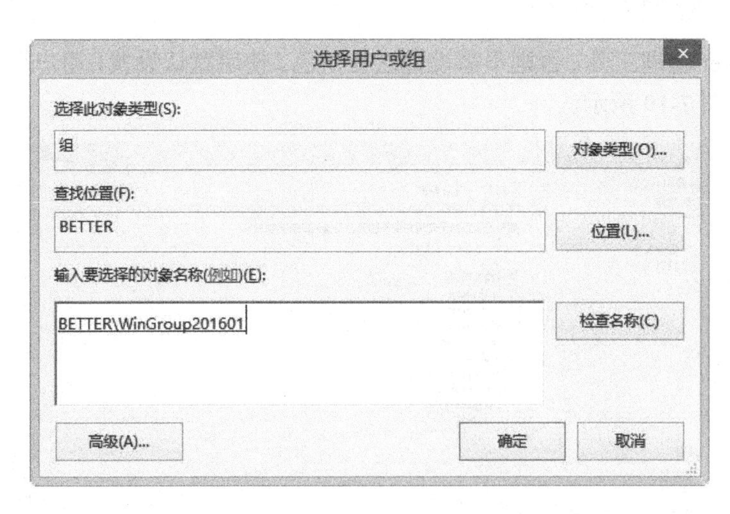

图 7-17 在【选择用户或组】对话框中选中所需的组

在【选择用户或组】对话框中单击【确定】按钮，返回【登录名-新建】对话框的“常规”界面，可以发现登录名“BETTER\WinGroup201601”出现在“登录名”文本框中，在“默认语言”下拉列表框中选择“Simplified Chinese”即“简体中文”，如图 7-18 所示。

master 数据库中存储了大量系统信息，为了不影响系统的安全与稳定，建议不要在 master 数据库中进行无关操作，最好不要将 master 数据库设置为默认数据库。

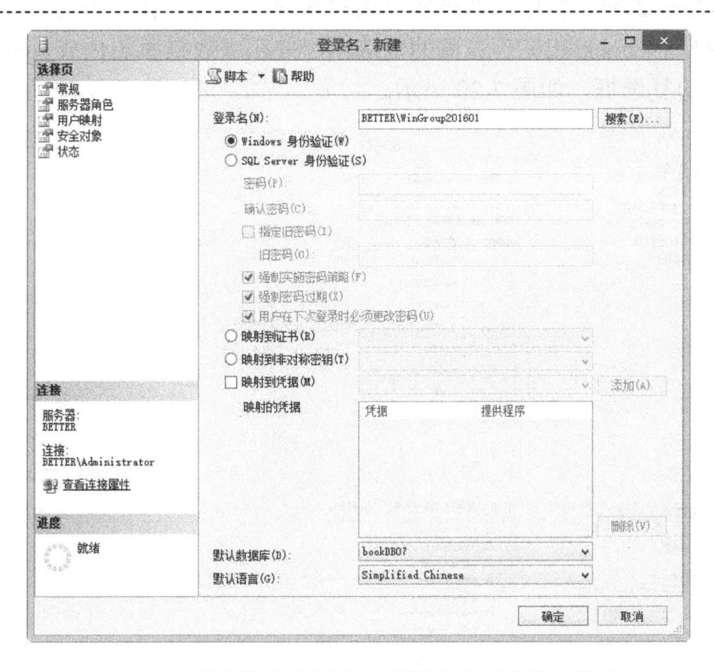

图 7-18 【登录名-新建】对话框中的“常规”设置

（3）进行“服务器角色”设置

在【登录名-新建】对话框中，切换到“服务器角色”界面，在此界面可以设置用户所隶属的服务器角色。由于服务器角色包含 SQL Server 服务器管理权限，除非所创建的登录账户需执行 SQL Server 管理工具，否则不需设置这些角色。使用默认设置，用户自动隶属于 public 服务器角色，如图 7-19 所示。

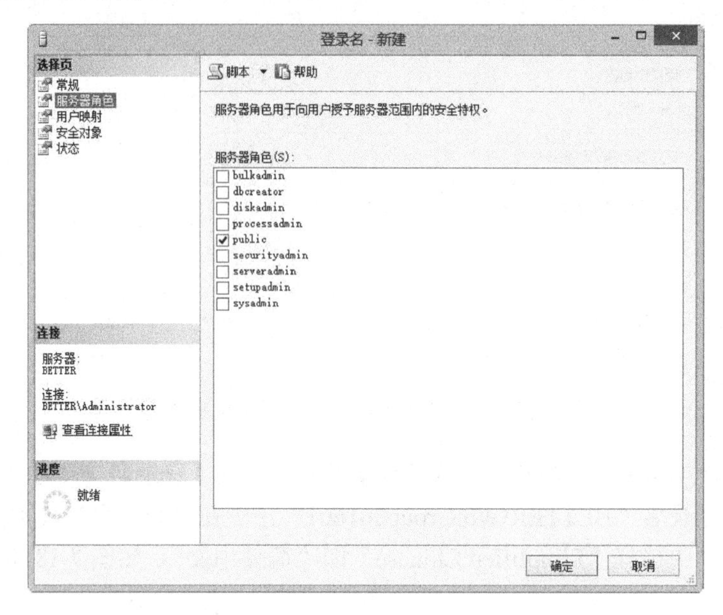

图 7-19 【登录名-新建】对话框中的“服务器角色”设置

（4）进行“用户映射”设置

在【登录名-新建】对话框中，切换到“用户映射”界面，在“映射到此登录名的用户”列表框中选中数据库“bookDB07”左侧的复选框，并在“数据库角色成员身份”列表框中选中“public”左侧的复选框，如图 7-20 所示。

图 7-20 【登录名-新建】对话框中的“用户映射”设置

（5）进行“安全对象”设置

在【登录名-新建】对话框中，切换到“安全对象”界面，在此界面可以添加对象，单击【搜索】按钮，在弹出的【添加对象】对话框选择 1 个对象，例如选择“服务器 BETTER”，如图 7-21 所示，然后单击【确定】按钮，返回【登录名-新建】对话框，如图 7-22 所示。

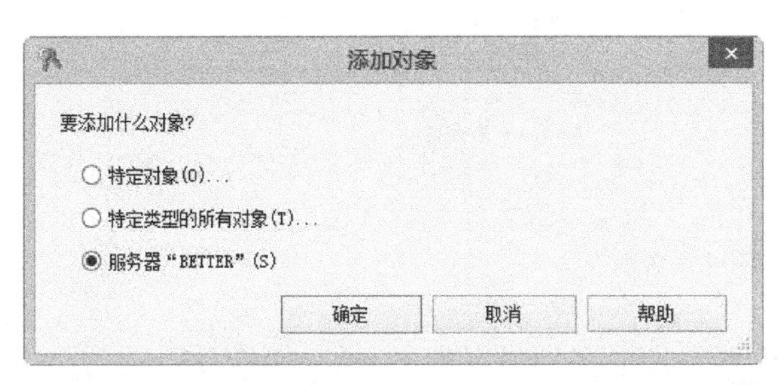

图 7-21　在【添加对象】对话框中选择 1 个对象

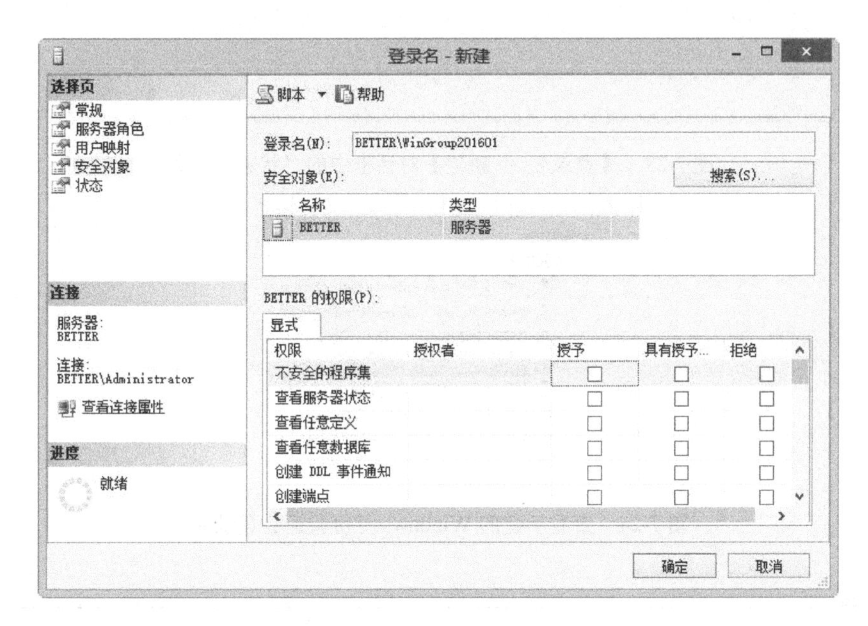

图 7-22　【登录名-新建】对话框中的“安全对象”设置

（6）进行“状态”设置

在【登录名-新建】对话框中，切换到“状态”界面，在此界面可以设置“是否允许连接到数据库引擎”，这里选择“授予”单选按钮，用户可以连接 SQL Server。在“登录”区域中选择“已启用”单选按钮，如图 7-23 所示。

然后在【登录名-新建】对话框中单击【确定】按钮返回 SQL Server 2014 的【对象资源管理器】窗口。新创建的登录名“BETTER\WinGroup201601”将出现在【对象资源管理器】窗口的“登录名”文件夹中，如图 7-24 所示，可以发现该登录名左侧的图标为两个小人，由此可知它是一个组账户，只要 WinUser201601 和 WinUser201602 登录 Windows 操作系统，就可以以组账户的身份通过身份验证，从而登录 SQL Server。

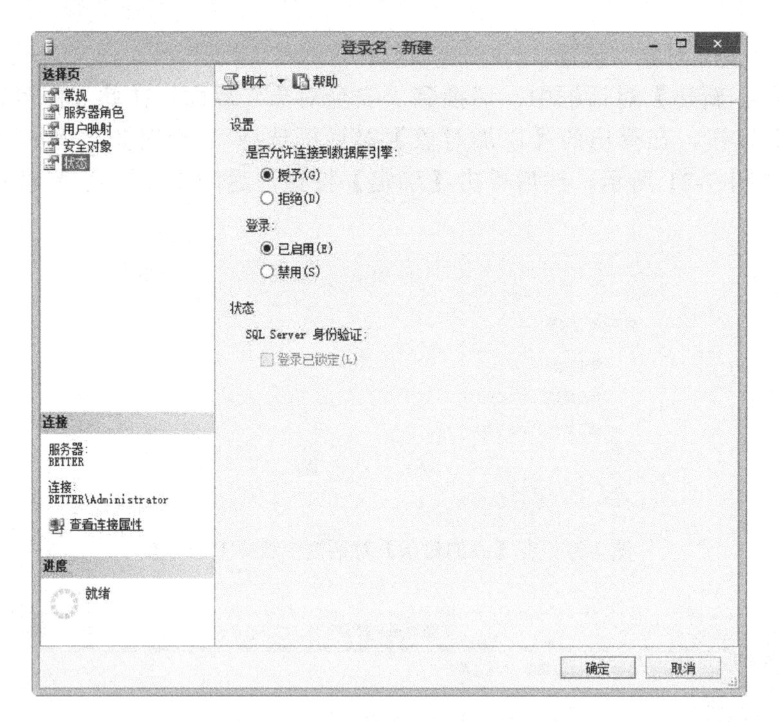

图 7-23　【登录名 – 新建】对话框中的“状态”设置

图 7-24　查看新建的 Windows 身份验证的登录名

提 示

如果需要删除“登录名”，在【对象资源管理器】窗口中右键单击待删除的登录名，在弹出的快捷菜单中选择【删除】命令即可。

5．在 SQL Server 2014 中创建 SQL Server 身份验证的登录名

在【SQL Server Management Studio】主窗口的【对象资源管理器】窗口中，展开“安全性”文件夹，右键单击“登录名”文件夹，在弹出的快捷菜单中选择【新建登录名】命令。在弹出的【登录名-新建】对话框中的“常规”界面右侧的“登录名”文本框中输入“SQLUser201601”，然后选择“SQL Server 身份验证”单选按钮，“密码”和“确认密码”自行输入，这里输入“123456”，取消“强制实施密码策略”复选框。

切换到“状态”界面，在“设置”区域设置“是否允许连接到数据库引擎”选项为“授予”，设置“登录”选项为“已启用”。

然后单击【确定】按钮创建 1 个 SQL Server 身份验证的账户，返回【对象资源管理器】

窗口中，新创建的 SQL Server 身份验证的登录名“SQLUser201601”将出现在【对象资源管理器】窗口的“登录名”文件夹中，如图 7-25 所示。

安全性
登录名
##MS_PolicyEventProcessingLogin##
##MS_PolicyTsqlExecutionLogin##
BETTER\Administrator
BETTER\WinGroup201601
NT AUTHORITY\SYSTEM
NT SERVICE\MSSQLSERVER
NT SERVICE\SQLSERVERAGENT
sa
SQLUser201601

图 7-25　查看新建的 SQL Server 身份验证的登录名

6．使用命令方式创建 SQL Server 登录名

在【SQL Server Management Studio】主窗口中，单击【标准】工具栏中的【新建查询】按钮，打开【SQL 编辑器】窗口，然后在【SQL 编辑器】窗口中输入以下语句：

```
Create Login SQLUser201602 With Password='123456',
Default_database=bookDB07
```

将这些 SQL 语句保存为 SQL 文件，文件名为“070101SQL.sql”。

单击【SQL 编辑器】工具栏中的【执行】按钮 ! 执行(X) 或者直接按 F5 键，执行 SQL 语句。如果在“消息”窗格中显示“命令已成功完成”的提示信息，表明这些语句已成功执行，创建了 1 个 SQL Server 登录名。

提 示

修改登录名使用 Alter Loin 语句，删除登录名的语句为：Drop Login SQLUser201602，但是不能删除正在登录的登录名。

如果要创建 Windows 身份验证的登录名，使用以下语句：

```
Create Login BETTER\WinGroup201602 From Windows
```

7．尝试以 WinUser201601 登录账户登录 SQL Server 2014

（1）切换用户

在 Windows 8 操作系统中切换用户，以“WinUser201601”用户登录操作系统。

（2）登录 SQL Server 2014

操作系统登录成功后，启动 SQL Server 2014 的“SQL Server Management Studio”，以“Windows 身份验证方式”登录，分别设置连接参数为：服务器类型为“数据库引擎”，服务器名称为本机，作者的服务器名称为“BETTER”，身份验证选择“Windows 身份验证”，用户名默认为“BETTER\WinUser201601”，【连接到服务器】对话框如图 7-26 所示，单击【连接】按钮，即可成功登录 SQL Server 2014。

8．尝试以 SQLUser201601 登录账户登录 SQL Server 2014

（1）登录操作系统

再一次在操作系统中切换用户，首先以默认用户（例如 Administrator 用户）登录操作系统。

（2）以“Windows 身份验证方式”方式启动 SQL Server 2014

操作系统登录成功后，启动 SQL Server 2014 的“SQL Server Management Studio”，仍然以“Windows 身份验证方式”登录，【连接到服务器】对话框中的连接参数设置如图 7-27 所示，用户名默认为“BETTER\Administrator”，单击【连接】按钮，即可成功登录 SQL Server 2014。

图 7-26　以 WinUser201601 用户身份登录 SQL Server 2014

图 7-27　以 Administrator 用户身份登录 SQL Server 2014

SQL Server 2014 登录成功后的【对象资源管理器】窗口如图 7-28 所示。

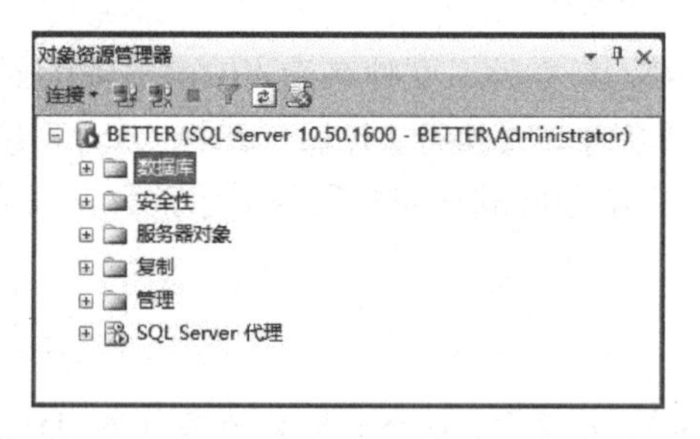

图 7-28　Administrator 用户登录成功后的【对象资源管理器】窗口

提 示

图 7-28 中的“BETTER”表示 SQL Server 2014 服务器的实例名称，“BETTER\Administrator”分别表示本机的计算机名称和操作系统的登录用户名称。

（3）以 SQLUser201601 用户身份登录 SQL Server 2014

在 SQL Server 2014 的【对象资源管理器】窗口中，单击该窗口工具栏中的【连接】按钮，在下拉菜单中选择【数据库引擎】命令，如图 7-29 所示，重新打开【连接到服务器】对话框。

图 7-29　在【连接】下拉菜单中选择【数据库引擎】命令

在【连接到服务器】对话框中设置连接参数：服务器名称选择“BETTER”，身份验证选择“SQL Server 身份验证”，登录名输入“SQLUser201601”，密码输入事先设置的密码，例如“123456”，如图 7-30 所示，然后单击【连接】按钮，连接成功后，在【对象资源管理器】窗口会出现 2 个登录用户，如图 7-31 所示。

图 7-30　以 SQLUser201601 用户身份登录 SQL Server 2014

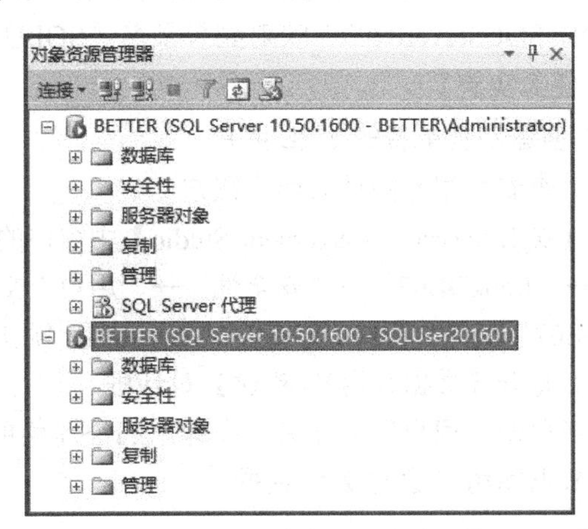

图 7-31　包含 2 个登录用户的【对象资源管理器】窗口

在【对象资源管理器】窗口中查看“SQLUser201601”登录账户中的数据库“bookDB07”，发现无法看到其中的数据表，其原因是没有给数据库“bookDB07”授予对任何对象的访问权限，后面的任务将会专门介绍权限管理。

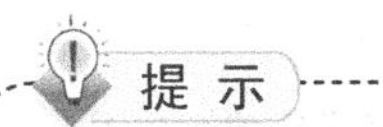

在【对象资源管理器】窗口中，右键单击“登录用户”名称，在快捷菜单中选择【断开连接】命令即可断开已登录的连接。

7.2 数据库用户账户管理

【任务 7-2】 数据库用户账户管理

登录服务器需要有 SQL Server 服务器实例的登录账户，登录成功后，如果想对数据库和数据库对象进行操作，还需要成为数据库用户，数据库用户是数据库级别上的主体。

任务 7-1 所创建的账户“BETTER\WinGroup201601”、“SQLUser201601”和“SQLUser201602”都属于登录 SQL Server 服务器实例的账户，使用登录账户成功登录 SQL Server 服务器后，如果要访问数据库，则还需要为该登录账户映射一个或多个数据库用户账户。用户登录成功后，服务器会针对这一登录名请求的数据库寻找相对应的用户，也称为数据库用户，为其提供应有的权限后，用户才能访问 SQL Server 服务器中的数据库。如果数据库中没有用户账户，那么即使用户能够连接到 SQL Server 服务器实例，也无法访问该数据库。

【任务描述】

（1）在数据库“bookDB07”中创建带登录名的 SQL 用户“bookDB_SQLServer0701”，并将其映射到登录名“SQLUser201601”。

（2）在数据库“bookDB07”中创建 Windows 用户“bookDB_Windows0702”，并将其映

射到登录名“BETTER\WinGroup201601”。

（3）使用命令方式创建带登录名的 SQL 用户 bookDB_SQLServer0703，并将用户账户“bookDB_SQLServer0703”映射到登录名“SQLUser201602”，默认架构为“dbo”。

【任务实施】

1. 创建带登录名的 SQL 用户

（1）查看数据库的默认用户账户

在【SQL Server Management Studio】主窗口的【对象资源管理器】窗口中，依次展开“数据库”→“bookDB07”→“安全性”→“用户”文件夹，在“用户”文件夹中可以查看数据库“bookDB07”当前默认的用户账户（默认的用户账户包括 dbo、guest、sys 等），如图 7-32 所示。

（2）打开【数据库用户-新建】对话框

右键单击“用户”文件夹，在弹出的快捷菜单选择【新建用户】命令，如图 7-33 所示，弹出【数据库用户-新建】对话框。

图 7-32　查看数据库“bookDB07”当前默认的用户账户

图 7-33　在快捷菜单中选择【新建用户】命令

（3）进行“常规”设置

在【数据库用户-新建】对话框的“常规”界面右侧的“用户类型”中选择“带登录名的 SQL 用户”，在“用户名”文本框中输入数据库用户的名称“bookDB_SQLServer0701”，单击“登录名”文本框右侧的【浏览】按钮，打开【选择登录名】对话框，在该对话框中单击【浏览】按钮，打开【查找对象】对话框。

在【查找对象】对话框中选择登录名“SQLUser201601”对应的复选框，如图 7-34 所示，将创建的数据库用户账户映射到这个登录账户。

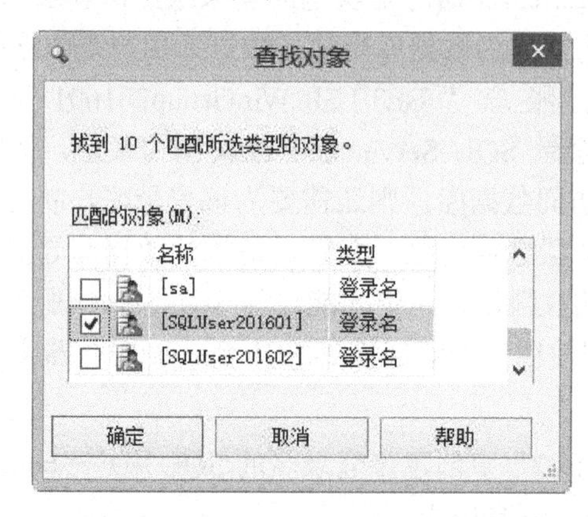

图 7-34　在【查找对象】对话框中选择登录名“SQLUser201601”

提 示

同一个数据库中的用户名称不可重复，一个登录名在一个数据库中只能有一个对应的用户名。

在【查找对象】对话框中单击【确定】按钮返回【选择登录名】对话框，如图 7-35 所示，然后单击【确定】按钮返回【数据库用户-新建】对话框。

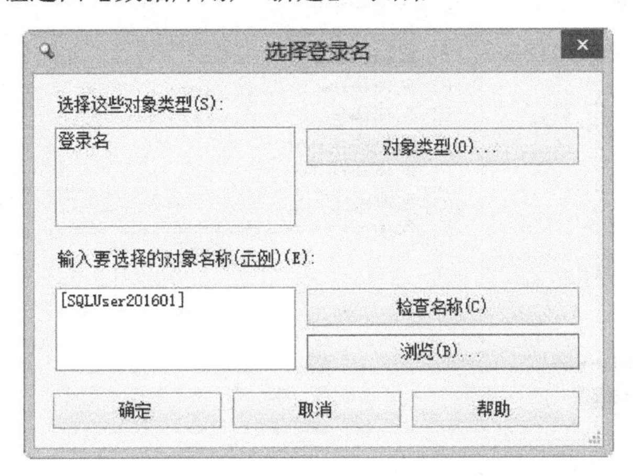

图 7-35　在【选择登录名】对话框中选择登录名

如果需要设置“默认架构”，单击其右侧的【浏览】按钮 ，在弹出的【选择架构】对话框中选择已有的架构类型，这里选择“dbo”，单击【确定】按钮返回【数据库用户-新建】对话框，如图 7-36 所示。

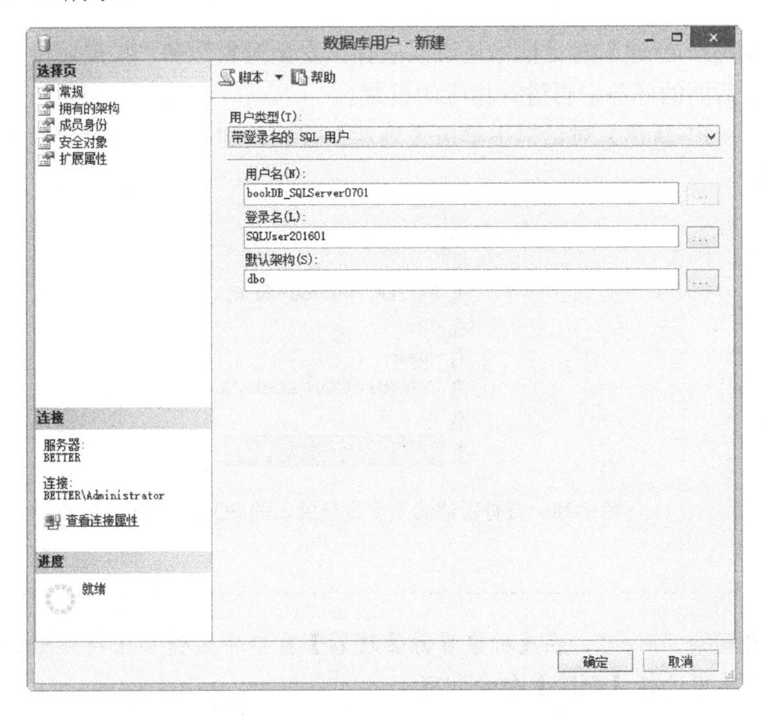

图 7-36　【数据库用户-新建】对话框

在【数据库用户-新建】对话框中可以设置“拥有的架构”和“成员身份”，这里在“成员身份”列表框中选择“db_owner”复选框，如图 7-37 所示。

图 7-37　创建 SQL Server 身份验证的数据库用户账户的“常规”设置

在【数据库用户-新建】对话框中还可以进行“安全对象”和“扩展属性”设置，这里暂不进行设置，在后面的任务中再进行相应的设置。

在【数据库用户-新建】对话框中单击【确定】按钮创建 1 个新的带登录名的 SQL 用户，如图 7-38 所示。

图 7-38　查看新建的 1 个带登录名的 SQL 用户

如果需要删除“用户”，在【对象资源管理器】窗口中右键单击待删除的用户名，在弹出的快捷菜单中选择【删除】命令即可。

2．创建 Windows 用户

打开【数据库用户-新建】对话框，在“用户类型”中选择“Windows 用户”，然后输入用户账户名称为“bookDB_Windows0702”，在【查找对象】对话框中选择登录名“BETTER\WinGroup201601”，如图 7-39 所示，在“成员身份”列表框中选择“db_owner”复选框，其他步骤与创建带登录名的 SQL 用户的数据库用户账户类似，在此不再赘述。【数据库用户-新建】对话框的“常规”设置界面如图 7-40 所示，注意这里不设置“默认架构”。

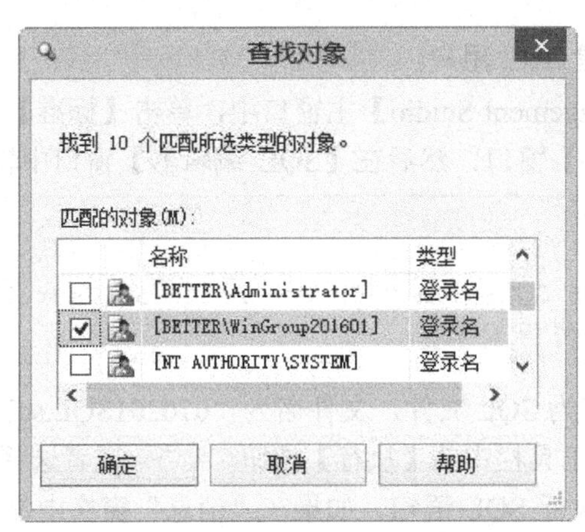

图 7-39　在【查找对象】对话框中选择登录名“BETTER\WinGroup201601”

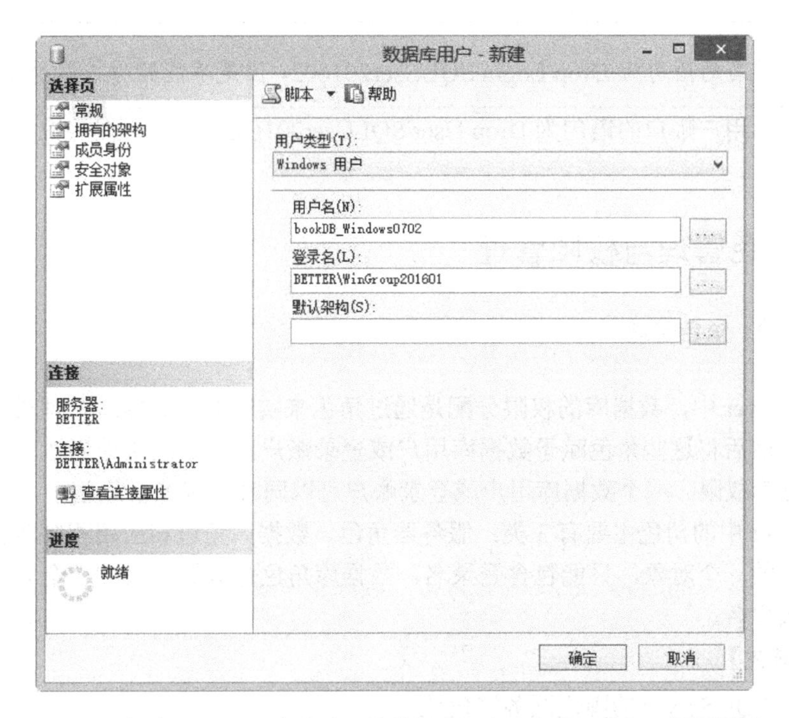

图 7-40　创建 Windows 身份验证的数据库用户账户的“常规”设置界面

在【数据库用户-新建】对话框中单击【确定】按钮创建 1 个新的 Windows 用户，如图 7-41 所示。

图 7-41　查看新建的 2 个数据库用户账户

3. 使用命令方式创建 SQL 用户

在【SQL Server Management Studio】主窗口中，单击【标准】工具栏中的【新建查询】按钮，打开【SQL 编辑器】窗口，然后在【SQL 编辑器】窗口中输入以下语句：

```
Use bookDB07
go
Create User bookDB_SQLServer0703 For Login SQLUser201602
With Default_schema=dbo
```

将这些 SQL 语句保存为 SQL 文件，文件名为“070201SQL.sql”。

单击【SQL 编辑器】工具栏中的【执行】按钮 ! 执行(X) 或者选择菜单命令【查询】→【执行】或者直接按 F5 键，执行 SQL 语句。如果在“消息”窗格中显示“命令已成功完成”的提示信息，表明这些语句已成功创建，创建了 1 个数据库用户账户。

提 示

删除登录名的语句为 Drop Login SQLUser201602，但是不能删除正在登录的登录名。

删除数据库用户账户的语句为 Drop User SQLUser201602，但是不能从数据库中删除拥有安全对象的用户。

7.3 角色管理与权限管理

【任务 7-3】 角色管理

在 SQL Server 中，数据库的权限分配是通过角色来实现的。数据库管理员首先将权限赋予各种角色，然后将这些角色赋予数据库用户或登录账户，从而间接地为数据库用户或登录账户分配数据库权限。一个数据库用户或登录账户可以同时拥有多个角色。

SQL Server 中的角色主要有 3 类：服务器角色、数据库角色和应用程序角色。服务器角色是服务器级的一个对象，只能包含登录名，数据库角色是数据库级的一个对象，只能包含数据库用户账户名。

【任务描述】

（1）查看 SQL Server 的固定服务器角色。

（2）将 SQL Server 服务器登录名“BETTER\WinGroup201601”添加为固定服务器角色 sysadmin 的成员。

（3）为 SQL Server 服务器登录名 SQLUser201601 分配固定角色 sysadmin。

（4）查看固定数据库角色。

（5）将数据库用户“bookDB_Windows0702”添加为固定数据库角色 db_owner 的成员。

（6）为数据库用户“bookDB_SQLServer0701”分配固定数据库角色 db_owner。

（7）创建应用程序角色“role_图书类型 0701”，该角色拥有对“图书类型”数据表的“插入、更新、删除和选择”等权限，并且将数据库用户“bookDB_SQLServer0701”添加为该应用程序角色的成员。

（8）创建自定义角色“role_读者类型 0702”，该角色只拥有对“读者类型”数据表的“选择”权限，并且将数据库用户“bookDB_SQLServer0701”添加为该自定义角色的成员。

【任务实施】

1. 查看 SQL Server 的固定服务器角色

SQL Server 在安装时会创建一系列固定服务器角色。固定服务器角色是在服务器级上定义的，这些角色具有执行特定服务器级操作和管理活动的权限，用户不能添加、删除或更改固定服务器角色，但可以选择合适的固定服务器角色。

通过系统存储过程 sp_helpsrvrole，可以查看 SQL Server 中的固定服务器角色。

在【SQL 编辑器】窗口中输入以下语句：

```
Exec sp_helpsrvrole
```

单击【SQL 编辑器】工具栏中的【执行】按钮 ! 执行(X) 或者选择菜单命令【查询】→【执行】或者直接按 F5 键，执行 SQL 语句，执行结果如图 7-42 所示。

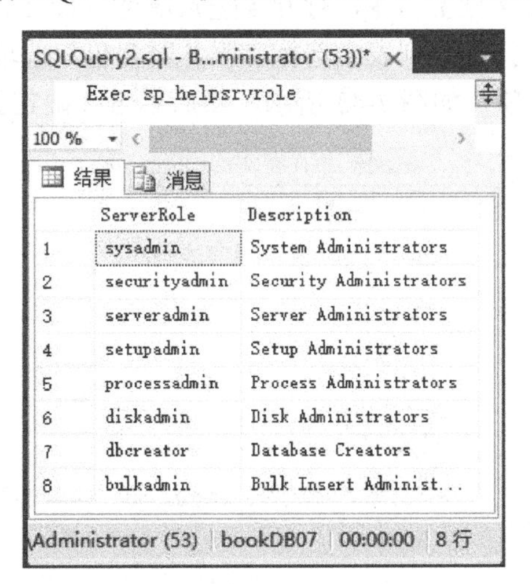

图 7-42 查看 SQL Server 中的固定服务器角色

从图 7-42 中可以看出 SQL Server 中有 8 个固定服务器角色，其功能说明如表 7-3 所示。

表 7-3 SQL Server 中的固定服务器角色及功能说明

固定服务器角色	功能说明
sysadmin（系统管理员）	允许执行服务器中的所有操作，通常情况下，此角色适用于数据库管理员
securityadmin（安全管理员）	允许管理登录名及其属性，允许设置服务器级别和数据库级别的权限，允许重设 SQL Server 登录名和密码

续表

固定服务器角色	功能说明
serveradmin（服务器管理员）	允许更改服务器的配置及关闭服务器
setupadmin（安装管理员）	允许添加和删除连接服务器，可以执行部分系统存储过程
processadmin（进程管理者）	允许管理 SQL Server 进程
diskadmin（磁盘管理者）	允许管理数据库在磁盘中的文件，例如镜像数据库或添加备份设备等
dbcreator（数据库创建者）	允许创建、更改、删除及还原任何数据库
bulkadmin（大量管理者）	允许执行 bulk insert 语句，使用 bulk insert 语句可以以用户指定的格式将数据文件导入 SQL Server 中的数据表或视图

可以向服务器级角色添加 SQL Server 登录名、Windows 账户和 Windows 组。

SQL Server 还有 1 个固定服务器角色，即 public，每个 SQL Server 登录都隶属于 public 服务器角色。

2. 将 SQL Server 服务器登录名添加为固定服务器角色的成员

在【SQL Server Management Studio】主窗口的【对象资源管理器】窗口中，依次展开“数据库”→“安全性”→“登录名”文件夹，右键单击登录名“BETTER\WinGroup201601”，在弹出的快捷菜单中选择【属性】命令，打开【登录属性 - BETTER\WinGroup201601】对话框，在该对话框左侧的“选择页”列表中选择“服务器角色”选项，在右侧的“服务器角色”列表中选择“sysadmin”选项，如图 7-43 所示。然后单击【确定】按钮即可完成设置。

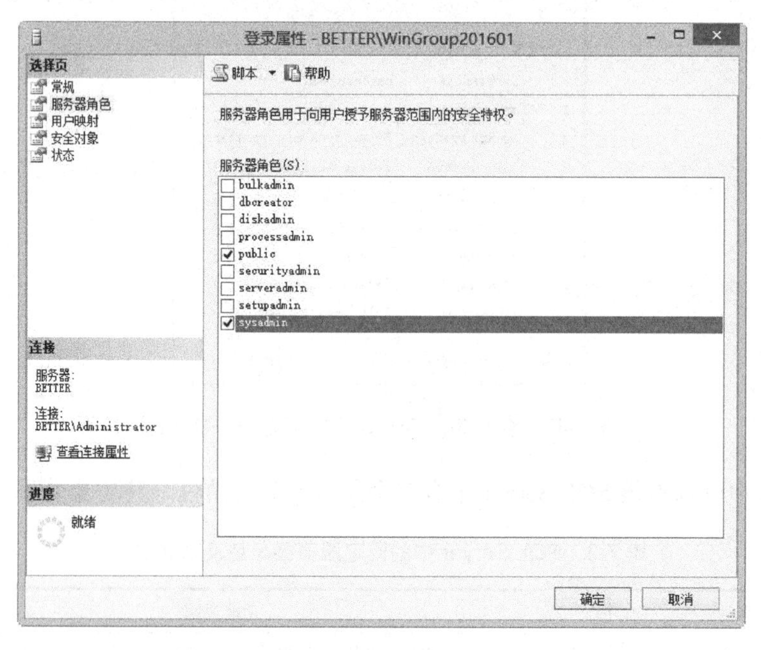

图 7-43　添加服务器角色成员 sysadmin

3. 为 SQL Server 服务器登录名分配固定角色

在【SQL Server Management Studio】主窗口的【对象资源管理器】窗口中，依次展开“数据库”→“安全性”→“服务器角色”文件夹，可以发现默认的固定服务器角色，如图 7-44 所示。

图 7-44　查看默认的固定服务器角色

然后双击“sysadmin”服务器角色选项，打开【服务器角色属性 - sysadmin】对话框，在该对话框中单击【添加】按钮，打开【选择服务器登录名】对话框，在该对话框中单击【浏览】按钮，打开【查找对象】对话框，在该对话框中选中“SQLUser201601”左侧的复选框，然后依次单击【确定】按钮，返回前一个对话框，直到返回【服务器角色属性 - sysadmin】对话框，在该对话框中显示了指定的登录账户“SQLUser201601”，如图 7-45 所示。最后单击【确定】按钮，即可完成向登录账户“SQLUser201601”指派角色“sysadmin”的操作。

图 7-45　在【服务器角色属性 - sysadmin】对话框中设置服务器角色

提 示

在【服务器角色属性 - sysadmin】对话框中先选中登录账户，单击【删除】按钮，然后单击【确定】按钮则可以删除固定服务器角色的成员。

在【SQL 编辑器】窗口中输入以下语句：

```
Exec sp_helpsrvrolemember @srvrolename='sysadmin'
```

单击【SQL 编辑器】工具栏中的【执行】按钮 ! 执行(X) 或者直接按 F5 键，执行 SQL 语句，显示固定服务器角色 sysadmin 中成员列表。

4．查看固定数据库角色

固定数据库角色是 SQL Server 在数据库级别上定义的角色，存储在数据库中，具有执行特定数据库级操作和管理活动的权限，用户无法添加或删除固定数据库角色，也无法更改授予固定数据库角色的权限。

通过系统存储过程 sp_helpdbfixedrole，可以查看 SQL Server 中的固定数据库角色。

在【SQL 编辑器】窗口中输入以下语句：

```
Exec sp_helpdbfixedrole
```

单击【SQL 编辑器】工具栏中的【执行】按钮 ! 执行(X) 或者选择菜单命令【查询】→【执行】或者直接按 F5 键，执行 SQL 语句，执行结果如图 7-46 所示。

从图 7-46 可以看出 SQL Server 内置的固定数据库级别角色有 9 个，其功能说明如表 7-4 所示，其中 db_owner 和 db_securityadmin 数据库角色的成员可以管理固定数据库角色成员身份。只有 db_owner 数据库角色的成员可以将成员加入 db_owner 固定数据库角色。

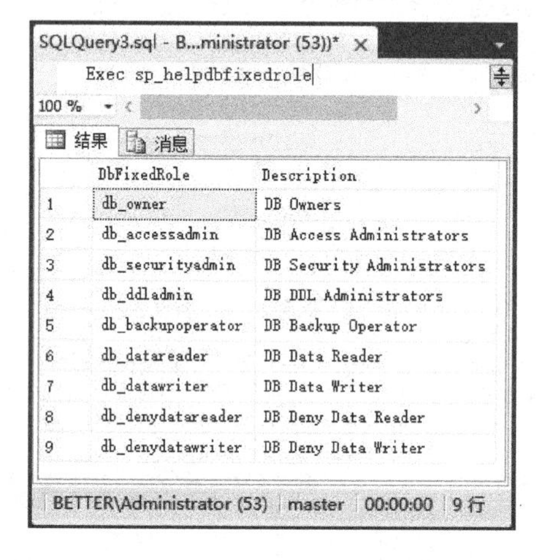

图 7-46　查看 SQL Server 中的固定数据库角色

表 7-4　SQL Server 内置的固定数据库级别角色

数据库角色名称	功能说明
db_owner（数据库所有者）	允许在数据库上执行所有配置和维护操作，也可以删除数据库
db_accessadmin（数据库访问管理员）	允许添加或删除用户
db_securityadmin（数据库安全管理员）	允许修改角色成员身份及管理权限
db_ddladmin（数据库 DDL 管理员）	允许在数据库中执行任何“数据定义语句”
db_backupoterator（数据库备份操作员）	允许备份数据库
db_datareader（数据库数据读取者）	允许读取所有用户数据表中的所有数据
db_datawriter（数据库数据写入者）	允许添加、删除或更改所有用户数据表中的数据
db_denydatareader（拒绝数据读取者）	限制读取数据库中用户数据表中的任何数据
db_denydatawriter（拒绝数据写入者）	限制对用户数据表执行新建、修改或删除数据的操作

说 明

SQL Server 还有 1 个固定数据库角色，即 public，每个合法数据库用户都是 public 数据库角色的成员，为数据库中的用户提供了所有默认权限。一般情况下，public 数据库角色允许用户使用某些系统存储过程，查看并显示 master 数据库中的信息，或者执行一些不需要权限的语句。当用户未授予或拒绝安全对象的特定权限时，该用户会继承授予给该对象的 public 权限。

5．将数据库用户添加为固定数据库角色的成员

在【SQL Server Management Studio】主窗口的【对象资源管理器】窗口中，依次展开“数据库”→“bookDB07”→“安全性”→“用户”文件夹，右键单击数据库用户账户名“bookDB_Windows0702”，在弹出的快捷菜单中单击【属性】命令，打开【数据库用户-bookDB_Windows0702】对话框，在该对话框的“常规”界面的“成员身份”列表框中选中“db_owner”左侧的复选框。然后单击【确定】按钮，完成设置。

6．为数据库用户分配固定数据库角色

（1）打开【数据库角色属性】对话框

在【SQL Server Management Studio】主窗口的【对象资源管理器】窗口中，依次展开“数据库”→“bookDB07”→“安全性”→“角色”→“数据库角色”文件夹，可以发现默认的固定数据库角色，双击“db_owner”数据库角色选项，如图 7-47 所示，或者右键单击数据库角色名“db_owner”，在弹出的快捷菜单中单击【属性】命令，打开【数据库角色属性-db_owner】对话框。

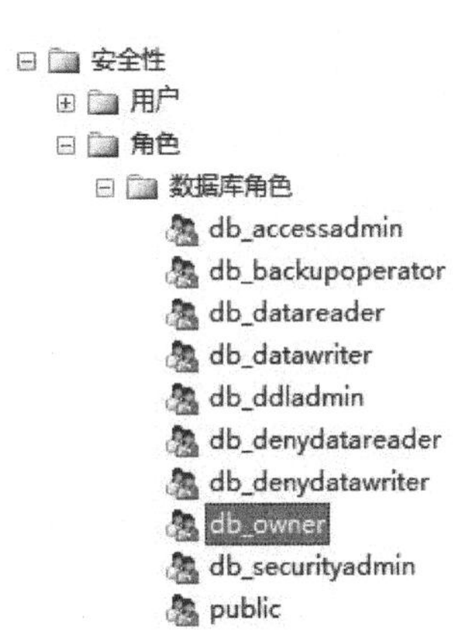

图 7-47　查看数据库“bookDB07”的固定数据库角色

（2）将数据库用户添加为角色的成员

在【数据库角色属性-db_owner】对话框中单击【添加】按钮，打开【选择数据库用户或角色】对话框，在该对话框中单击【浏览】按钮，打开【查找对象】对话框，选择“bookDB_SQLServer0701”用户左侧的复选框，如图 7-48 所示。然后依次单击【确定】按钮，返回前一个对话框。

直到返回【数据库角色属性-db_owner】对话框，在该对话框中显示了指定的数据库用户账户“bookDB_SQLServer0701”，如图 7-49 所示。最后单击【确定】按钮，即可完成将数据库用户账户“bookDB_SQLServer0701”分配为角色“db_owner”的成员。

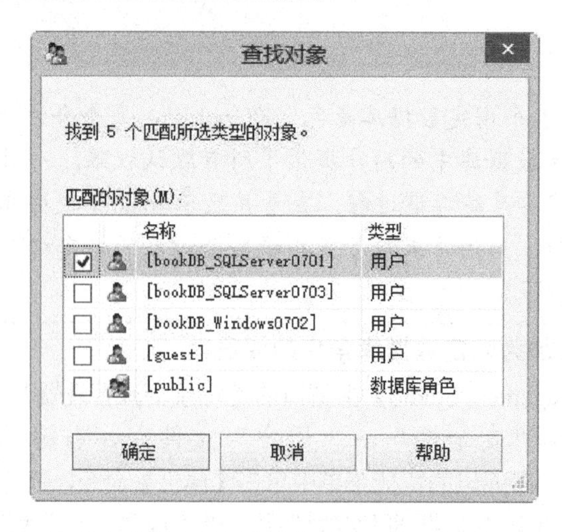

图 7-48　在【查找对象】对话框中选择“bookDB_SQLServer0701”用户

图 7-49　在【数据库角色属性-db_owner】对话框中设置数据库角色

提 示

在【数据库角色属性-db_owner】对话框中先选中数据用户账户，单击【删除】按钮，然后单击【确定】则可以删除固定数据库角色的成员。

（3）查看固定数据库角色的成员列表

在【SQL 编辑器】窗口中输入以下语句：

```
Exec sp_helprole @rolename='db_owner'
```

单击【SQL 编辑器】工具栏中的【执行】按钮 ! 执行(X) 或者直接按 F5 键，执行 SQL 语句，显示固定数据库角色 db_owner 的成员列表。

7．为数据库用户创建应用程序角色

应用程序角色是一个数据库主体，它使应用程序能够用其自身的、类似用户的权限来运行。使用应用程序角色，可以只允许通过特定应用连接的用户访问特定数据。与数据库角色不同的是，应用程序角色在默认情况下不包含任何成员，而且是非活动的。

由于应用程序角色是数据库级主体，所以它们只能通过其他数据库中为 guest 用户授予的权限来访问这些数据库。因此，其他数据库中的应用程序角色无法访问任何已禁止 guest 用户的数据库。

（1）打开【应用程序角色-新建】对话框

在【SQL Server Management Studio】主窗口的【对象资源管理器】窗口中，依次展开"数据库"→"bookDB07"→"安全性"→"角色"文件夹，右键单击"应用程序角色"文件夹，在弹出的快捷菜单选择【新建应用程序角色】命令，打开【应用程序角色-新建】对话框。

（2）进行"常规"设置

在【应用程序角色-新建】对话框的"常规"界面右侧的"角色名称"文本框中输入应用程序角色名称"role_图书类型 0701"，默认架构选择"dbo"，密码和确认密码都输入"123456"，如图 7-50 所示。

图 7-50　【应用程序角色-新建】对话框的"常规"设置

（3）进行“安全对象”的设置

在【应用程序角色-新建】对话框中切换到“安全对象”界面，单击【搜索】按钮，打开【添加对象】对话框，在该对话框中单击【确定】按钮，打开【选择对象】对话框，在该对话框中单击【对象类型】按钮，打开【选择对象类型】对话框，在该对话框中选中“表”左侧的复选框，如图 7-51 所示。

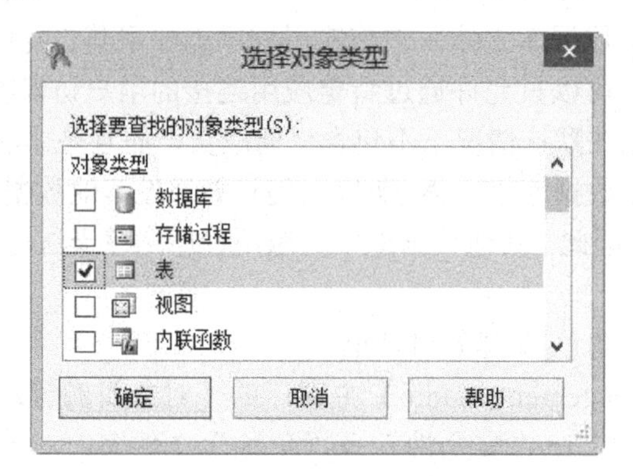

图 7-51　在【选择对象类型】对话框中选择需要的对象类型

在【选择对象类型】对话框中单击【确定】按钮返回【选择对象】对话框。在【选择对象】对话框中单击【浏览】按钮，打开【查找对象】对话框，在该对话框中选中“[dbo].[图书类型]”数据表左侧的复选框，如图 7-52 所示。

在【查找对象】对话框中单击【确定】对话框，返回【选择对象】对话框，如图 7-53 所示。

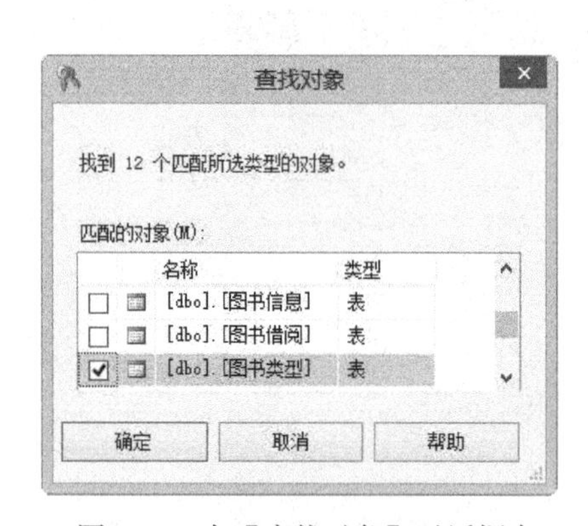

图 7-52　在【查找对象】对话框中选择“图书类型”数据表

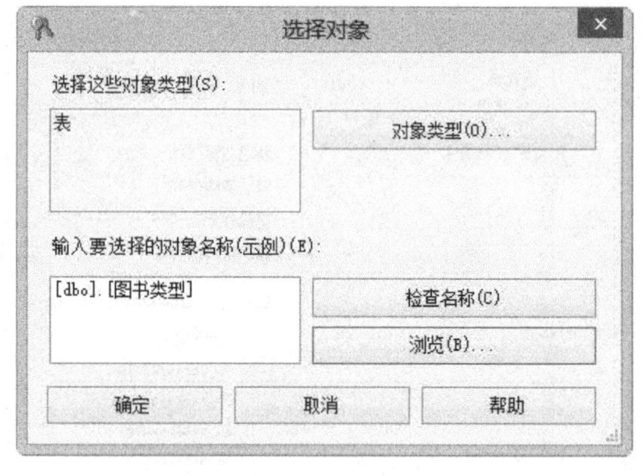

图 7-53　在【选择对象】对话框中设置对象类型和对象名称

在【选择对象】对话框中单击【确定】按钮返回【应用程序角色-新建】对话框的“安全对象”界面，在该界面的权限列表框中依次选中“插入”、“更新”、“删除”和“选择”选项所在行的“授予”复选框，如图 7-54 所示。

最后在【应用程序角色-新建】对话框中单击【确定】按钮完成应用程序角色“role_图书类型 0701”的创建。

（4）启用应用程序角色“role_图书类型 0701”

启用应用程序角色需要使用系统存储过程 sp_setapprole，并且在启用时需要密码，语句如下：

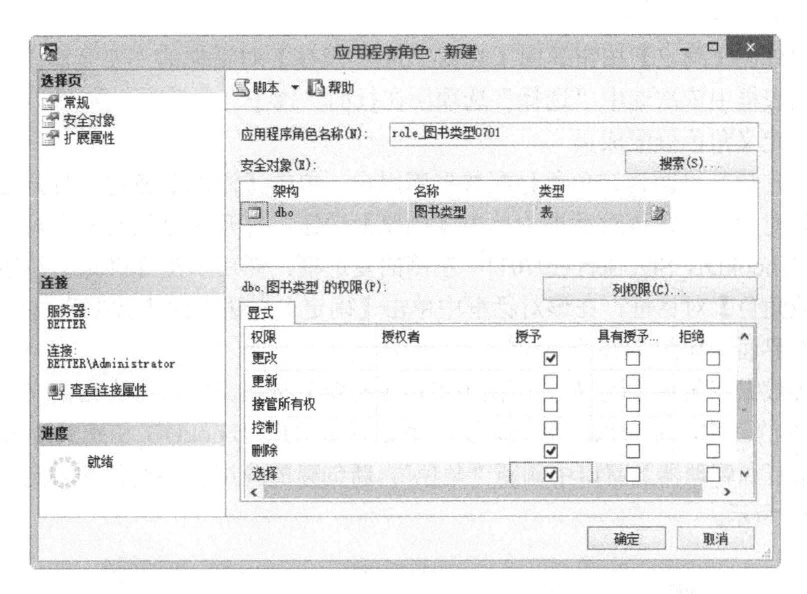

图 7-54　设置“role_图书类型 0701”角色的权限

```
Exec sp_setapprole 'role_图书类型0701' , '123456'
```

应用程序角色“role_图书类型 0701”启用后，任何访问数据库“bookDB07”的用户都不再被作为用户本身来看待，SQL Server 将这些用户看成应用程序，并给它们指派应用角色权限。

8．为数据库用户创建自定义角色

SQL Server 预置了固定服务器角色和固定数据库角色，这些角色都有自身独特的权限。将某些角色赋予一个数据库用户，该用户就拥有了这些角色的权限。但是，由于这些角色都是系统预先设置好的，不可能完全满足实际应用的全部需求，用户还可以创建自定义角色，先将需要的权限赋予自定义角色，然后将数据库用户指派给该角色。

（1）打开【应用程序角色 – 新建】对话框

在【SQL Server Management Studio】主窗口的【对象资源管理器】窗口中，依次展开“数据库”→“bookDB07”→“安全性”→“角色”→“数据库角色”文件夹，右键单击“数据库角色”文件夹，在弹出的快捷菜单中选择【新建数据库角色】命令，打开【数据库角色-新建】对话框。

（2）进行“常规”设置

在【数据库角色-新建】对话框的“常规”界面右侧的“角色名称”文本框中输入自定义数据库角色名称“role_读者类型 0702”，默认架构选择“dbo”。

（3）进行“安全对象”的设置

切换到“安全对象”界面，单击【搜索】按钮，打开【添加对象】对话框，在该对话框中单击【确定】按钮，打开【选择对象】对话框，在该对话框单击【对象类型】按钮，打开【选择对象类型】对话框，在该对话框中选中“表”左侧的复选框。

在【选择对象类型】对话框单击【确定】按钮返回【选择对象】对话框。在【选择对象】对话框中单击【浏览】按钮，打开【查找对象】对话框，在该对话框中选中“[dbo].[读者类型]”数据表左侧的复选框。

在【查找对象】对话框中单击【确定】对话框，返回【选择对象】对话框。在【选择对象】对话框中单击【确定】按钮返回【数据库角色-新建】对话框的“安全对象”界面，在该界面的权限列表框中依次选中“选择”选项所在行的“授予”复选框，如图 7-55 所示。

（4）为自定义角色分配成员

切换到“常规”界面为该角色分配数据库用户，单击【添加】按钮，打开【选择数据库用户或角色】对话框，在该对话框中单击【浏览】按钮，打开【查找对象】对话框，在该对话框中选中“[bookDB_SQLServer0701]”左侧的复选框，然后单击【确定】按钮返回【选择数据库用户或角色】对话框，在该对话框中单击【确定】按钮返回【数据库角色-新建】对话框的“常规”界面，如图 7-56 所示。

最后在【数据库角色-新建】对话框中单击【确定】按钮完成数据库自定义角色“role_读者类型 0702”的创建，并为该角色指派了一个数据库用户“bookDB_SQLServer0701”。

在【对象资源管理器】窗口中刷新“角色”，新创建的应用程序角色和自定义数据库用户角色如图 7-57 所示。

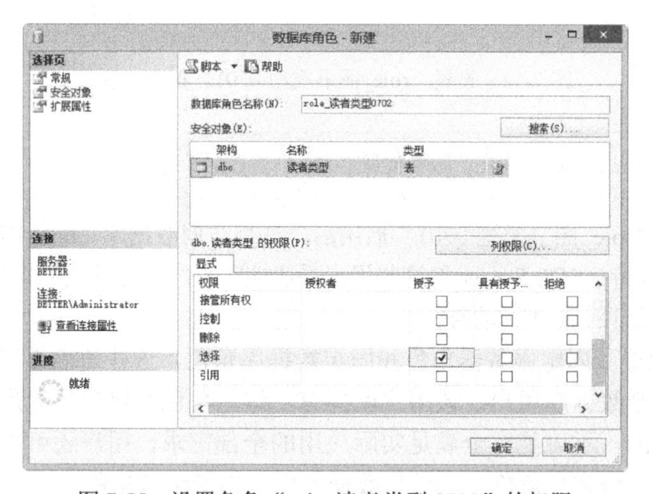

图 7-55　设置角色“role_读者类型 0702”的权限

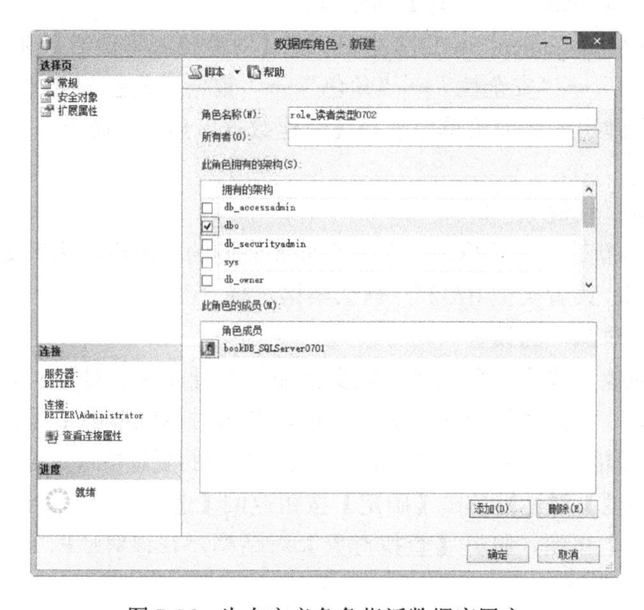

图 7-56　为自定义角色指派数据库用户

图 7-57　查看新创建的应用程序角色和自定义数据库用户角色

提 示

在【对象资源管理器】窗口中右键单击自定义的数据库用户角色名称，在弹出的快捷菜单中选择【删除】命令即可删除自定义数据库角色。

【任务 7-4】权限管理

用户对数据库的访问以及对数据库对象的操作都体现在权限上，有什么样的权限，才能执行什么样的操作，不同的数据库用户具有不同的数据库访问权限，未授权的用户将无法访问或存取数据库中的数据。权限对于数据库来说至关重要，它是访问权限设置中的最后一道安全措施，管理好权限是保证数据库安全的必要因素。

权限用来控制用户如何访问数据库对象，用户可以直接分配到权限，也可作为角色中的一个成员间接得到权限。用户还可以同时属于具有不同权限的多个角色，这些不同的权限提供了对同一个数据库对象的不同访问级别。

在 SQL Server 数据库中，每个数据库对象都有不同的访问权限。例如，数据表与视图有 Select、Insert、Update、Delete 等权限，存储过程与函数有 Execute 等权限。

SQL Server 将权限分为两种：数据库对象权限和语句权限。SQL Server 中可以对各种数据库对象设置权限，包括数据库、数据表、视图、存储过程和架构等。

数据库对象的权限是指用户对数据库中的数据表、视图、存储过程等数据库对象进行操作的权限。例如对于数据表和视图，有执行 Select、Insert、Update 和 Delete 等操作的权限；对于数据表和视图的字段，有执行 Select、Update 等操作的权限；对于存储过程，有执行 Execute 操作的权限。通过对象权限可以限制用户对数据库对象的访问操作。

语句权限是指用户对操作数据库或数据库对象的语句的使用权限，例如创建数据表需要使用“create table”语句，用户如果需要创建数据表，就必须具有使用“create table”语句的权限。只有 sysadmin、db_owner 和 db_securityadmin 这 3 种角色的成员才能授予用户语句权限。

【任务描述】

（1）使用图形化界面给 SQL Server 服务器登录名“SQLUser201601”授予创建数据库和

更改登录名等操作权限。

（2）使用图形化界面给数据库用户账户“bookDB_SQLServer0701”授予创建数据表的权限。

（3）使用图形化界面给数据库用户账户“bookDB_SQLServer0701”授予对“bookDB07”数据库中“图书类型”数据表的“插入、查看定义、更改、更新、删除、选择”等操作权限。

（4）使用命令方式给数据库用户账户“bookDB_SQLServer0701”授予对“bookDB07”数据库中“出版社”数据表的“选择”权限。

（5）使用命令方式给数据库用户账户“bookDB_SQLServer0701”授予使用“create view”语句的权限。

（6）查看数据库用户账户“bookDB_SQLServer0701”的安全对象及拥有的权限。

【任务实施】

1. 使用图形化界面给 SQL Server 服务器登录名授权

在【SQL Server Management Studio】主窗口的【对象资源管理器】窗口中，右键单击 SQL Server 服务器名称“BETTER”（说明：“BETTER”是作者计算机的 SQL Server 服务器名称，不同计算机的 SQL Server 服务器名称会有所不同），在弹出的快捷菜单中选择【属性】命令，打开【服务器属性-BETTER】对话框。在该对话框中左侧“选择页”列表中选择“权限”选项，在右侧“登录名或角色”列表框中选择要设置权限的登录名“SQLUser201601”，在“SQLUser201601 的权限”列表框中选中“创建任意数据库”和“更改任意登录名”两行中“授予”列对应的复选框，如图 7-58 所示，然后单击【确定】按钮完成服务器权限的设置。

图 7-58　设置服务器的权限

图 7-58 中的“登录名或角色”是指被设置权限的对象，“权限”是所有当前登录名可设置的权限，“授权者”是当前登录到 SQL Server 服务器的登录名，“授予”表示授予相应的权限，“具有授予权限”表示授予选中对象的权限可再授予其他登录名，“拒绝”表示禁止使用。其中，“授予”、“具有授予权限”和“拒绝”这三个选项的选择有连带关系，如果选中“拒绝”选项，就自动取消“授予”和“具有授予权限”选项的选中状态；如果选中“具有授予权限”选项，则自动取消“拒绝”选项的选中状态并自动选中“授予”选项。

2. 使用图形化界面给数据库用户账户授权

在【SQL Server Management Studio】主窗口的【对象资源管理器】窗口中，展开“数据库”文件夹，右键单击数据库名称“bookDB07”，在弹出的快捷菜单中选择【属性】命令，打开【数据库属性-bookDB07】对话框。在该对话框的左侧“选择页”列表中选择“权限”选项，在右侧“用户或角色”列表中选择要设置权限的数据库用户账户“bookDB_SQLServer0701”，在“bookDB_SQLServer0701 的权限”列表框中选中“创建表”行中“授予”列对应的复选框，如图 7-59 所示，然后单击【确定】按钮完成数据库权限的设置。

图 7-59　设置数据库的权限

3. 使用图形化界面给数据库用户账户授予操作数据库对象的权限

（1）打开【表属性】对话框

在【SQL Server Management Studio】主窗口的【对象资源管理器】窗口中，依次展开“数据库”→“bookDB07”→“表”文件夹，右键单击数据表名称“dbo.图书类型”，在弹出的快捷菜单中选择【属性】命令，打开【表属性-图书类型】对话框。

（2）选择用户或角色

在【表属性-图书类型】对话框中切换到“权限”界面，然后单击【搜索】按钮，打开【选择用户或角色】对话框，在【选择用户或角色】对话框中单击【浏览】按钮，打开【查找对象】对话框，在【查找对象】对话框中选择“[bookDB_SQLServer0701]”用户，如图7-60所示。

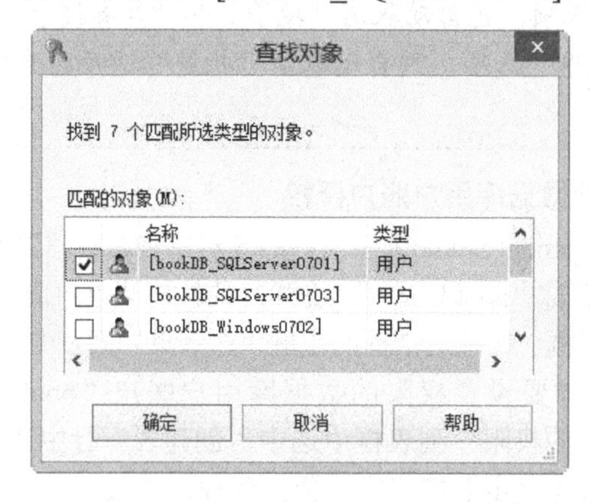

图7-60　在【查找对象】对话框中选择“[bookDB_SQLServer0701]”用户

在【查找对象】对话框中单击【确定】按钮返回【选择用户或角色】对话框，如图7-61所示。

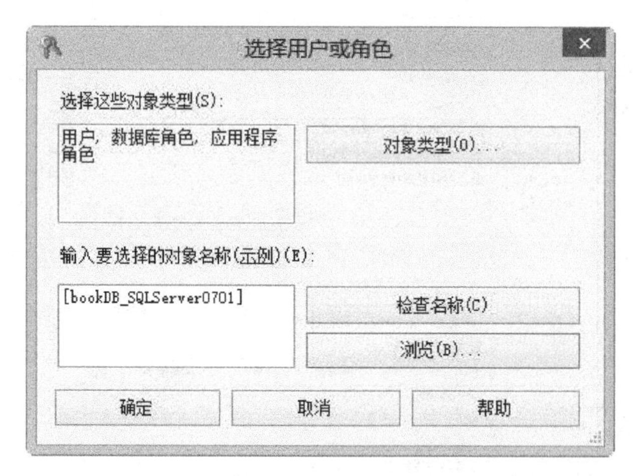

图7-61　在【选择用户或角色】对话框中选择1个用户

在【选择用户或角色】对话框中单击【确定】按钮返回【表属性-图书类型】对话框。

（3）设置用户或角色访问权限

在【表属性-图书类型】对话框的“权限”界面下方窗格中设置该用户的访问权限，将“插入”、“查看定义”、“更改”、“更新”、“删除”、“选择”等权限都已授予给“bookDB_SQLServer0701”用户，如图7-62所示。

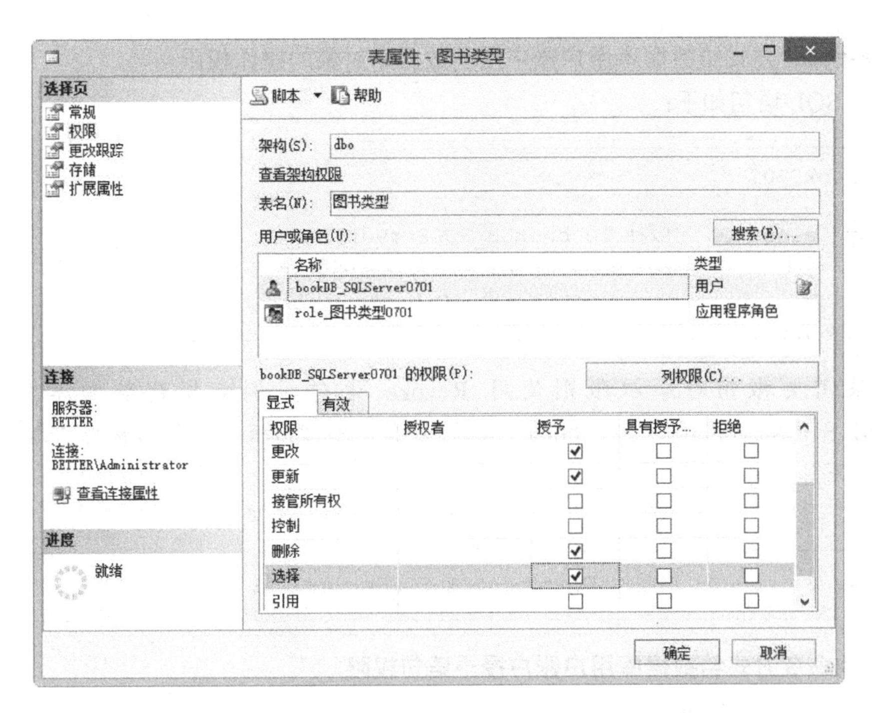

图 7-62　在【表属性-图书类型】对话框中设置访问权限

（4）设置数据表列权限

在【表属性-图书类型】对话框的“权限”界面中单击【列权限】按钮，打开【列权限】对话框，在该对话框中设置列的访问权限，如图 7-63 所示。列权限设置完成后单击【确定】按钮返回【表属性-图书类型】对话框。

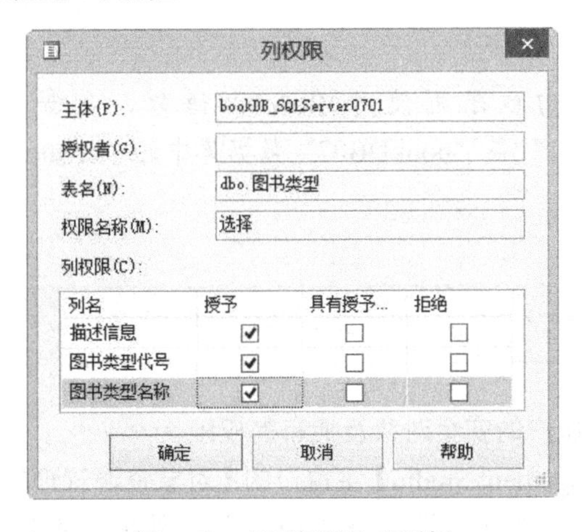

图 7-63　【列权限】对话框

最后在【表属性-图书类型】对话框中单击【确定】按钮即可完成数据库对象操作权限的设置。

提 示

使用类似的方法也可以撤销已授予给数据库对象的权限。

4．使用命令方式给数据库用户账户授予数据库对象的操作权限

对应的 SQL 语句如下：

```
Use bookDB07
go
Grant Select On 出版社 To bookDB_SQLServer0701
```

如果需要撤销对象权限则使用 Revoke 语句，例如撤销数据库用户账户“bookDB_SQLServer0701”对“bookDB07”数据库中“出版社”数据表的“选择”权限的语句如下：

```
Revoke Select On 出版社 From bookDB_SQLServer0701
```

5．使用命令方式给数据库用户账户授予语句权限

对应的 SQL 语句如下：

```
Use bookDB07
go
Grant Create View To bookDB_SQLServer0701
```

如果需要撤销语句权限则使用 Revoke 语句，例如撤销数据库用户账户“bookDB_SQLServer0701”在“bookDB07”数据库中的“create view”语句权限的语句如下：

```
Revoke Create View From bookDB_SQLServer0701
```

6．查看数据库用户账户的安全对象及拥有的权限

在【SQL Server Management Studio】主窗口的【对象资源管理器】窗口中，依次展开“数据库”→“bookDB07”→“安全性”→“用户”文件夹，右键单击数据库用户账户名“bookDB_SQLServer0701”，在弹出的快捷菜单中单击【属性】命令，打开【数据库用户 - bookDB_SQLServer0701】对话框，在该对话框的左侧“选择页”列表中选择“安全对象”选项，在右侧“安全对象”列表中可以查看该数据库用户的安全对象，在下方的“权限”列表中可以查看安全对象区域选中对象（例如“图书类型”）拥有的权限，如图 7-64 所示。然后单击【确定】按钮关闭该对话框即可。

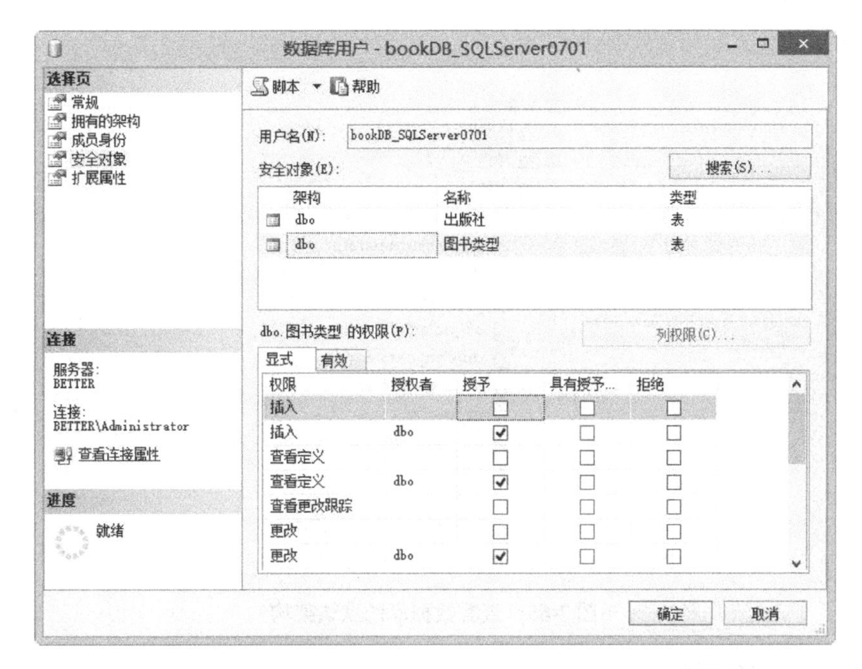

图 7-64 查看数据库用户账户的安全对象及拥有的权限

7.4 创建与应用架构

【任务 7-5】 创建与应用架构

架构是指包含数据表、视图、存储过程等对象的容器，用于在数据库内定义对象的命名空间。之所以说架构是命名空间，是因为架构中安全对象的完全指定名称包括此安全对象所在的架构名称，特定架构中的每个安全对象都必须有唯一的名称。

架构用于简化管理和创建可以共同管理的对象子集。架构是对象的容器，在架构中可以包含的对象主要有数据表、视图、过程、函数、约束等。架构位于数据库内部，而数据库位于服务器内部。

用户拥有架构，并且当服务器在查询中解析非限定对象时，总是有一个默认的架构提供给服务器使用。因此在访问默认架构时的对象时，不需要指定架构名称。如果要访问其他架构中的对象，需要在对象名称之前添加架构名称，形式为“架构名称.对象名称”。

【任务描述】

（1）查看数据库“bookDB07”的默认架构。

（2）使用图形界面创建 1 个命名为“schema0701”的架构，该架构中包括“view_电子社04”视图，架构的拥有者为 dbo。

【任务实施】

1．查看数据库的默认架构

在【SQL Server Management Studio】主窗口的【对象资源管理器】窗口中，依次展开“数据库”→“bookDB07”→“安全性”→“架构”文件夹，可以查看该数据库的默认架构，如

图 7-65 所示。

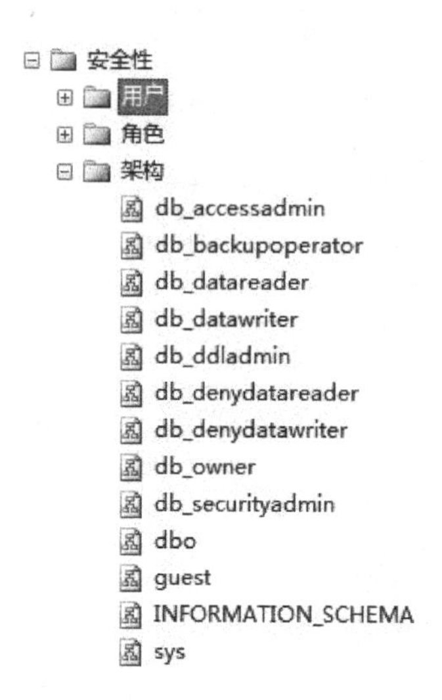

图 7-65　查看数据库的默认架构

2. 创建架构与应用架构

（1）创建自定义架构

右键单击“架构”文件夹，在弹出的快捷菜单中选择【新建架构】命令，打开【架构-新建】对话框。在该对话框的“常规”界面的“架构名称”文本框中输入架构名称“schema0701”，设置“架构所有者”为“dbo”，如图 7-66 所示。然后单击【确定】按钮，完成架构的创建。

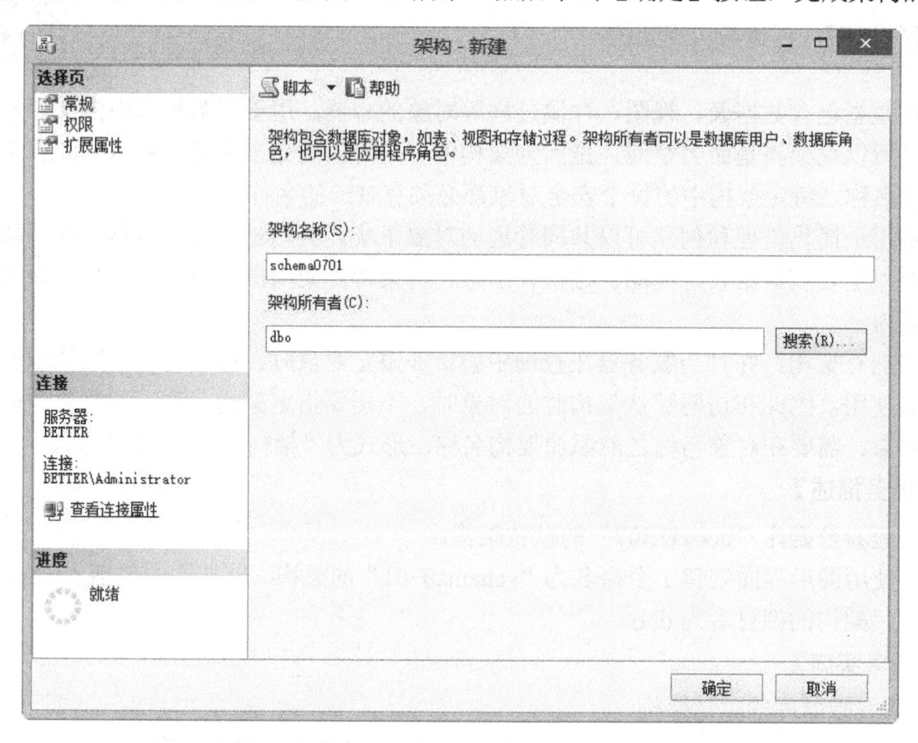

图 7-66　【架构-新建】对话框的“常规”设置

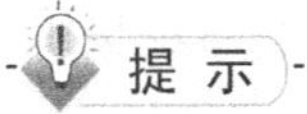

架构创建后，可以更改架构的所有者，也可以更改架构中用户或角色指定的权限。但是不能修改架构名称，可以删除该架构。

（2）移动对象到新的架构

架构是对象的容器，在实际应用中，有时候需要将对象从一个架构中移动到另一个架构中。当移动对象到新的架构时，会更改与对象关联的命名空间，也会更改对象查询和访问的方式，并且影响设置在对象上的权限。移动对象到新的架构必须是在同一个数据库中移动。

在【对象资源管理器】窗口中，依次展开“数据库”→“bookDB07”→“视图”文件夹，右键单击视图名称“dbo. view_电子社 04”，在弹出的快捷菜单中选择【设计】命令，打开【视图设计器】。

在【SQL Server Management Studio】主窗口中选择菜单命令【视图】→【属性窗口】，打开视图“view_电子社 04”的【属性】窗口。

在视图的【属性】窗口中，在“标识”栏中的“架构”下拉列表框中单击选择目标架构“schema0701”，此时会弹出如图 7-67 所示的【Microsoft 开发环境】对话框，在该对话框中单击【是】按钮，即可完成移动该对象到新架构的操作。对应的视图的【属性】窗口如图 7-68 所示。

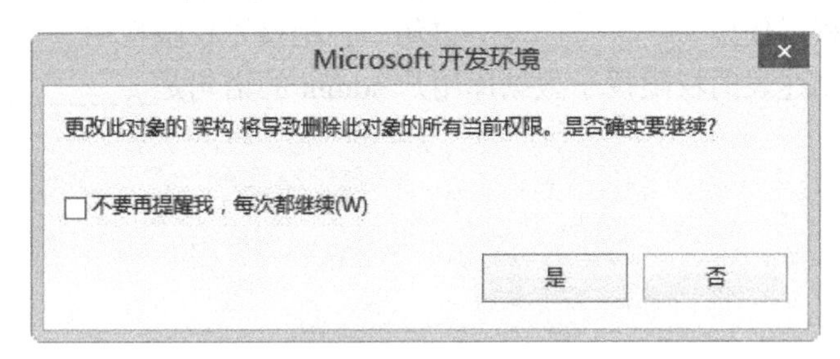

图 7-67　【Microsoft 开发环境】对话框

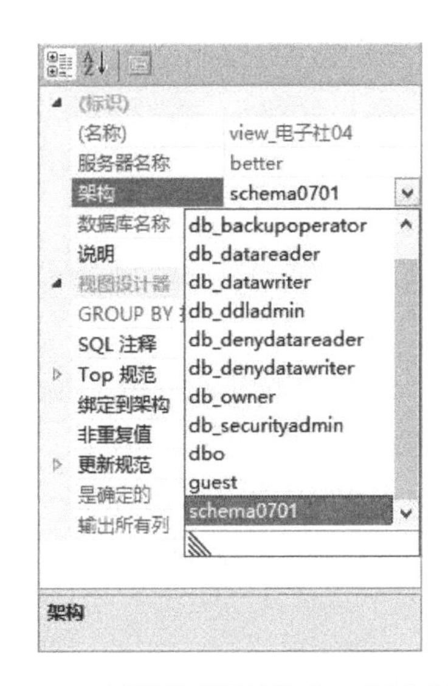

图 7-68　在视图的【属性】窗口中更改架构

在【对象资源管理器】窗口中刷新“视图”文件夹，发现视图名称也同步更改为“schema0701.view_bookDB0701”，如图 7-69 所示。

视图
系统视图
dbo.view_借阅图书04
schema0701.view_电子社04

图 7-69　查看包含架构名称的视图名称

单元习题

（1）SQL Server 的登录账户可以分为______________和____________两种类型。

（2）使用________________语句可以创建数据库用户。

（3）Guest 用户在默认情况下是禁用的。如果在________________数据库中启用了 Guest 用户，则在后面创建的数据库中，Guest 用户才会默认启用。

（4）SQL Server 2014 中默认有______________和______________两种类型的角色。

（5）撤销授予权限使用______________语句，拒绝授予权限使用______________语句。

（6）将数据库创建表的权限授予数据库用户 admin 的语句是________________。

单元 8

分析与设计数据库

在数据库应用系统的开发过程中，数据库设计是基础。数据库设计是指对于一个给定的应用环境，构造最优的数据模式，建立数据库，有效存储数据，满足用户的数据处理要求。针对一个具体的应用系统，要保证构造一个满足用户数据处理需求、冗余数据较少、能够符合第三范式的数据库，应该按照用户需求分析、概念结构设计、逻辑结构设计、物理结构设计、设计优化等步骤进行数据库的分析、设计和优化。

教学目标	（1）学会数据库设计的需求分析、概念结构设计、逻辑结构设计 （2）掌握数据库的物理结构设计和数据库的创建 （3）理解关系模型与实体的含义 （4）理解关系、元组、属性、候选关键字、主键、外键、域、关系模式、主表与从表等数据库常用术语的含义 （5）理解关系数据库的规范化与范式 （6）了解数据库设计时应遵循的基本原则 （7）了解数据库系统的三级模式结构
教学方法	任务驱动法、分组讨论法、理论实践一体化
课时建议	6 课时

在操作实战之前，将配套资源的“起点文件”文件夹中的“08”子文件夹及相关文件复制到本地硬盘中，然后准备 1 个 Excel 文件 bookDB08.xls，该文件中包含多个工作表，本单元各个数据表中的数据来源于该 Excel 文件。

1. 关系数据库的基本概念

（1）关系模型

关系模型是一种以二维的形式表示实体数据和实体之间联系的数据模型，关系模型的数据结构是一个由行和列组成的二维表格，每个二维表称为关系，每个二维表都有一个名字，例如“图书信息”、“出版社”等。目前，大多数数据库管理系统所管理的数据库都是关系型数据库，SQL Server 数据库就是关系型数据库。

例如，如表 8-1 所示的“图书信息”数据表和如表 8-2 所示的“出版社”数据表就是两张二维表，分别描述“图书”实体对象和“出版社”实体对象。这些二维表具有以下特点：

① 表格中的每一列都是不能再细分的基本数据项。

② 不同列的名字不同。同一列的数据类型相同。

③ 表格中任意两行的次序可以交换。

④ 表格中任意两列的次序可以交换。

⑤ 表格中不存在完全相同的两行。

另外，“图书信息”数据表和“出版社”数据表有一个共同字段，即“出版社编号”，在“图书信息”数据表中，该字段的命名为“出版社”；在“出版社”数据表中，该字段的命名为“出版社 ID”，虽然命名有所区别，但其数据类型、长度相同，字段值有对应关系，这两个数据表可以通过该字段建立关联。

表 8-1 “图书信息”数据表及其存储的部分数据

ISBN 编号	图书名称	作者	价格	出版社	出版日期	图书类型
9787121201478	Oracle 11g 数据库应用、设计与管理	陈承欢	37.50	4	2014/7/1	T
9787040393293	实用工具软件任务驱动式教程	陈承欢	26.10	1	2014/11/1	T
9787040302363	网页美化与布局	陈承欢	38.50	1	2015/8/1	T

表 8-2 “出版社”数据表中的部分记录数据

出版社 ID	出版社名称	出版社简称	出版社地址	邮政编码	出版社 ISBN
1	高等教育出版社	高教	北京西城区德外大街 4 号	100011	7-04
2	人民邮电出版社	人邮	北京市崇文区夕照寺街 14 号	100061	7-115
3	清华大学出版社	清华	北京清华大学学研大厦	100084	7-302
4	电子工业出版社	电子	北京市海淀区万寿路 173 信箱	100036	7-121
5	机械工业出版社	机工	北京市西城区百万庄大街 22 号	100037	7-111

（2）实体

实体是指客观存在并可相互区别的事物，可以是实际事物，也可以是抽象事件，例如“图书”、“出版社”都属于实体。同一类实体的集合称为实体集。

（3）关系

关系是一种规范化了的二维表格中行的集合，一个关系就是一张二维表，表 8-1 和表 8-2 就是两个关系。经常将关系简称为表。

（4）元组

二维表中的一行称为一个元组，元组也称为记录或行。一张二维表由多行组成，表中不允许出现重复的元组，例如表 8-1 中有 4 行（不包括第一行），即 4 条记录。

（5）属性

二维表中的一列称为一个属性，属性也称为字段或数据项或列。例如表 8-1 中有 7 列，即 7 个字段，分别为 ISBN 编号、图书名称、作者、价格、出版社、出版日期和图书类型。

属性值是指属性的取值，每个属性的取值范围称为值域，简称为域，例如性别的取值范围是“男”或“女”。

（6）域

域是属性值的取值范围。例如“性别”的域为“男”或“女”，“课程成绩”的取值可以为“0～100”或者为“A、B、C、D”之类的等级。

（7）候选关键字

候选关键字（Alternate Key，AK）也称为候选码，它是能够唯一确定一个元组的属性或属性的组合。一个关系可能会存在多个候选关键字。例如表8-1中“ISBN编号”属性能唯一地确定表中的每一行，是“图书信息”表的候选关键字，其他属性都有可能出现重复的值，不能作为该表的候选关键字，因为它们的值不是唯一的。表8-2中“出版社ID”、“出版社名称”和“出版社简称”都可以作为“出版社”表的候选关键字。

（8）主键

主键（Primary Key，PK）也称为主关键字或主码。在一个表中可能存在多个候选关键字，选定其中的一个用来唯一标识表中的每一行，将其称为主关键或主键。例如表8-1中只有一个候选关键字“ISBN编号”，所以理所当然地选择“ISBN编号”作为主键，而表8-2中有三个候选关键字，三个候选关键字都可以作为主键，如果选择“出版社ID”作为唯一标识表中每一行的属性，那么“出版社ID”就是“出版社”表的主键，如果选择“出版社名称”作为唯一标识表中每一行的属性，那么“出版社名称”就是“出版社”表的主键。

一般情况下，应选择属性值简单、长度较短、便于比较的属性作为表的主键。对于“出版社”表中的三个候选关键字，从属性值的长度来看，“出版社 ID”和“出版社简称”两个属性的值都比较短，从这个角度来看，这两个候选关键字都可以作为主键，但是由于“出版社ID”是纯数字，比较效率高，所以选择“出版社ID”作为“出版社”表的主键更合适。

（9）外键

外键（Foreign Key，FK）也称为外关键字或外码。外键是指关系中的某个属性（或属性组合），它虽然不是本关系的主键或只是主键的一部分，却是另一个关系的主键，该属性称为本表的外键。例如“图书信息”表和“出版社”表有一个相同的属性，即“出版社编号”，对于“出版社”表来说，这个属性是主键，而在“图书信息”表中，这个属性不是主键，所以“图书信息”表中的“出版社编号”是一个外键。

（10 关系模式

关系模式是对关系的描述，包括模式名、属性名、值域、模式的主键等。一般形式为：模式名（属性名1，属性2，…，属性*n*）。例如表8-1所表示的关系模式为：图书信息（ISBN编号,图书名称,作者,价格,出版社,出版日期,图书类型）。

（11）主表与从表

主表和从表是以外键相关联的两个表。以外键作为主键的表称为主表，也称为父表，外键所在的表称为从表，也称为子表或相关表。例如“出版社”和“图书信息”这两个以外键“出版社编号”相关联的表，“出版社”表称为主表，“图书信息”表称为从表。

2．关系数据库的规范化与范式

任何一个数据库应用系统都要处理大量的数据，如何以最优方式组织这些数据，形成以规范化形式存储的数据库，是数据库应用系统开发中一个重要问题。

由于应用和需要，一个已投入运行的数据库，在实际应用中不断地变化着。当对原有数据库进行修改、插入、删除时，应尽量减少对原有数据结构的修改，从而减少对应用程序的影响。所以设计数据存储结构时要用规范化的方法设计，以提高数据的完整性、一致性、可修改性。规范化理论是设计关系数据库的重要理论基础，在此简单介绍关系数据库的规范化与范式，范式表示的是关系模式的规范化程度。

当一个关系中的所有字段都是不可分割的数据项时，则称该关系是规范的。如果表中有的属性是复合属性，由多个数据项组合而成，则可以进一步分割，或者表中包含有多值数据项时，则该表称为不规范的表。关系规范化的目的是为了减少数据冗余，消除数据存储异常，以保证关系的完整性，提高存储效率。用“范式”来衡量一个关系的规范化的程度，用 NF 表示范式。

（1）第一范式（1NF，也称 1 范式）

若一个关系中，每一个属性不可分解，且不存在重复的元组、属性，则称该关系属于第一范式，表 8-3“图书信息”满足上述条件，属于 1NF。

表 8-3　符合第一范式的“图书信息”关系及其存储的部分数据

ISBN 编号	图书名称	作者	价格	出版社名称	出版社简称	邮政编码
9787121201478	Oracle 11g 数据库应用、设计与管理	陈承欢	37.50	电子工业出版社	电子	100036
9787115374035	跨平台的移动 Web 开发实战	陈承欢	47.30	人民邮电出版社	人邮	100061
9787121052347	数据库应用基础实例教程	陈承欢	29	电子工业出版社	电子	100036
9787302187363	程序设计导论	陈承欢	23	清华大学出版社	清华	100084

很显然，上述图书关系中，同一个出版社出版的图书，其出版社名称、出版社简称和邮政编码是相同的，这样就会出现许多重复的数据。如果某一个出版社的“邮政编码”改变了，那么该出版社所出版的所有图书的对应记录的“邮政编码”都要进行更改。

满足第一范式的要求是关系数据库最基本的要求，它确保关系中的每个属性都是单值属性，即不是复合属性，但可能存在部分函数依赖，不能排除数据冗余和潜在的数据更新异常问题。所谓函数依赖是指一个数据表中，属性 B 的取值依赖于属性 A 的取值，则属性 B 函数依赖于属性 A，例如“出版社简称”函数依赖于“出版社名称”。

（2）第二范式（2NF，也称 2 范式）

一个关系满足第一范式（1NF），且所有的非主属性都完全地依赖于主键，则这种关系属于第二范式（2NF）。对于满足第二范式的关系，如果给定一个主键的值，则可以在这个数据表中唯一确定一条记录。

满足第二范式的关系消除了非主属性对主键的部分函数依赖，但可能存在传递函数依赖，可能存在数据冗余和潜在的数据更新异常问题。所谓传递依赖是指一个数据表中的 A、B、C 三个属性，如果 C 函数依赖于 B，B 函数依赖于 A，那么 C 也函数依赖于 A，称 C 传递依赖于 A。在表 8-3 中，存在“出版社名称”函数依赖于“ISBN 编号”，“邮政编码”函数依赖于“出版社名称”这样的传递函数依赖，也就是说“ISBN 编号”不能直接决定非主属性“邮政编码”。要使关系模式中不存在传递依赖，可以将该关系模式分解为第三范式。

（3）第三范式（3NF，也称 3 范式）

一个关系满足 1 范式（1NF）和 2 范式（2NF），且每个非主属性彼此独立，不传递依赖于任何主键，则这种关系属于 3 范式（3NF）。从 2NF 中消除传递依赖，便是第三范式。将表 8-3 分解为两个表，分别为表 8-4“图书信息”表和表 8-5“出版社”表，分解后的两个表都符合第三范式。

表 8-4　“图书信息”表

ISBN 编号	图书名称	作者	价格	出版社名称
9787121201478	Oracle 11g 数据库应用、设计与管理	陈承欢	37.50	电子工业出版社
9787115374035	跨平台的移动 Web 开发实战	陈承欢	47.30	人民邮电出版社
9787121052347	数据库应用基础实例教程	陈承欢	29	电子工业出版社
9787302187363	程序设计导论	陈承欢	23	清华大学出版社

表 8-5　“出版社”表

出版社名称	出版社简称	邮政编码
人民邮电出版社	人邮	100061
电子工业出版社	电子	100036
清华大学出版社	清华	100084

第三范式有效地减少了数据的冗余，节约了存储空间，提高了数据组织的逻辑性、完整性、一致性和安全性，提高了访问及修改的效率。但是对于比较复杂的查询，多个数据表之间存在关联，查询时要进行连接运算，响应速度较慢，这种情况下为了提高数据的查询速度，允许保留一定的数据冗余，可以不满足第三范式的要求，设计成满足第二范式也是可行的。

由前述可知，进行规范化数据库设计时应遵循规范化理论，规范化程度过低，可能会存在潜在的插入、删除异常、修改复杂、数据冗余等问题，解决的方法就是对关系模式进行分解或合并，即规范化，转换成高级范式。但并不是规范化程度越高越好，当一个应用的查询要涉及多个关系表的属性时，系统必须进行连接运算，连接运算要耗费时间和空间。所以一般情况下，数据模型符合第三范式就能满足需要了，规范化更高的 BCNF、4NF、5NF 一般用得较少，本单元没有介绍，请参考相关书籍。

3．数据库设计的基本原则

设计数据库时要综合考虑多个因素，权衡各自利弊确定数据表的结构，基本原则有以下几条：

（1）把具有同一个主题的数据存储在一个数据表中，也就是“一表一用”的设计原则。

（2）尽量消除包含在数据表中的冗余数据，但并不是必须消除所有的冗余数据，有时为了提高访问数据库的速度，可以保留必要的冗余，减少数据表之间连接操作，提高效率。

（3）一般要求数据库设计达到第三范式，因为第三范式的关系模式中不存在非主属性对主关键字的不完全函数依赖和传递函数依赖关系，最大限度地消除了数据冗余和修改异常、插入异常和删除异常，具有较好的性能，基本满足关系规范化的要求。在数据库设计时，如果片面地提高关系的范式等级，并不一定能够产生合理的数据库设计方案，原因是范式的等级越高，存储的数据就需要分解为更多的数据表，访问数据表时总是涉及多表操作，会降低访问数据库的速度。从实用角度来看，大多数情况下达到第三范式比较恰当。

（4）关系型数据库中，各个数据表之间关系只能为一对一和一对多的关系，对于多对多的关系必须转换为一对多的关系来处理。

（5）设计数据表的结构时，应考虑表结构在未来可能发生的变化，保证表结构的动态适应性。

4．数据库系统的三级模式结构

数据库系统的三级模式结构是指数据库系统由外模式、模式和内模式三级组成。

（1）外模式

外模式也称为用户模式或子模式，它是数据库用户看见和使用的局部数据的逻辑结构和特征的描述，是数据库用户的数据视图，是与某一个具体应用有关的数据的逻辑表示，一个数据库可以有多个外模式。

（2）模式

模式也称为逻辑模式，是数据库中全体数据的逻辑结构和特征的描述，是所有用户的公用数据视图。一个数据库只有一个模式。模式与具体的数据值无关，也与具体的应用程序以及开发工具无关。

（3）内模式

内模式也称为存储模式，它是数据物理和存储结构的描述，是数据在数据库内部的保存方式，一个数据库只有一个内模式。

8.1 数据库设计的需求分析

【任务 8-1】图书管理数据库设计的需求分析

【任务描述】

实地观察图书馆工作人员的工作情况，对图书管理系统及数据库进行需求分析。

【任务实施】

首先我们剖析一下管理图书的图书管理系统。如今，图书馆中图书的征订、入库、借阅等操作都借助图书管理系统来完成，图书管理员只是该系统的使用者。图书管理系统通常包括一台或多台服务器、分布在不同工作场所的计算机。这些计算机各司其职，有的完成图书征订工作，有的完成图书入库工作，有的完成图书借阅工作。服务器中通常安装了操作系统、数据库管理系统（例如 SQL Server、Oracle、Access、Sybase 等）及其他所需要的软件，图书管理系统的数据库通常也安装在服务器中，借阅图书时，计算机屏幕上所显示的数据来自服务器中的数据库，图书借阅数据也要保存到该数据库中。图书数据库中通常包括多张数据表等对象，例如“图书信息”、“图书类型”、“出版社”、“借阅者”、“借书证”、“图书借阅”等数据表，“图书信息”数据表中存储与图书有关的数据，“图书类型”数据表中存储与图书的类型有关的数据，“出版社”数据表中存储与出版社有关的数据。

图书管理数据库中存储着若干张数据表，查询图书信息时，通过图书管理系统的用户界面输入查询条件，图书管理系统将查询条件转换为查询语句，再传递给数据库管理系统，然后由数据库管理系统执行查询语句，查到所需的图书信息，将查询结果返回给图书管理系统，并在屏幕上显示出来。图书借阅时，首先通过用户界面指定图书编号、借书证编号、借书日期等数据，然后图书管理系统将指定的数据转换为插入语句，并将该语句传送给数据库管理系统，数据库管理系统执行插入语句并将数据存储到数据库中对应的数据表中，完成一次图书借阅操作。这个工作过程如图 8-1 所示。

根据以上分析可知，图书管理系统主要涉及图书管理员、图书管理系统、数据库管理系统、数据库、数据表和数据等对象，如图 8-1 所示。

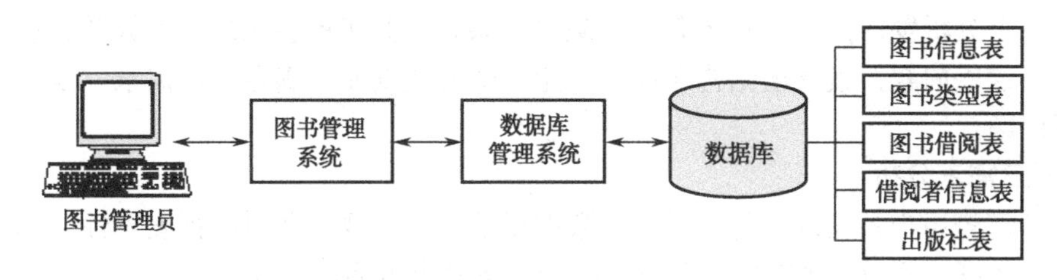

图 8-1　图书管理系统的工作过程示意图

1．数据库设计问题的引出

首先，我们来分析如表 8-6 所示的“图书”表，引出数据库设计问题。

表 8-6　“图书”表及其存储的部分数据

ISBN 编号	图书名称	作者	价格	出版社名称	出版社简称	邮政编码
9787121201478	Oracle 11g 数据库应用、设计与管理	陈承欢	37.50	电子工业出版社	电子	100036
9787121052347	数据库应用基础实例教程	陈承欢	29	电子工业出版社	电子	100036
9787115374035	跨平台的移动 Web 开发实战	陈承欢	47.30	人民邮电出版社	人邮	100061
9787040393293	实用工具软件任务驱动式教程	陈承欢	26.10	高等教育出版社	高教	100011

表 8-6 中的“图书”表包含了两种不同类型的数据，即图书数据和出版社数据，由于在一张表中包含了多种不同主题的数据，所以会出现以下问题。

（1）数据冗余

由于《Oracle 11g 数据库应用、设计与管理》和《数据库应用基础实例教程》这两本图书都是电子工业出版社出版的，所以“电子工业出版社”的相关数据被重复存储了两次。

一个数据表出现了大量不必要的重复数据，称为数据冗余。在设计数据时应尽量减少不必要的数据冗余。

（2）修改异常

如果数据表中存在大量的数据冗余，当修改某些数据项时，可能有一部分数据被修改，另一部分数据却没被修改。例如，如果电子工业出版社的邮政编码被更改了，那么需要将表

8-6 中前两行中的“100036”都进行修改，如果修改第 1 行，却不修改第 2 行，就会导致同一个地址对应两个不同的邮政编码，出现修改异常。

（3）插入异常

如果需要新增一个出版社的数据，但由于并没有购买该出版社出版的图书，则该出版社的数据无法插入数据表中，原因是在如表 8-6 所示的“图书”表中，“ISBN 编号”是主键，此时“ISBN 编号”为空，数据库系统会根据实体完整性约束拒绝该记录的插入。

（4）删除异常

如果删除表 8-6 中第 3 条记录，此时“人民邮电出版社”的数据也一起被删除了，这样我们就无法找到该出版社的有关信息了。

经过以上分析发现，表 8-6 不仅存在数据冗余，而且可能会出现三种异常。设计数据库时如何解决这些问题，设计出结构合理、功能齐全的数据库，满足用户需求，是本单元要探讨的主要问题。

2．用户需求分析

首先，调查用户的需求，包括用户的数据要求、加工要求和对数据安全性、完整性的要求，通过对数据流程及处理功能的分析，明确以下几个方面的问题：

（1）数据类型及其表示。

（2）数据间的联系。

（3）数据加工的要求。

（4）数据量大小。

（5）数据的冗余度。

（6）数据的完整性、安全性和有效性。

其次，在系统详细调查的基础上，确定各个用户对数据的使用要求，包括以下主要内容。

（1）分析用户对信息的需求

分析用户希望从数据库中获得哪些有用的信息，从而可以推导出数据库中应该存储哪些数据，并由此得到数据类型、数据长度、数据量等。

（2）分析用户对数据加工的要求

分析用户对数据需要完成哪些加工处理，有哪些查询要求和响应时间要求，以及对数据库保密性、安全性、完整性等方面的要求。

（3）分析系统的约束条件和选用的 DBMS 的技术指标体系

分析现有系统的规模、结构、资源和地理分布等限制或约束条件。了解所选用的数据库管理系统的技术指标，例如选用了 Microsoft SQL Server，必须了解 SQL Server 允许的最大字段数、最大记录数、最大记录长度、文件大小和系统所允许的数据库容量等。

接下来我们实地观察图书馆工作人员的工作情况，对图书管理系统进行需求分析。

（1）图书馆业务部门分析

图书馆一般包括征订组、采编组、借阅者管理组、书库管理组、借阅组、图书馆办公室等部门。征订组主要负责对外联系，征订、采购各类图书和期刊，了解图书、期刊信息等；采编组主要负责图书的编目（编写新书的条形码或自制图书编号）、登记新书有关信息，同时将编目好的图书入库等；借阅者管理组主要负责登记借阅者信息，办理、挂失和注销借书证等；书库管理组主要负责管理书库、整理图书、对书架进行编号和图书盘点等；借阅组主要负责图书、期刊的借出和归还，并能根据借书的期限自动计算还书日期，同时能够进行超期的判断及超期罚款的处理，还能自动将已归还的图书的相关信息存储到图书借阅数据表中，将因借阅者损坏、遗失或其他原因丢失的图书信息存入出库图书数据表中，并对藏书信息表进行同步更新；图书馆办公室主要处理图书馆的日常工作，对图书及借阅情况进行统计分析，对图书管理系统中的基础信息进行管理和维护等。

（2）对图书馆的业务流程进行简单分析

图书馆的业务主要围绕“图书”和“借阅者”两个方面展开。

以“图书”为中心的业务主要有：①图书的征订、采购；②新书的登记、入库（登记图书种类的信息，对于图书名称、出版社、ISBN 编号、作者、版次等信息完全相同的 10 本图书，视为同一种类的图书，在图书信息表中只记载一条信息，即图书编号相同，同时图书数量记为 10）；③图书编目，即对登记的新书进行编码（编制条形码或自制图书编号）后存入藏书信息表（记载图书馆中的每一本图书的情况，若有 10 本同样的图书，对应在藏书信息表中记载 10 条信息，这些记录的条形码不同）；④图书的借出、归还、盘点和超期罚款等。

以“借阅者”为中心的业务主要有：①借阅者的管理，主要是对借阅者基本信息的查询和维护等；②借书证的管理，主要包括借书证的办理、挂失和注销等。

其他的主要业务包括：①对图书管理系统的基础信息进行管理和维护（例如系统参数设置，图书类型、借阅者类型、出版社、图书馆、部门、图书管理员等基础数据的管理和维护等）；②对图书及借阅情况进行统计分析等。

（3）图书借阅操作分析

借书操作时，首先根据输入的借书证编号验证借书证的有效性，包括借书证的状态是否有效、是否已达到允许的借书数量等，该借书证是否存在超期图书未罚款的情况。若满足所有的借书条件，则进行借书处理，若不满足某个条件，则返回相应的提示信息，告知操作人员进行相应的处理。在借书处理时，首先将所借图书的信息写入“图书借阅”表，然后修改“图书信息”表中的“在藏数量”，“藏书信息”表中的“图书状态标志”和“借书证”表中的“允许借书数量”。

还书操作时，首先判断图书是否超期，如果超期则进行罚款处理，将罚款信息写入“罚款”表中，然后进行还书处理，增加“图书信息”表中的“在藏数量”，设置“藏书信息”表中该图书为“在藏状态”，同时从“图书借阅”表中删除该图书的借阅信息，在“借书证”表中修改“允许借书数量”，在“图书归还数据”表中记录该图书的历史信息，以备将来查询。

（4）图书管理系统中的数据分析

经过以上分析，图书管理系统中的数据库应存储以下几个方面的数据：图书馆、图书类型、借阅者类型、出版社、图书存放位置、图书信息（记载图书馆每个种类的图书信息）、藏书信息（记载图书馆中每一本图书的信息）、图书入库、图书借阅、出库图书、图书归还、图书罚款、图书征订、库存盘点、借书证、借阅者信息、管理员、部门等。

（5）图书管理系统中的数据库的主要处理业务分析

图书管理系统中数据库的主要处理有统计总图书总数量、总金额，统计每一类图书的借阅情况，统计每一个出版社的图书数量，统计图书超期罚款情况等。要求输出的报表有藏书情况、每一类图书数量统计等。

8.2 数据库的概念结构设计

数据库概念结构设计的主要工作是，根据用户需求设计概念性数据模型。概念模型是一个面向问题的模型，它独立于具体的数据库管理系统，从用户的角度看待数据库，反映用户的现实环境，与将来数据库如何实现无关。概念模型设计的典型方法是 E-R 方法，即用实体－联系模型表示。

E-R（Entity-Relationship Approach）方法使用 E-R 图来描述现实世界，E-R 图包含三个基本成分：实体、联系、属性。E-R 图直观易懂，能够比较准确地反映现实世界的信息联系，且从概念上表示一个数据库的信息组织情况。

实体是指客观世界存在的事物，可以是人或物，也可以是抽象的概念。例如，图书馆的“图书”、“借阅者”、“每次借书”都是实体。E-R 图中用矩形框表示实体。

联系是指客观世界中实体与实体之间的联系，联系的类型有三种：一对一（1∶1）、一对多（1∶N）、多对多（M∶N），关系型数据库中最普遍的联系是一对多（1∶N）。E-R 图中用菱形框表示实体间的联系。例如，学校与校长为一对一的关系；班级与学生为一对多的关系，一个班级有多个学生，每个学生只属于一个班级；学生与课程之间为多对多的关系，一个学生可以选择多门课程，一门课程可以供多个学生选择。其 E-R 图如图 8-2 所示。

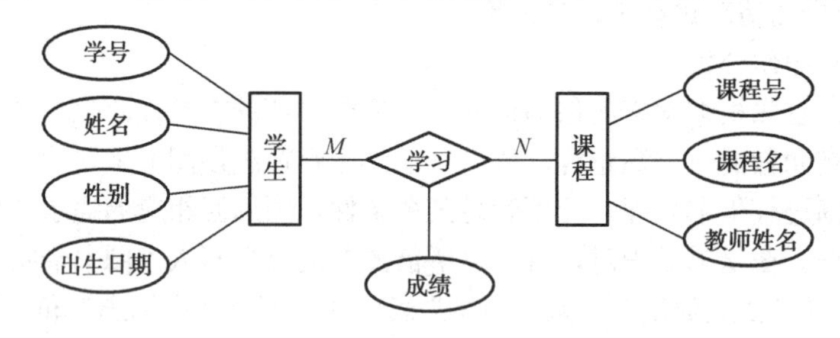

图 8-2　学生与课程之间的关系

属性是指实体或联系所具有的性质。例如学生实体可由学号、姓名、性别、籍贯等属性来刻画，课程实体可由课程编号、课程名称、学分等属性来描述。E-R 图中用椭圆表示实体的属性，如图 8-2 所示。

【任务 8-2】图书管理数据库的概念结构设计

【任务描述】

在【任务 8-1】数据库设计需求分析的基础上，设计图书管理数据库的概念结构。

【任务实施】

（1）确定实体

根据前面的业务分析可知，图书管理系统主要对图书、借阅者等对象进行有效管理，实现借书、还书、超期罚款等操作，对图书及借阅情况进行统计分析。通过需求分析后，可以确定该系统涉及的实体主要有图书、借阅者、部门、出版社、图书馆、图书借阅等。

（2）确定属性

列举各个实体的属性构成，例如图书的主要属性有 ISBN 编号、图书名称、图书类型、作者、译者、出版社、出版日期、版次、印次、价格、页数、封面图片、图书简介等。

（3）确定实体联系类型

实体联系类型有三种，例如借书证与借阅者是一对一的关系（一本借书证只属于一个借阅者，一个借阅者只能办理一本借书证）；出版社与图书是一对多的关系（一个出版社出版多本图书，一本图书由一个出版社出版）；“图书信息”表中记载每个种类的图书信息，“藏书信息”表中记载每一本图书的信息，图书信息与藏书信息两个实体之间的联系类型为一对多；“图书借阅”表记载图书借出情况，与藏书信息之间的联系类型为一对一；一本借书证可以同时借阅多本图书，而一本图书在同一时间内只能被一本借书证所借阅，因此，借书证和图书借阅之间是一对多的联系；“超期罚款”表中记载在图书归还时图书因超期而被罚款的情况，它和图书借阅是一对一的联系。

（4）绘制局部 E-R 图

绘制每个处理模块局部的 E-R 图，图书管理系统中的借阅模块不同实体之间的关系如图 8-3 所示，为了便于清晰看出不同实体之间的关系，实体的属性没有出现在 E-R 图中。

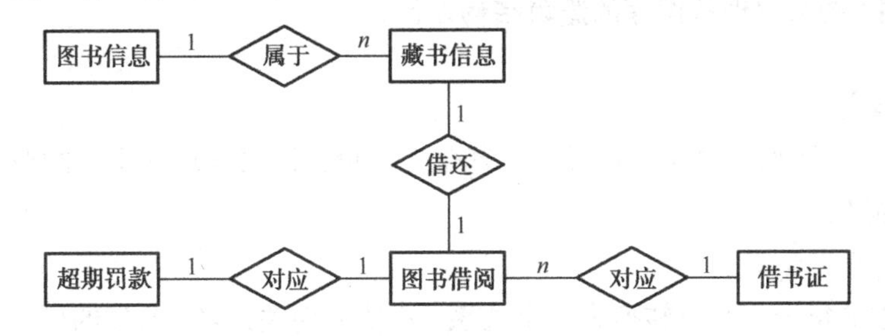

图 8-3　图书管理数据库的局部 E-R 图

（5）绘制总体 E-R 图

综合各个模块局部的 E-R 图绘制总体 E-R 图，图书管理系统总体 E-R 图如图 8-4 所示，其中“图书”、“图书借阅”和“借阅者”是三个关键的实体。

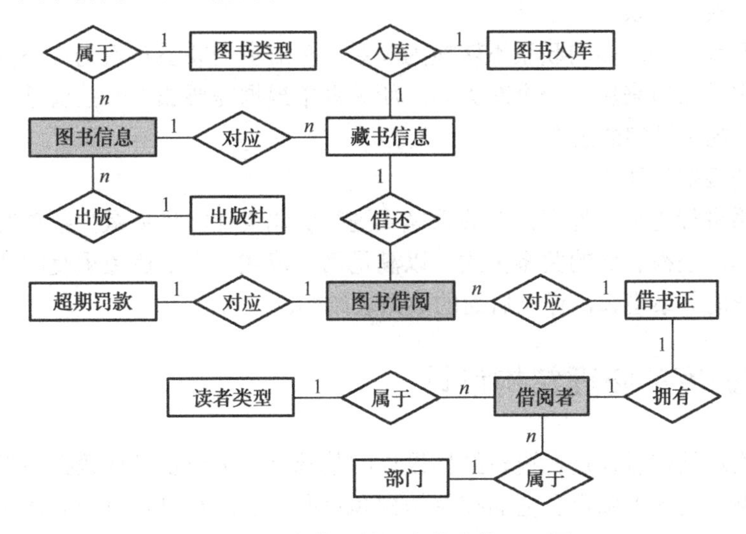

图 8-4　图书管理数据库的总体 E-R 图

(6）获得概念模型

优化总体 E-R 图，确定最终总体 E-R 图，即概念模型。图书管理系统的概念模型如图 8-4 所示。

8.3 数据库的逻辑结构设计

数据库逻辑结构设计的任务是设计数据的结构，把概念模型转换成所选用的 DBMS 支持的数据模型。在由概念结构向逻辑结构的转换中，必须考虑到数据的逻辑结构是否包括了数据处理所要求的所有关键字段，所有数据项和数据项之间的相互关系，数据项与实体之间的相互关系，实体与实体之间的相互关系，以及各个数据项的使用频率等问题，以便确定各个数据项在逻辑结构中的地位。

逻辑结构设计主要是将 E-R 图转换为关系模式，设计关系模式时应符合规范化要求，例如每一个关系模式只有一个主题，每一个属性不可分解，不包含可推导或可计算的数值型字段，例如不能包含金额、年龄等字段属性可计算的数值型字段。

【任务 8-3】 图书管理数据库的逻辑结构设计

【任务描述】

在【任务 8-2】数据库概念结构设计的基础上，设计图书管理数据库的逻辑结构。

【任务实施】

(1）实体转换为关系

将 E-R 图中的每一个实体转换为一个关系，实体名为关系名，实体的属性为关系的属性。例如图 8-4 所示的 E-R 图，出版社实体转换为关系：出版社（出版社编号，出版社名称，出版社简称，地址，邮政编码，联系电话，联系人），主关键字为出版社编号。图书实体转换为关系：图书信息（ISBN 编号、图书名称、图书类型、作者、译者、出版社、出版日期、版次、印次、价格、页数、字数、封面图片、图书简介），主关键字为 ISBN 编号。

(2）联系转换为关系

一对一的联系和一对多的联系不转换为关系。多对多的联系转换为关系的方法是将两个实体的主关键字抽取出来建立一个新关系，新关系中根据需要加入一些属性，新关系的主关键字为两个实体的关键字的组合。

(3）关系的规范化处理

通过对关系进行规范化处理，对关系模式进行优化设计，尽量减少数据冗余，消除函数依赖和传递依赖，获得更好的关系模式，以满足第三范式。为了避免重复阐述，这里暂不列出图书管理系统的关系模式，详见后面的数据表结构。

8.4 数据库的物理结构设计

数据库的物理结构设计是在逻辑结构设计的基础上，进一步设计数据模型的一些物理细节，为数据模型在设备上确定合适的存储结构和存取方法，其出发点是如何提高数据库系统的效率。

【任务 8-4】图书管理数据库的物理结构设计

【任务描述】

在【任务 8-3】数据库逻辑结构设计的基础上，设计图书管理数据库的物理结构。

【任务实施】

（1）选用数据库管理系统

这里选用 SQL Server 2014 数据库管理系统。

（2）确定数据库文件和数据表的名称及其组成

首先，确定数据库文件的名称为“bookDB08”。其次，确定该数据库所包括的数据表及其名称，“bookDB08”数据库主要包括的数据表分别为“图书馆信息”表、“图书类型”表、“借阅者类型”表、“出版社”表、“图书存放位置”表、“图书信息”表、“藏书信息”表、“图书入库”表、“图书借阅”表、“图书出库”表、“图书归还”表、“罚款信息”表、“图书征订”表、“图书库存盘点”表、“借书证”表、“借阅者信息”表、“管理员”表、“部门信息”表等。

（3）确定各个数据表应包括的字段以及所有字段的名称、数据类型和长度

确定数据表的字段应考虑以下问题：

① 每个字段直接和数据表的主题相关。必须确保一个数据表中的每一个字段直接描述该表的主题，描述另一个主题的字段应属于另一个数据表。

② 不要包含可推导得到或通过计算可以得到的字段。例如，在“借阅者信息”表中可以包含“出生日期”字段，但不包含“年龄”字段，原因是年龄可以通过出生日期推算出来。在“图书信息”表中不包含“金额”字段，原因是“金额”字段可以通过“价格”和“图书数量”计算出来。

③ 以最小的逻辑单元存储信息。应尽量把信息分解为比较小的逻辑单元，不要在一个字段中结合多种信息，否则以后要获取独立的信息就比较困难。

（4）确定关键字

主关键字，又称主键，它是一个或多个字段的集合，是数据表中存储的每一条记录的唯一标识，即通过主关键字，就可以唯一确定数据表中的每一条记录。例如，“图书信息”表中的“ISBN 编号”是唯一的，但“图书名称”可能有相同的，所以“图书名称”不能作为主关键字。

关系型数据库管理系统能够利用主关键字迅速查找在多个数据表中的数据，并把这些数据组合在一起。确定主关键字时应注意以下两点：

① 不允许在主关键字中出现重复值或 Null 值。所以，不能选择包含有这类值的字段作为主关键字。

② 因为要利用主关键字的值来查找记录，所以它不能太长，以便于记忆和输入；主关键字的长度直接影响数据库的操作速度，因此，在创建主关键字时，该字段值最好使用能满足存储要求的最小长度。

（5）确定数据库的各个数据表之间的关系

在 SQL Server 2014 数据库中，每一个数据表都是一个独立的对象实体，本身具有完整的结构和功能。但是，每个数据表不是孤立的，它与数据库中的其他表之间又存在联系。关系就是指连接在表之间的纽带，使数据的处理和表达有更大的灵活性。例如，与“图书信息”

相关的表有“出版社”表。

数据库“bookDB08”中主要的数据表的结构数据如表 8-7 所示。

表 8-7　数据库“bookDB08”中主要的数据表的结构数据

表序号	表　名	字段名称（数据类型与数据长度,是否允许 Null,约束）
1	图书类型	图书类型代号(varchar,2,Not Null)、图书类型名称(varchar,50,Not Null)、描述信息(varchar,100)
2	借阅者类型	借阅者类型编号（char,2,Not Null,主键）、借阅者类型名称（varchar,30,Not Null）、限借数量（smallint,Not Null）、限借期限（smallint,Not Null）、续借次数（smallint,Not Null）、借书证有效期（smallint,Not Null）、超期日罚金（money,Not Null）
3	图书信息	图书编号（char,12,Not Null,主键）、ISBN 编号（varchar,20,Not Null,主键）、图书名称（varchar,100,Not Null）、作者（varchar,40）、译者（varchar,50）、价格（money,Not Null）、版次（smallint）、页数（smallint）、出版社（varchar,4,Not Null,外键）、出版日期（date）、图书类型（varchar,2,Not Null,外键）、封面图片(varchar,50)、图书简介(text)、总藏书量(smallint,Not Null)、馆内剩余（smallint,Not Null）、藏书位置（varchar,20,Not Null）
4	藏书信息	图书条形码（char,15,Not Null,主键）、图书编号（char,12,Not Null,外键）、入库日期（date）、图书状态（char,4,Not Null）、借出次数（smallint）
5	出版社	出版社 ID（int,Not Null,主键）、出版社名称（varchar,50,Not Null）、出版社简称（varchar,16）、出版社地址（varchar,50）、邮政编码（char,6）、出版社 ISBN（varchar,10）、联系电话（varchar,15）、联系人（varchar,20）
6	图书 存放位置	存放位置编号（varchar,20,Not Null,主键）、室编号（char,4）、室名称（varchar,30）、书架编号（char,4）、书架名称（varchar,30）、书架层次（char,2）、说明（varchar,50）
7	借书证	借书证编号（varchar,7,Not Null,主键）、借阅者编号（varchar,20,Not Null,外键）、姓名（varchar,20,Not Null）、办证日期（date）、借阅者类型（char,2,Not Null,外键）、借书证状态（char,1,Not Null）、证件类型（varchar,20）、证件编号（varchar,20）、办证操作员（varchar,20）
8	借阅者信息	借阅者编号（varchar,20,Not Null,主键）、姓名（varchar,20,Not Null）、性别（char,2）、出生日期（date）、联系电话（varchar,15）、部门（char,2,Not Null,外键）、照片（varchar,50）
9	部门信息	部门编号（char,2,Not Null,主键)）、部门名称（varchar,30,Not Null）、负责人（varchar,20）、联系电话（varchar,15）
10	图书借阅	借阅 ID（int,Not Null,主键）、借书证编号（char,7,Not Null,外键）、图书条形码（char,15,Not Null,外键）、借出数量（smallint,Not Null）、借出日期（date,Not Null）、应还日期（date,Not Null）、实际归还日期（date）、挂失日期（date）、续借次数（smallint）、借阅操作员（varchar,20）、归还操作员（varchar,20）、图书状态（char,1,Not Null）
11	图书入库	入库 ID（int,Not Null,主键）、图书条形码（char,15,Not Null,外键）、图书编号（char,12,Not Null）、图书名称（varchar,100,Not Null）、出版日期（date）、版次（smallint）、存放位置（varchar,20,Not Null）、入库操作员（varchar,20）、入库日期（date）
12	图书出库	出库 ID（int,Not Null,主键）、图书条型码（char,15,Not Null,外键）、图书编号（char,12,Not Null）、图书名称（varchar,100,Not Null）、价格（money）、出库原因（varchar,50）、出库日期（date）、赔偿金额（money）、出库操作员（varchar,20）
13	图书 库存盘点	盘点 ID（int,Not Null,主键）、图书编号（char,12,Not Null）、图书原始数量（smallint）、图书盘点数量（smallint）、盘点人（varchar,20）、盘点日期（date）
14	罚款信息	罚款 ID（int,Not Null,主键）、图书条形码（char,15,Not Null,外键）、借书证编号（varchar,7,Not Null,外键）、超期天数（smallint）、应罚金额（money）、实收金额（money）、是否交款（bit）、罚款日期（date）、备注（varchar,100）

续表

表序号	表　名	字段名称（数据类型与数据长度,是否允许 Null,约束）
15	用户	用户 ID（int,Not Null,主键）、用户名（varchar,30）、用户密码（varchar,20）、权限（int,Not Null,外键）、有效证件（varchar,50）、证件编号（varchar,20）
16	用户权限	权限 ID（int,Not Null,主键）、用户类别（varchar,50）、系统设置（bit）、系统维护（bit）、管理图书（bit）、管理借阅者（bit）、借还图书（bit）、数据查询（bit）

为了提高数据查询速度和访问数据库的速度，设计表 8-7 中的数据表结构时保留了适度的数据冗余。

8.5 数据库的优化与创建

【任务 8-5】图书管理数据库的优化与创建

【任务描述】

在【任务 8-4】数据库物理结构设计的基础上，对图书管理数据库做进一步优化，并在 SQL Server 2014 环境中创建数据库“bookDB08”。

【任务实施】

1．优化数据库设计

确定了所需数据表及其字段、关系后，应考虑进行优化，并检查可能出现的缺陷。一般可从以下几个方面进行分析与检查：

（1）所创建的数据表中是否带有大量的并不属于某个主题的字段？

（2）是否在某个数据表中重复出现了不必要的重复数据？如果是，则需要将该数据表分解为两个一对多关系的数据表。

（3）是否遗忘了字段？是否没有包括需要的信息？如果是，它们是否属于已创建的数据表？如果不包含在已创建的数据表中，就需要另外创建一个数据表。

（4）是否存在字段很多而记录却很少的数据表，而且许多记录中的字段值为空？如果是，主要考虑重新设计该数据表，使它的字段减少，记录增加。

（5）是否有些字段由于对很多记录不适用而始终为空？如果是，则意味着这些字段是属于另一个数据表的。

（6）是否为每个数据表选择了合适的主关键字？在使用这个主关键字查找具体记录时，是否容易记忆和输入？要确保主关键字字段的值不会出现重复的记录。

2．创建数据库及数据表

在 SQL Server 2014 环境中创建数据库“bookDB08”，在数据库中按照表 8-7 的结构数据设计建立数据表以及数据表之间的关系，各主要数据表之间的关系如图 8-4 所示。

(1) 在数据库设计的____________阶段中，用 E-R 图来描述概念模型。E-R 图包含三个基本成分，即__________、__________和__________。

(2) 当一个关系中的所有字段都是不可分割的数据项时，则称该关系是规范的。关系规范化的目的是为了减少__________，消除__________，以保证关系的__________，提高存储效率。用__________来衡量一个关系的规范化的程度。

(3) 主表和从表是以外键相关联的两个表。以外键作为主键的表称为主表，外键所在的表称为从表。例如“班级”和“学生”这两个以外键“班级编号”相关联的表，“班级”表称为____________，“学生”表称为____________。

(4) 数据库系统的三级模式结构是指数据库系统由__________、__________和__________三级组成。

(5) 关系型数据库中最普遍的联系是____________。

参 考 文 献

[1] 洪运国．SQL Server 2012 数据库管理教程[M]．北京：航空工业出版社，2013.

[2] 郑阿奇．SQL Server 实用教程（第 4 版）（SQL Server 2014 版）[M]．北京：电子工业出版社，2015.

[3] 贾铁军．数据库原理应用与实践 SQL Server 2014（第 2 版）[M]．北京：科学出版社，2015.

[4] 俞榕刚，朱桦，王佳毅，徐海蔚．SQL Server 2012 实施与管理实战指南[M]．北京：电子工业出版社，2013.

[5] 刘玉红，郭广新．SQL Server 2012 数据库应用案例课堂[M]．北京：清华大学出版社，2015.

[6] 叶符明．SQL Server 2012 数据库基础及应用[M]．北京：北京理工大学出版社，2013.

反侵权盗版声明